Treasures for Scholars Worldwide

区域互动框架下的
史前中国南方海洋文化

Archaeology of Coastal Areas of Southeast
and South China in Regional Interaction Perspectives

乔晓勤　著
By Stephen Qiao

GUANGXI NORMAL UNIVERSITY PRESS
广西师范大学出版社
·桂林·

图书在版编目（CIP）数据

区域互动框架下的史前中国南方海洋文化 / 乔晓勤著.
桂林：广西师范大学出版社，2016.5
ISBN 978-7-5495-7946-4

Ⅰ．①区… Ⅱ．①乔… Ⅲ．①海洋－文化史－研究－中国－石器时代 Ⅳ．①P7-092

中国版本图书馆CIP数据核字（2016）第044511号

广西师范大学出版社出版发行
（广西桂林市中华路22号　邮政编码：541001）
（网址：http://www.bbtpress.com）
出版人：张艺兵
全国新华书店经销
广西大华印刷有限公司印刷
（广西南宁市高新区科园大道62号　邮政编码：530007）
开本：787 mm×1 092 mm　1/16
印张：20.5　　　字数：280千字
2016年5月第1版　　2016年5月第1次印刷
定价：128.00元

如发现印装质量问题，影响阅读，请与印刷厂联系调换。

序

陈星灿*

中国的北面是大漠，西面是高山，东、南两面则是海洋，所以中国的史前文化可以粗略地分为面向内陆和面向海洋的两个部分。面向海洋的一面，虽然近代以来的考古发现并不很晚，但却很晚才受到重视。20世纪70年代末期之前，中国史前文化的"中原中心说"风行一时，包括东南沿海在内的广大地区的古代文化，大都被认为是中原文化扩张、辐射和影响的结果。

随着沿海地区特别是河姆渡文化的发现，中国东南沿海史前文化的土著性、独特性和连续发展性才得到重视。1981年，苏秉琦先生根据当时的考古发现，把中国的史前文化分为六个区块，面向海洋和面向内陆的区块平分秋色。面向海洋的：一、山东及邻省一部分地区；二、长江下游地区；三、以鄱阳湖—珠江三角洲为中轴的南方地区。在这篇文章中，苏秉琦先生还明确指出："面向内陆的部分，多出彩陶和细石器；

---

* 陈星灿：中国社会科学院博士，现任中国社会科学院考古研究所副所长、研究员，山东大学东方考古研究中心专职教授。

面向海洋的部分则主要是黑陶、几何印纹陶、有段和有肩石器的分布区域，民俗方面还有拔牙的习俗。当然，要强调指出的是，在这广大的地域内，古代劳动人民从很早的时候起就有着交往互动，越往后这种交往活动就越密切。"[1]

与此大略同时，张光直先生也根据中国考古发现的实际，划分了大同小异的区块，并提出"中国相互作用圈"的理论模式，用以解释中国史前文化的形成和发展。他说，"到了公元前4000年前左右，华北和华南这些各有特色的文化开始显露出一种相互连锁的程序，并在其后的1000年内及1500年内在华北及华南地区继续深化。各个区域文化向外伸展而相互接触，在文化上相互交流，表现出持久而重要的交流关系的具体的、逐渐增长的证据。这个交互作用的程序无疑在数千年前便已开始，但是到了公元前4000年前，它在考古记录中的表现才显得清楚而且强烈。这些表现可以从两部分来叙述，即华北诸文化之间的交互作用的表现和华北、华南文化之间的表现。"[2]虽然张光直先生的目的是谈"中国相互作用圈"的形成，但前提是认同各地区史前文化的土著性和特殊性，只不过强调"自公元前4000年左右开始，有土著起源和自己特色的几个区域性的文化相互连锁成为一个更大的文化相互作用圈"罢了。

自那以后，中国东南沿海地区的考古工作，又得到长足发展。从旧石器时代到青铜时代的重要发现层出不穷，海洋史前文化的土著性和特殊性得到了更加充分的体现。如果仅仅以这些地区的考古发现撰写一部中国东南沿海文化的史前史，就已经是相当可观的工作。如果把东南沿海放在整个太平洋文化圈的大背景下，把它作为太平洋史前文化的一部分加以归纳总结，又假如把包括语言学、地理学、生态学、民族学和体质人类学的研究成果纳入视野，则更是一种艰苦而有意义的工作。乔晓

---

[1] 苏秉琦、殷玮璋：《关于考古学文化的区系类型问题》，《文物》1981年第5期。
[2] 张光直：《中国相互作用圈与文明的形成》，载《中国考古学论文集》，生活·读书·新知三联书店，2013年，第152页。

勤先生的这部论著，充分利用考古学及相关学科的研究成果，重点探索华南地区史前海洋文化的形成和发展，进而讨论包括华南地区在内的中国东南沿海、东南亚和太平洋岛屿史前文化的交流和互动。

面向海洋的诸史前考古学文化，有着鲜明的海洋文化特色。以台湾海峡的西侧为例，从公元前4500年开始的壳丘头文化，经过昙石山文化（约前3000—2300年），发展到黄瓜山文化（约前2300—1500年），虽然其间农业从无到有，但海洋渔猎经济却一直占据主导地位。壳丘头文化没有发现农业的迹象，出土的海洋贝类不下数十种，鲨鱼和海龟也是人们狩猎的对象。昙石山文化虽然发现稻米遗存，当时的人们也可能已经饲养家畜，但农业生产处于非常低下的水平，人们仍然主要依赖渔猎。最近的一项同位素分析报告显示，海洋生物是昙石山文化的主要食物来源。黄瓜山文化虽然发现了稻米，它的晚期甚至还出土了大麦和小麦的遗存，家猪饲养也已存在，说明该文化的主人可能已经经营农业，但他们仍然大量依赖海洋资源，海洋贝类、鱼类和野生动物在经济中的重要性仍然远超家畜饲养业，人们采集的海洋贝类不下15种。

海洋的独特性，造就了中国东南沿海史前文化的独特性，也造就了它跟东南亚、大洋洲史前文化的若干共性。海洋是该地区史前人类赖以生存的家园，它博大的胸怀，在漫长的史前时期，接纳着一拨又一拨来自大陆的居民。但不管来自哪里，他们最后又都被海洋文化所同化。

中国的史前史历来是以面向大陆的诸考古学文化为中心写成的，即便近年来沿海地区的考古研究取得了很大进展，我们对海洋史前文明的认识仍然是肤浅的，对有关社会、生业、聚落形态、人口迁徙、贸易和文化互动等等方面的了解也还是非常有限的。中国东南地区的史前文化如何和为什么向沿海甚至更遥远的太平洋地区扩散，如何跟更遥远的大洋洲史前文化产生互动，南岛语系的人们如何从东南沿海和台湾通过菲律宾进入大洋洲等等问题，虽然已经有不少讨论，也还需要更加扎实的研究工作才能得到明确的答案。摆在您眼前的这部著作，从考古学、语言学、民族学、体质人类学等方面梳理了中国东南沿海、东南亚岛屿区和大洋洲地区累积的各种材料，试图描绘史前中国的海洋文化并讨论相关问题，探究史前中国海洋文化的起源、形成和发展，因此这本书称得上是一部"面向海洋的中国史前史"，仅此而言，它对我们全面了解中国的史前文化就是非常有裨益的。

乔晓勤先生曾多年从事中国东南沿海地区的田野考古工作，既有丰富的考古经验，也受过严格的人类学、民族学训练，他用多年心力撰成这部著作。我有幸先读为快，写下一点感想，诚恳地把它推荐给各位读者。

2014 年 2 月 27 日

序

焦天龙*

中国东南沿海的史前文化与周边地区，尤其是与太平洋地区的关系，是自20世纪30年代以来中外学术界一直关注的国际课题。乔晓勤先生的这本大作，既是这一学术传统的延伸，也是中国学界近年来少有的一部力作。乔先生与我相识数载，嘱我为大作序言，只好仿先贤狗尾续貂之举，希望能为读者介绍一点有关的研究历史背景，或许能有助于理解这本书的内涵。

东南沿海地区的考古研究始于20世纪30年代。第一代的开拓者如林惠祥、郑德坤和饶宗颐等先生分别在福建和广东进行了一些考古调查和发掘。意大利的传教士麦兆良（Fr Rafael Maglioni）神父也在广东的海陆丰一带采集了一些史前遗物。但是较为系统的和规模较大的考古调查和发掘还是在20世纪50年代以后。这些考古工作主要是由福建省博物馆、广东省博物馆（文管会）、广东省文物考古研究所、中山大学人

---

* 焦天龙：美国哈佛大学人类学博士，现任香港海事博物馆总馆长，厦门大学讲座教授，考古学及博物馆学专业博士生导师。曾任美国毕士普博物馆研究员、人类学部主任，美国夏威夷大学研究生院兼职教授，夏威夷大学中国研究中心客座研究员。

类学系、厦门大学人类学系和浙江省考古研究所进行的。经过近80年的探索，中国考古学界已积累了较为丰富的田野资料，并对这一地区新石器时代文化的分布和分期有了一个初步的了解。其中最近十余年来的研究进展最为迅速，探讨的课题也日益广泛。乔先生的大作对这些发现和研究都做了充分的介绍。

由于地理位置的特殊性，东南沿海的考古材料一直备受太平洋地区考古学界的重视。太平洋考古学界对中国东南沿海地区的新石器时代文化的关注也始于20世纪30年代。早期的学者如海涅·格尔登（Robert Heine-Geldern）、达夫（Roger Duff）等曾根据石锛的类型，推测中国是太平洋地区有段石锛的发源地。海涅·格尔登于1932年首次提出，东南亚和中国东南沿海的矩形石锛是太平洋地区石锛的祖形。这一论点启发了新西兰的考古学家达夫在20世纪50年代对中国和东南亚的石锛进行了全面的考察，并出版了专著《东南亚石锛》，认为太平洋地区的有段石锛是由中国东南沿海传播过去的，并绘制了详细的传播路线。这一观点经林惠祥先生的介绍和阐述，在中国考古学界产生了持续影响。

不过这些相对简单的传播论的观点后来在太平洋考古学界受到了很多批评。由于东太平洋地区尤其是波利尼西亚（Polynesia）地区考古学的发展和近大洋州（Near Oceania）地区的考古新发现，大多数学者认为波利尼西亚的有段石锛可能是独立起源的。但是，这并没有减少太平洋地区考古学者对中国东南沿海地区的关注热情。相反，20世纪70年代以后，为了寻找南岛语族的最终发源地，国际学术界把越来越多的眼光转移到了包括台湾在内的中国东南沿海。这是与历史语言学对南岛语系起源的研究和台湾大坌坑文化的考古发现分不开的。

南岛语族是指说南岛语系的民族。南岛语系是目前世界上唯一的主要分布在岛屿上的一个大语系，其分布地区东到太平洋东部的复活节岛，西到印度洋的马达加斯加，北到夏威夷，南到新西兰，其主要的居住地区包括中国台湾，菲律宾、马来西亚、印度尼西亚，美拉尼西亚、密克罗尼西亚和波利尼西亚。最近的研究成果表明，南岛语系包括

1000—1200种语言,是世界上最大的一个语系。说属于南岛语系语言的人口约有两亿七千万。南岛语族的祖先向太平洋地区的扩散是哥伦布发现新大陆之前人类历史上最伟大的海上移民。该民族最显著的特征之一是他们具有高超的航海技术。他们凭借其惊人的航海技术,成功地发现了南太平洋中的一个又一个的岛屿。单边驾艇独木舟和双连独木舟是其后裔波利尼西亚人的主要远航工具。他们通过对星星和洋流的认识,发展出了极其惊人的导航系统,并因此得以有目的地在数万里的海域内来回航行。

这一航海民族的发源地一直是困惑太平洋学术界的一大难题。考古学家、历史语言学家、遗传学家和体质人类学家均参与了这一课题的探索。20世纪70年代以来,历史语言学家对南岛语系起源的研究取得了重要进展。关于南岛语系的分群研究,目前历史语言学界所广泛接受的是夏威夷大学教授白乐思(Robert A. Blust)所提出的模式。这一模式将台湾少数民族的语言作为原南岛语系的第一层次的分支。根据历史语言学的规则,这种分支模式意味着台湾是南岛语系的发源地,或至少是发源地的一部分。由于历史的原因,尤其是语言的同化和替代,大陆东南沿海、澎湖和台湾的大部分沿海地带现已不见说南岛语的族群。不过,越来越多的历史语言学者认为,原南岛语系的一枝最初也应该分布在大陆东南沿海一带。

历史语言学的上述结论推动了考古学界对南岛语族起源的研究,大陆东南沿海和台湾的史前考古材料成为学术界关注的焦点。大坌坑文化在台湾的发现首先为寻找南岛语族的早期的祖先文化提供了直接证据。1964—1965年,在当时执教于美国耶鲁大学的张光直先生的主持下,台湾大学考古人类学系与耶鲁大学人类学系联合对台北的大坌坑、圆山和高雄的凤鼻头等遗址进行了考古发掘。这一研究首次确立了距今6500—2000年的台湾新石器时代文化的发展序列,即粗绳纹陶文化(大坌坑文化)—细绳纹陶文化(圆山文化,凤鼻头文化或牛稠子文化)。后来的考古发现进一步丰富和补充了这一年代框架。距今6000年左右大坌坑文化的突然出现，标志着台湾的史前文化发生了重大的变化，表现在陶器的出现，磨制石锛、石镞和网坠的制作。张光直先生认为，大坌坑文化与其以前的长滨文化差异巨大，二者之间没有传承关系。由于在大坌坑文化之后发展出的区域文化是后来台湾少数民族文化的基础，所以大坌坑文化是台湾目前已知的南岛语族最早的祖先文化。

张光直先生并没有仅仅把目光停留在台湾岛上。他一直坚持大坌坑文化的起源是与大陆东南沿海的史前文化分不开的。他多次撰文论证大坌坑文化与同时期的福建和广东沿海的新石器时代文化的相似性，并力主大陆向台湾的移民是造成这些共性的最主要的因素。张光直认为，大坌坑文化的发源地就在大陆东南沿海一带，并进一步推论南岛语族最终的起源地是在大陆东南沿海，这一观点已被国际学术界所认同。太平洋地区考古学的权威学者澳大利亚国立大学教授贝尔伍德（Peter Bellwood）关于南岛语族的起源和扩散的理论代表了西方学者的一般观点。贝尔伍德将南岛语族的起源分为两个阶段：第一阶段开始于距今5000—6000年前，原南岛语族从大陆东南沿海向台湾移民；第二阶段大约开始于距今约4500年前，南岛语族从台湾向菲律宾和印度尼西亚扩散，并最终到达太平洋岛屿。在东南亚岛屿和西太平洋地区，南岛语族与这些地区早期的居民发生了融合，在有些地方可能完全取代了原居民。在东太平洋地区，南岛语族的后裔波利尼西亚人首次发现并移民到了所有能够居住的岛屿。贝尔伍德的这一理论已被国际学术界的绝大多数学者所接受。贝尔伍德由此提出了"南岛语族考古学"（Austronesian Archaeology）的概念，并将中国东南沿海地区纳入这一学科的研究区域。

中国东南沿海的史前考古研究是需要有一个广阔的太平洋视野的。乔晓勤先生的这本新作就是具有这一视野的力作，相信一定能引起学术界的关注。

2013年12月于香港岛

前　言

史前人类为了生存，从江河湖海获取各类食物资源，并扩大自己的生存空间，可以说生存的需要是人类开发、探索海洋的原动力。从古至今，人类制造的最大的交通工具一直都是水上交通工具。长期以来，以历史学为主的一系列学科利用文献资料对人类的航海史、海上交通和贸易史进行研究。近几十年，随着海洋考古学的兴起而发现的越来越多的实物资料为学者探索和研究人类利用和征服海洋的历史提供了更多的新鲜材料。海洋考古学是20世纪后半叶考古学中兴起的一个分支学科，其概念有狭义和广义之分。狭义的海洋考古学又称海底考古学，以海底人类遗存物为主要研究对象，通过对遗存物的研究，揭示和复原人类海上活动的历史。广义的海洋考古学则涉及与海洋（并扩展到河流、湖泊）相关的人类活动的方方面面，如人类在大陆沿海及海岛的经济活动、政治和社会组织、宗教信仰，沿海和海洋生态环境，水面航行工具的制造技术和使用手段、造船与港口设施，以及人类群体间的交流与互动。

本书尝试从广义海洋考古学的角度，通过系统、综合的研究方法，根据特定时间轴上不同区域文化间的联系和互动，研究不同区域间文化的交流、人类群体的迁徙、各种器物在文化系统内的功能，概括其历时的演进规律，分析史前中国东南沿海地区史前文化形成与发展的历程，以及其与其他地区海洋文化的联系。

本书根据已有的考古材料、传世文献，运用综合研究的方法，分析中国东南沿海地区史前海洋文化形成、发展和演变的过程，研究中国东南沿海地区史前海洋文化与东南亚、大洋洲史前文化的关系，进而在更广泛的框架下研究海洋文化在人类史前史中的位置。

本书的主要研究工作和田野考古完成于20世纪80年代后期和20世纪90年代初期。在这次撰写书稿的过程中，本人尝试将过去20多年中的新发现和新的研究成果加入到原有的研究框架内。

中国的史前海洋文化研究还处在发展时期，本书仅能通过现有的材料就相关问题进行一些初步的研究。如果这一研究能够引起大家对中国史前海洋文化研究更多的重视，也就达到本书的目的了。由于各方面条件的限制和本人的才疏学浅，这方面的努力难免挂一漏万，无法尽如人意。研究中的错误和不足之处敬请读者指正。

乔晓勤
2014年春于多伦多

Abstract

In this study the author has set the ambitious goal of examining the current state of enquiry into the prehistoric maritime cultures of South China. Culling from resources that have accumulated over the last several decades in the fields of archaeology, anthropological linguistics, traditional historiography, paleography, ethnology, ecology and folklore, the author examines regional prehistoric maritime cultures—an area of research that has not been well explored, when compared to the body of literature available on other topics of prehistoric China. This study aims to help fill this gap in Chinese prehistoric archaeology. This is the first goal; the second is an investigation into Chinese maritime archaeology as it interrelates with world maritime archaeology, especially with the prehistory of maritime Southeast Asia and Oceania where there is marked correlation.

It is hoped that this study will bring us to a clearer understanding of the richness of the materials available and of the regional diversity of prehistoric cultures in coastal South China, allowing us to place them into a regional prehistoric framework. This author is confident that this analysis will enrich our understanding of maritime cultures of the entire region.

Some scholars have argued that the existing archaeological and linguistic evidence from South China points to coastal South China and Taiwan as being the homeland of Proto-Austronesian speaking peoples who did extensive migration to those coastal areas from maritime Southeast Asia, Melanesia, Micronesia and Polynesia at the beginning of the third millennium BCE. Studies into the establishment and early developments with regard to plant and animal domestication, as well as South China maritime cultures themselves are the central piece of research into the migration of Neolithic farmers entering into maritime Southeast Asia and Oceania.

We know from the archaeological record that prehistoric inhabitants have resided in caves shelters in the limestone areas in northwestern part of Guangdong Province and northern Guangxi Province in South China as well as mainland Southeast Asia since the Upper Pleistocene period. They developed a multi-source subsistence strategy that included the consumption of large quantities of freshwater shellfish, fishing in the rivers and streams near their homes, while exploring local flora and fauna resources in their hunting and gathering activities. They maintained this type of economy for several thousand years, well into the early Holocene period.

Their tool kits consisted of various pebble and flake implements, like hand axes, choppers, scrapers, along with specialized pointed tools for opening shellfish shells. Evidence of domesticated plants from about 8000 BCE, likely root plants, has been identified in several sites in Guangdong and Guangxi, namely the Zengpiyan and Tanshishan sites in Guangxi and the Huangyandong and Dushizi sites in Guangdong. At about the same time domesticated rice (*Oryza rufipogon*) first appeared in the mid-Yangtze river valley area (Pengtoushan site) and two cave sites in Hunan Province

(Yuchanyan site) and Jiangxi Province (Xianrendong site) – the areas adjacent to coastal South China.

These stable rice-producing agricultural communities began to expand their territory. This triggered a population movement from the heartland of rice domestication: some early farmers moved southward into the Pearl River Delta and other adjacent areas via Northern Guangdong, as witnessed by the remains of Neolithic sites like Shixia. This fast growing population and its spread played an important role in the peopling of coastal areas no later than the beginning of the fourth millennium BCE. The discovery of the so-called "sandbar" sites found along the coastline of the area known as the circum-Pearl River mouth area (including Shenzhen, Zhuhai in Guangdong Province, Hong Kong and Macau) provide us with first-hand materials in the study of how these peoples adapted to a maritime local ecosystem and the cultural changes in the early farmers who moved into the region.

We know of another Neolithic cultural center related to rice cultivation located in the lower reaches of the Yangtze River and coastal areas nearby. Large numbers of wooden and bone tools dated to 5,000 – 3,300 BCE have been unearthed from the Hemudu site, the Luojiajiao site and other Neolithic sites in Zhejiang Province. Along with these unique tool assemblages, artifacts have been identified as directly relating to human activity on water, probably seafaring, such as wooden paddles, canoes (possible outrigger canoes), clay models of canoes, etc. Prehistoric residents in the region also built wooden pile dwellings in their villages. Non-stop chronological sequences in the region indicate local Neolithic cultures shared a continuing development. Visible signs of social stratification have been identified in late Neolithic sites in the same region, like Liangzhu where dozens, even hundreds of fine jade *bi* discs, *cong* tubes and other ritual objects have been excavated from burial sites. There is evidence that the advanced Neolithic cultures in the region influenced other regional cultures in Southeast and South China as well as other regions in the North.

Prehistoric cultures in Taiwan long have been identified as the homeland of Proto-Austronesian speaking peoples in maritime Southeast Asia and beyond. Archaeological evidence shows there was a land bridge between mainland China and Taiwan at the peak of the glacial period in the Upper Pleistocene period. A culture in Taiwan referred to as the Changbing culture inhabited a series of cave sites found in the eastern and southern coastal areas of Taiwan. Pebble and flake tools have been found in those sites along with fossil remains of Homo sapiens. However, there is no direct link between these early remains to the earliest Neolithic culture—the Dabenkeng culture in Taiwan—dated to 4,500 BCE to 3,000 BCE. The latter is characterized by cord-marked pottery, chipped stone tools, polished stone axes, adzes, chisels, and arrowheads, which share some similarities with contemporary Neolithic cultures on the other side of the Taiwan Strait reaching as far as the Neolithic remains in costal southeastern Guangdong and the circum-Pearl River mouth area.

Putting all the pieces of this puzzle together, we can see that rice cultivation, advanced water resource gathering, fishing and related seafaring techniques served as driving forces enabling Neolithic inhabitants along coastal South China to move out into the nearby islands. As more farmers/fishermen migrated into the island world, they gradually developed a new subsistence strategy where they learned to domesticate unfamiliar sub-tropical and tropical plants. This knowledge helped them to cope with adaptation to the various local ecosystems and interaction with one another via sophisticated exchange networks between islands. The maritime culture further developed in maritime Southeast Asia making it possible for these early agricultural populations to travel greater distances on the open seas and to gradually move into the remote Pacific islands, one of the most exciting prehistoric adventures in human history in the period between 2,500 BCE and 800 BCE. The footsteps of the Human Being reached to the most isolated island groups like Hawaii and Easter Island around 900 AD.

The general background introductory section of this study goes into the archaeological excavations in South China and other regions during last several decades. Research results from these excavations have led to a better understanding of maritime cultures as an important component of East Asian and Southeast Asian prehistoric archaeology. Maritime archaeology has not been as comprehensively developed as have other archaeological studies in China. In particular, before the 1980s the focus of archaeological fieldwork was primarily concentrated on the inland areas. Even the limited number archaeological studies in South China were dominated by a methodology of searching for cultural connections to the North, particularly the area known as the central plain, without really paying any or very little attention to the possibly of a relationship between South China prehistoric remains and those of Southeast Asia and beyond. The author was once part of one of the first small groups of students devoted to the regional archaeological studies who attempted to explain the prehistoric maritime archaeological remains in coastal South China and their place in a broader regional background. New materials from the region as a whole give us the opportunity to explore the topic of first contact and continuing interactions of maritime cultures with an encouraging sense of comprehension and precision.

Chapter one presents an overall review of Chinese historical records on regional prehistory and history, as well as a review of ancient ethnic groups in the different areas of China from the Shandong peninsula in the east to Guangdong and Guangxi in the south. The main peoples discussed are the Dongyi, Wu, and Baiyue—peoples who inhabited the area from legendary times to the Han Dynasty. Although we cannot depend on the descriptions given in historical texts to reconstruct with any degree of precision the material cultures, social structure and supernatural beliefs of these peoples, these historical records still provide us with some useful clues for the study of prehistoric maritime cultures. Archaeological studies done in or about this region are summarized in terms of both theoretical and methodological approaches, major discoveries and some key issues discussed amongst local archaeologists, namely early Holocene cave shelters, shell midden sites, sandbar sites, shouldered axes and stepped adzes, cord-marked pottery and pottery with geometric patterns, and the like. Anthropological research on various topics relating to modern ethnic groups in South China and other regions is reviewed in this chapter as well. Ethnographical fieldwork has been conducted intensively in several areas related to this current study. Reports on this fieldwork provide us with enormous amounts of material that help us understand the different adaptation strategies of contemporary ethnic groups, and pave the foundation for drawing ethnoarchaeological analogies.

Chapter two presents an analysis of archaeological remains of the region from the Upper Pleistocene through the entire Neolithic period. One interesting observation is that early cave sites in the limestone areas of South China, Thailand, Vietnam, the Philippines, Malaysia and Indonesia all share certain similarities, such as large chipped pebble implements, smaller flake tools, partially polished stone tools and perforated stone tools. Tools made of bone, horn and shell also appeared in certain percentages in tool assemblages. Many of these sites have had accumulated thick layers of cultural deposition over the last thousands of years. Remains of the so-called Grand Panda (*Stegodon sinensis*) have been found in some sites in South China and in maritime Southeast Asia, indicating the existence of land bridges (Sunda Shelf or Sundaland) between mainland Asia and some parts of maritime Southeast Asia. The abundant flora and fauna in subtropical South China provided prehistoric inhabitants with a great variety of food resources which allowed special skills of a subsistence strategy to be developed, including the collection of shellfish and possible domestication of root plants like taro. As rice cultivation appeared in the mid-Yangtze River valley, the movement of early farmers is traceable along the South and Southeast coasts of China. They inherited the techniques and skills accumulated earlier in the cave dwelling stage, and further modified and developed them when they moved to the plains, river valleys and eventually coastal areas to establish permanent habitations. Archaeological fieldwork has yielded abundant remains from costal Neolithic sites like Xiantouling, Dahuangsha, Baojingwan in Guangdong, Sham Wan, Tai Wan, Tung Wan, Hac Sa Wan in Hong Kong and Macao, enabling a depiction of the formation and development of settlements along the seashore and adoption of multi-subsistence exploration with an emphasis on marine food resources.

In Chapter three evidence of prehistoric cultural connections between Taiwan and the Philippines as well as other areas of maritime Southeast Asia are considered. A cultural chronological sequence has been established based on the cumulative results of archaeological excavations conducted in Taiwan and elsewhere since the 1950s. The earliest Neolithic remains can be dated to around 4,500 BCE with a gradual distribution of sites from the north part of the island to the south. Dabenkeng is a typical site representative of cultures in this stage. It has cord-marked pottery, round bottom cooking vessels and containers in the pottery assemblage. There are chipped and polished axes and adzes, arrowheads, net sinkers, and stone pads for making tapa textile. Some Dabenkeng culture sites like the Guoye island site are observed to have used more marine resources. Shellfish, fish and seaweed from the intertidal rocks and coral reefs were explored intensively by early inhabitants. Yuanshan culture is the mid-Neolithic culture in Taiwan which produced reddish painted pottery and pottery with geometric patterns. Pottery handles, basal rings, and covers are commonly found. Polished stone axes, adzes, grinding stones, net sinkers and jade ornaments have been excavated from a group of sites. Late Neolithic sites in Taiwan were scattered more widely to include different types of sites in various geographical locales. Shell midden sites in coastal areas are present on the west coast, whereas megalithic remains and burial sites have been found in the south. Taiwan's Neolithic cultures share certain similarities with Neolithic remains found in the Philippines. As one of the most important steps of Proto-Austronesian people's dispersal process to maritime Southeast Asia, these archaeological remains in the Philippines play a crucial role. Neolithic farmers reached the northern Philippines via Taiwan around 2,500 BCE –2,000 BCE introducing new cultural elements such as pottery, oceangoing canoes (outrigger canoes), timber houses, backstrap weaving looms and betel chewing to be to the archipelago. In addition, these early cultures gradually expanded from simple rice cultivation to the domestication of indigenous plants extant in the sub-tropical and tropical environments in Southeast Asia, with domesticated coconuts, taro, yams and sago being a few examples.

Chapter four continues the discussion of prehistoric remains in Oceania and the dispersal of Proto-Austronesian speaking populations into that region. Taking a southward route, early farmers/fishermen occupied eastern Indonesia and northern Borneo no later than 1,500 BCE. Their footsteps reached to the Mariana Islands in Micronesia thereafter and quickly expanded southeastward to the Bismarck Archipelago, Solomon Islands, New Caledonia and other islands of Melanesia. Initially found in New Caledonia and then discovered in Samoa, Fiji and Tonga, a Neolithic culture known as the "Lapita Cultural Complex" is a typical Neolithic culture identified across Melanesia and Polynesia. The most common identical characteristic of this cultural complex is its pottery tradition, which is shared by islanders across the open sea for more than 4,000 km. One of the striking characteristics of Lapita earthenware pottery is the Dentate-stamped pottery decorated with various geometric motifs. Dentate-stamps in linear and curved shapes in varied lengths were applied to the surface of the reddish-brown pottery then filled with a paste of white coral lime to form a perfect contrasting effect. Some of the typical pottery forms and shapes include: round-bottom bowl, carinated bowl, bowl with pedestal feet, flat-bottom dish, carinated jar, large globular jar or urn. Their functions can be classified as cooking vessels, and containers and vessels for storage purposes. Stone adzes and other polished stone tools as well as marine shell objects have also been found accompanying Lapita pottery. In some Lapita sites, remains of houses on stilts have been identified. The main economic activities of Lapita people appear to have been fishing, the gathering of marine shellfish, horticulture based on domesticated roots and tree crops, as well as pig, dog, fowl husbandry. Radiocarbon dates for the earliest Lapita sites are dated to circa 1,550 BCE – 1,400 BCE. Lapita culture appears to have come to a close in the middle to end of the first millennium BCE. As a number of archaeologists have indicated, most of elements of the archaeological assemblages in the Lapita Cultural Complex can trace their roots in maritime Southeast Asia from Sulawesi, Borneo, Philippine Archipelago, and all the way to Taiwan as well as South China.

Chapter five continues the discussion of regional maritime cultures. In it the ways of contact and interaction of regional cultures as well as their proceeding through time and space are analyzed. Taken into account are local geographical characteristics, ecosystems and environmental changes through time in each of the distinguished areas. As prehistoric peoples moved along the coastlines—between the mainland and outlying islands and between islands—the factors of sea level fluctuation, ocean currents, prevailing winds, micro/macro area climate conditions and others must be taken into account in order to understand when, where and how prehistoric seafaring activities can be initiated. Further investigations into the means of maritime transportation in the archaeological context, and into related indigenous maritime knowledge, techniques and skills helps us to reconstruct the dispersal process of Proto-Austronesian speaking peoples across the ocean. The evidence from ethnographical literature, historical texts and linguistic materials about regional maritime cultures has been considered in depth as well.

In Chapter six, the author attempts to offer a collective explanation of the formation and development of maritime cultures in South China, maritime Southeast Asia, and Oceania as seen from the perspectives of availability of local fauna and flora resources in different regions, and the adaptive technology of early humans needed to cultivate those subsistence resources. Rice cultivation and the domestication of root and tree crops in a tropical environment can well be considered revolutionary developments in regional prehistory. Although archaeological evidence indicates that human beings occupied some parts of maritime Southeast Asia and Oceania as far back as the upper Pleistocene (as the Sunda Shelf shows), cultures of those hunting-gathering communities were at a standstill for many centuries until Neolithic farmers entered those areas. Agriculture along with exploration of marine food resources allowed early inhabitants of ocean islands to develop their local subsistence strategies according to the availability of food resources specific to their local ecosystems. They also engaged in the exchange of knowledge and resources in various regional trade networks. Specialized tool assemblages, objects with ritual meanings, social organization, stratification and cognitive aspects of societies have also been observed through research on burial sites. All of these provide us with solid evidence for a proper reconstruction of prehistoric maritime cultures of entire region.

Chapter seven lists some of the new discoveries in the Shandong peninsula, lower Yangtze River Delta and other places. The aim is to seek answers for yet more questions related to prehistoric maritime cultures in the studied areas that have come about because of this research. Manifestly, any conclusions we draw now essentially are based on the archaeological, linguistic, physical anthropological and ethnographical materials currently available to us. As more and newer materials surface, we should really take a position where we are able to adjust, modify, and even overturn our current viewpoints. The study of prehistoric archaeology in South China, maritime Southeast Asia and Oceania is no exception. Scientific research encourages scholars to challenge those well-established paradigms and orthodox thoughts based on new evidence, techniques, theoretical and methodological advances. But we should also take the position of respecting the solid scientific facts. That is probably the lesson we can learn from the studies conducted by Thor Heyerdahl and Gavin Menzies on voyages in prehistoric and historic times, which are indeed related to the peoples and places of this current study.

Stephen Qiao

目 录

绪论 …………………………………………………………… 1

第一章 史前南方海洋文化研究的文献学与方法论 ………… 11
  第一节 历史文献综述 ……………………………………… 11
    一、东南沿海区 …………………………………………… 12
      （一）东夷、淮夷系统 …………………………………… 12
      （二）吴、越系统 ………………………………………… 15
      （三）于越 ………………………………………………… 17
      （四）闽越、东瓯、岛夷 ………………………………… 18
    二、华南沿海区 …………………………………………… 21
      （一）南粤系统 …………………………………………… 21
      （二）西瓯、骆越 ………………………………………… 23
      （三）滇越 ………………………………………………… 25
  第二节 考古材料的梳理 …………………………………… 27
    一、中国东南沿海史前文化的区域类型 ………………… 27
    二、中国东南沿海考古的核心问题 ……………………… 33
      （一）洞穴与贝丘遗址 …………………………………… 34

　　　　（二）双肩与有段石器 ·················· 36
　　　　（三）几何印纹陶 ······················ 37
　第三节　人类学对本课题研究的评述 ············ 39
　　　一、中国东南沿海地区及东南亚地区的人类学研究 ········ 39
　　　二、太平洋区域的人类学研究 ·················· 41
　第四节　研究方法论证 ························ 43
　　　一、文化生态学 ···························· 43
　　　二、新考古学 ······························ 45
　　　三、文化进化论与新进化论 ···················· 47
　　　四、后过程考古学 ·························· 48
　　　五、海洋考古学的理论和方法 ·················· 49
　　　六、技术性的方法 ·························· 51

第二章　史前南方海洋文化的形成和发展 ············ 53
　第一节　中国东南沿海史前海洋文化的渊源 ········ 54
　第二节　中国东南沿海史前海洋文化的形成 ········ 61
　第三节　海洋文化的直接物质遗存 ················ 72
　　　一、舟　船 ································ 72
　　　二、渔猎的方式与工具 ······················ 77
　　　三、史前的"渔民"与"渔村" ················ 81

第三章　东南亚及相邻地区的史前海洋文化 ·········· 88
　第一节　中国台湾地区的史前文化 ················ 88
　　　一、台湾史前文化研究的历史与现状 ············ 88
　　　二、台湾史前文化的结构 ···················· 90
　　　　（一）新石器时代早期 ······················ 91
　　　　（二）新石器时代中期 ······················ 92
　　　　（三）新石器时代晚期 ······················ 94
　　　三、台湾史前文化的基本特点 ················ 96
　第二节　菲律宾史前考古的发现及与其他地区的文化联系 ······ 97

一、基本背景 …………………………………………… 97
　　　二、菲律宾的史前考古发现 …………………………… 100
　　　三、菲律宾史前文化的特征 …………………………… 107
　　第三节　马来西亚的考古发现 …………………………… 108
　　第四节　印度尼西亚及东帝汶的考古发现 ……………… 112
　　第五节　区域文化特征的研究 …………………………… 116

第四章　大洋洲的史前海洋文化 ……………………………… 119
　　第一节　大洋洲的基本自然和文化特征 ………………… 119
　　第二节　波利尼西亚的考古发现 ………………………… 122
　　第三节　美拉尼西亚的史前时代 ………………………… 129
　　第四节　密克罗尼西亚的史前考古 ……………………… 135

第五章　中国东南沿岸文化与各海岛区域联系的
　　　　　方式与过程 ……………………………………… 139
　　第一节　区域史前海洋文化联系的自然条件 …………… 139
　　　一、地质与地貌 ………………………………………… 139
　　　二、洋　流 ……………………………………………… 141
　　　三、气　候 ……………………………………………… 143
　　第二节　史前人类实现交流的手段 ……………………… 146
　　　一、史前航海的条件和技术 …………………………… 146
　　　二、原始的航海工具 …………………………………… 157
　　　（一）中国沿海地区的考古发现 ……………………… 158
　　　（二）中国古籍中关于各种原始水上工具的记载 …… 163
　　　（三）原始航海工具的民族学资料 …………………… 165
　　第三节　区域间文化交流过程的分析 …………………… 169
　　　一、基本的理论构架 …………………………………… 169
　　　二、区域文化交流的实际过程 ………………………… 173
　　第四节　中国东南沿海与东南亚、大洋洲文化联系的证据 …… 177
　　　一、语言学 ……………………………………………… 177

二、体质人类学 …………………………………………… 182
　　三、民族学 ………………………………………………… 189

第六章　海洋文化——一个相互联系系统的综合解释 …… 196
　第一节　海洋文化的基本技术构成与生存模式 ………… 197
　　一、资源分布 ……………………………………………… 199
　　二、技术构成 ……………………………………………… 210
　第二节　交易网络——海洋文化的特殊社会机制 ……… 225
　　一、陶器 …………………………………………………… 226
　　二、装饰品 ………………………………………………… 233
　第三节　海洋环境中的文化变迁 ………………………… 238
　　一、瓮棺葬 ………………………………………………… 238
　　二、蹲踞葬 ………………………………………………… 243
　　三、石板墓 ………………………………………………… 245
　　四、拔牙与染骨 …………………………………………… 247

第七章　史前海洋文化的进一步讨论 ……………………… 251

外一篇　题外的话 …………………………………………… 266
　第一节　海尔达尔的美洲土著发现大洋洲的理论和
　　　　　他的航海实验 …………………………………… 266
　第二节　是中国人首先发现美洲吗？ …………………… 270

参考文献 ……………………………………………………… 274
索　引 ………………………………………………………… 288
后　记 ………………………………………………………… 295

绪 论

中国东南沿海地区史前海洋文化是史前人类在中国大陆东南沿海地区、毗陆海岛区域形成的文化。它既是中国各地不同形态的史前文化中的一种，也是世界史前海洋文化的重要组成部分。笔者多年前在撰写博士论文时曾重点研究了中国东南沿海新石器时代文化的海洋文化因素及这些因素和东南亚、太平洋区域史前文化的关系。[1]二十多年来，这些地区的考古研究有了长足的进步。本书将利用考古学和其他学科在上述广大区域内研究的成果，分析和研究中国东南沿海地区史前海洋文化形成和发展的历程，进而讨论此区域与东南亚海岛区史前文化及大洋洲史前文化间的互动和交流。

在讨论具体的区域性考古问题之前，我们有必要简单回顾一下中国史前考古研究发展的基本脉络，由此清楚地认识中国史前考古研究发展过程中整体性与区域性的关系，进而把握中国东南沿海地区史前海洋文化研究在中国史前文化研究框架中的位置。

自现代考古学传入中国之后，史前考古就一直是中国考古学中非常

---

[1] 乔晓勤：《中国东南沿海史前文化与太平洋区域史前文化的关系研究》，博士学位论文，中山大学人类学系，1988年。

重要的一支。1921年，瑞典地质学家安特生（Johan Gunner Andersson, 1874—1960）在河南渑池县仰韶村的新石器时代遗址进行了为期一个多月的发掘，这一事件标志着现代史前考古学在中国的诞生。安特生对他在仰韶村发现的新石器时代遗址进行了初步研究，其成果发表在1923年出版的《中华远古之文化》一文中。安特生指出，仰韶文化遗址中出土的彩陶与中亚的亚诺文化（Anau Culture）、俄罗斯南部的脱里波留文化（Tripolje Culture）中的彩陶存在可比性，他进而认为仰韶的彩陶文化是受这些文化的影响而产生的，这就是著名的中国史前文化"西来说"的缘起。[1]他在文中指出："中国是何时、在什么地方又是以什么方式开始的？关于中国文化身份的所有假设现在似乎都受到挑战，答案就埋在地下，而不在古书里。"[2]此后，安特生又在河南、甘肃、青海等地从事了几年的考古活动，发现和研究了以彩陶、磨制石器遗存为核心的史前文化。安特生对中国史前考古的研究成果反映在他于1934年出版的《黄土地上的儿女：史前中国研究》（*Children of the Yellow Earth: Studies in Prehistoric China*）一书中。安特生考古实践的意义在于他的发现和研究使单纯依赖历史文献的传统中国历史学家们意识到现代考古学才是真正能够打开中国史前史神秘之门的钥匙。除了西北和华北地区外，安特生还到过华南地区进行考古调查，是香港考古学的开创者之一。在香港，安特生与戈斐侣（Walter Schofield）等人合作，于1937年发掘了大屿山石壁东湾遗址。[3]

继安特生之后，时已获得哈佛大学博士学位的李济于1924年在河南新郑进行了一次考古调查，接着又于1926年在山西南部开展了一系列的考古调查。1927年，李济对山西夏县西阴村新石器时代遗址的发掘，是中国人自己进行的第一次科学考古发掘。这一发掘为他后来在河南安阳殷墟的大规模考古发掘奠定了基础。20世纪30年代，中央研究院历史语言研究所

---

[1] 马思中、陈星灿：《中国之前的中国：安特生，丁文江和中国史前史的发现》，东方博物馆专刊系列第十五号，瑞典斯德哥尔摩东方博物馆，2004年，第46—48页。

[2] 马思中、陈星灿：《中国之前的中国：安特生，丁文江和中国史前史的发现》，东方博物馆专刊系列第十五号，瑞典斯德哥尔摩东方博物馆，2004年，第51页。

[3] David, S. G. (1969). "History of Archaeology in Hong Kong," *Asian Perspectives*, XII, pp. 19–26.

的考古工作者在河南、安徽、山东等地又发现了众多的史前考古遗址。

在南方的江浙地区，以南京古物保存所的卫聚贤为首的研究者在江苏、浙江两省陆续发现了以有段石器、有肩石器、黑陶、印纹陶等为特点的中国南方新石器时代遗存。卫聚贤等人于1930年发掘了南京栖霞山遗址，发现了石斧、石刀、石锛以及几何印纹陶片等新石器时代文化遗存，证实了江南存在新石器文化，从而打破了中国考古界此前认为江南没有新石器文化的观点。但在当时，他的观点并未得到李四光、李济等人的认同。[1] 1935年，卫聚贤又参与了江苏常州武进淹城遗址和上海金山卫戚家墩遗址的发掘，丰富了人们对中国史前考古多样性的认识。他的考古工作涉及的地区还包括杭州古荡、余姚河姆渡等。1936年他又与蔡元培、于右任等人倡导成立了"吴越史地研究会"，出版《吴越史地论丛》。

在华南地区，1929年成立的广州市博物馆是中国成立最早的博物馆之一。1931年，职业考古团体黄花考古学院在广州成立，学会的会刊《考古学杂志》也成为中国最早的考古学专业期刊之一。在该杂志的创刊号上，谢英伯指出，西江流域与黄河流域、长江流域一道都是中国文化的起源地。[2] 1934年，在粤东地区传教的意大利神父麦兆良（Rafael MagLioni，1891—1953）会同爱尔兰耶稣会传教士芬戴礼（D. J. Finn, 1886—1936）神父在汕尾发现了一系列史前遗存。此后，麦兆良神父在海丰发现了史前遗存，并在《香港博物学家》杂志1938年第八卷第三期、第四期发表《海丰的考古发现》。同年，在新加坡召开的第三届远东史前史学术会议上，麦兆良宣读了题为《华南考古的若干发现》的论文。[3]

《马关条约》签订，日本割占我国台湾并建立殖民统治后，日本人在台湾的考古活动就一直没有停顿。至1910年，日本人在台湾发现了160余处遗址，包括台北的贝丘遗址。20世纪30年代，又发现和发掘了石棺墓遗址，

---

［1］ 刘斌、张婷：《卫聚贤与中国考古学》，《南方文物》2009年第1期，第99—107页。

［2］ 徐坚：《暗流：1949年之前安阳之外的中国考古学传统》，科学出版社，2012年，第113页。

［3］ ［意］麦兆良（Fr. Rafael Maglini）：《粤东考古发现》，刘丽君译，汕头大学出版社，1996年。

调查和发掘的范围也从台湾北部扩大到南部。[1]

总体上讲，从20世纪初到20世纪40年代末这一时期，中国的史前考古研究是以黄河流域为中心展开的；西方学者在解释中国史前文化的形成问题上，多持西来说的传播论观点；中国南方等地的考古发现和研究虽然已经开始，但尚未形成系统。

中央研究院历史语言研究所在河南安阳小屯等地的开创性的考古工作，为后来考古学在中国的发展奠定了基础。以傅斯年、李济等为首的学者强调考古学的科学性和客观性，试图将考古学等学科建立在自然科学的基础上，并划清其与传统金石学之间的界限。史语所将考古学的学科定位于历史学，设立了重建中国古史的目标。[2]

张光直先生曾在给陈星灿《中国史前考古学史研究：1895—1949》一书的序言中提出这样的问题："中国文化外来说为什么引起中国学者强烈的反感？""自《河殇》以来将中国文明的成分分成'大陆文明'和'海洋文明'两大脉络的看法，有没有1949年以前的基础？"[3]张光直先生在序中涉及的这些问题虽然是中国考古学肇始阶段的认识问题，但同时也是中国考古学中的基本问题。对此，我们至今仍未找到满意的答案。

1949年以来的中国史前考古，除了中国社会科学院考古研究所在广泛地区展开的工作外，其余的考古工作基本上是以省区为单位进行的，考古调查和发掘的范围遍及全国各地。20世纪50年代至60年代，中国史前考古研究的中心基调是"中原文化主导说"。随着黄河流域各地考古发掘的全面展开，黄河上游、中原地区、黄河中下游考古学文化的发展序列逐步建立。在批判中国文明外来说的前提下，中国文化以中原"文明摇篮"为中心的本土发生论成为学术界的共识。20世纪50年代，安志敏先生等人认为，由仰韶文化到龙山文化，中原地区存在着本地区先后发展的文化序列，而

---

[1] [日]金关丈夫、国分直一：《台湾考古志》，谭继山译、陈昱审订，武陵出版有限公司，1990年。

[2] 陈洪波：《中国科学考古学的兴起：1928—1949年历史语言研究所考古学史》，广西师范大学出版社，2011年，第85—86页。

[3] 陈星灿：《中国史前考古学史研究：1895—1949》，生活·读书·新知三联书店，1997年，第3—4页。

不是像安特生等主张的仰韶文化西来说。这一本地连续性发展的新石器文化成为后来小屯等地殷商文化的渊源，其他地区的史前文化则是在中原文化的影响下逐步发展起来的。[1]

这种中原文化主导说的观点在20世纪70年代后期特别是20世纪80年代开始发生变化。苏秉琦先生曾指出："中国史前史是指商代以前的历史；同时，不限于中原，不限于黄河中、下游，凡960万平方公里以内的古人类遗址和原始文化遗存，都属于中国史前史的范畴。"[2]张光直先生也修正自己先前的看法，提出了中国史前文化相互作用圈的观点。[3]长江流域、珠江流域和中国南方史前考古文化谱系的建立，进一步证明了中国境内史前文化发生、发展、相互交流和影响的多元化格局。

与此同时，随着国外考古学理论与方法的介绍和引进，人们开始对中国考古学理论与方法的单一性和简单化提出了质疑，多学科的综合研究也日渐受到重视，史前人类在面对不同的生态环境时的独特适应模式、生存策略被纳入到史前考古研究的范畴。在进行史前考古研究的过程中，人们的视野开始转向史前海洋文化和海洋考古学。在对山东沿海地区史前聚落形态全面调查的基础上，研究者发现在山东日照发现的199处龙山聚落中，在以两城镇为区域中心的聚落网构成的四级聚落群内，贵重物品和实用器的生产和再分配，以及宗教活动可能作为复杂的社会组织系统中的一部分进行运转。史前先民选择此地作为聚落的中心，可能与新石器时代的人类群体因为学会使用航海工具而实现区域间的交流有关。[4]

进入21世纪，伴随着各地经济的高速发展，人们对地方历史文化的兴趣使得考古学这一一度冷门的学科逐渐成为热门学科。中国考古学与传统

---

[1] 安志敏：《试论黄河流域新石器时代文化》，《考古》1959年第10期，第559—565页；后收入安氏著《中国新石器时代论集》，文物出版社，1982年，第58—67页。

[2] 苏秉琦：《关于重建中国史前史的思考》，载《华人·龙的传人·中国人——考古寻根记》，辽宁大学出版社，1994年，第115页。

[3] 张光直：《中国相互作用圈与文明的形成》，载《中国考古学论文集》，生活·读书·新知三联书店，1999年，第151—189页。

[4] 刘莉：《中国新石器时代：迈向早期国家之路》，陈星灿等译，文物出版社，2007年，第184页。

历史学、金石学根深蒂固的联系又使得考古学研究容易为比较功利性的目的服务。以彰显地方文化的久远历史与独特性为目的的考古研究，在材料的收集、选择、解释等方面都有可能存在研究的客观性的问题。这是我们从事中国考古研究时需要注意的问题。

在华南史前考古的资料积累方面，近二三十年来，福建、台湾、广东、广西、香港及澳门等地多有与海洋文化相关的考古材料发表，相关的研究工作也取得了长足的进步。这些构成了本书研究的重要材料基础。如前所述，本区域的史前考古材料应该和邻近的东南亚地区及更远的太平洋海岛区的海洋文化进行比较研究。在过去的二三十年中，上述地区的考古研究也有了一定的进展，这使本书所进行的比较研究能够建立在更坚实的材料基础之上。

海洋文化是人类在陆地发展出的文化的延伸，是史前人类面对不同的自然环境而产生的独特的生存适应模式。俗话说，靠山吃山，靠海吃海。早在发明农业、开始从事农业作物的生产之前，人类就已学会使用简单的工具在陆地和水中获取食物。随着农业文明的出现，农耕技术不断发展，农作物提供的相对稳定的食物来源成为人类人口不断增长的动因之一。人口的增长又导致人类活动区域的持续扩大，最终到达沿海地区，并学会制造和使用水上交通工具进入海岛。生活在沿海地区及海岛上的史前居民，凭借他们之前在陆地上积累起来的求生技术手段，包括他们从河流、湖泊中获取食物的特殊技能，开始在新的生存环境中发展出各种新的生计模式。与此同时，生活在沿海地区和海岛之上的史前居民在掌握了最基本的航海技术后，便能够利用简单的交通工具前往大海中距离陆地更为遥远的岛屿，从而逐步建立起十分独特的、相互交往和互动的网络。

本书对史前人类的海洋文化的研究，主要集中在中国东南沿海和华南地区，即福建、台湾、广东、广西、海南及港澳地区，并涉及在文化上与之相关的邻近地区。同时，根据澳大利亚国立大学贝尔伍德（Peter Bellwood）等学者的研究，被称为南岛语民族（Austronesian）的史前人类群体所具有的诸多文化特质，实际上是太平洋波利尼西亚等地史前居民文化的主要来源，而广布于东南亚岛屿及太平洋海岛的南岛语民族的文化，至少与台湾乃至大陆东南沿海的史前文化存在联系。[1]基于此，本书的讨论也会涉及上述地区的考古学和其他学科的材料。

接下来需要进一步探讨一下本研究将会涉及的一些理论问题。夏鼐先生曾给考古学下过这样的定义："考古学是根据古代人类通过各种活动遗留下来的实物以研究人类古代社会历史的一门科学。"他还进一步指出："考古学是属于人文科学中的历史科学，而不属于自然科学，尽管在考古学的研究过程中必须充分利用各种自然科学的技术和方法。""考古学研究的最终目标在于阐明存在于历史发展过程中的规律，而马克思列宁主义的历史唯物论便是指导研究这种规律的理论基础。"[2]夏鼐先生对考古学的基本定义和《大英百科全书》中对考古学的定义，即"考古学是对过去人类活动遗留下来的物质遗存进行科学研究的学科"[3]是基本一致的。在20世纪的最后20年，随着考古学研究的范围不断扩大，各种新的科技手段的引进与应用，以及人们对传统考古学理论的反思，考古学研究的内涵和外延都在发生着一些重大的变化。如前所述，传统史学对中国考古学的影响根深蒂固，在这些因素的影响下，一些学者在解释材料、复原历史的尝试中明显地受到比较简单化的线性思维模式的影响，而这类实践背后的主要理论基础则是美国人类学家摩尔根（Lewis Henry Morgan，1818—1881）在《古代社会》中所构建的人类社会进化模式。20世纪80年代后期，首先对这一考古学理论构架提出怀疑的是童恩正先生。其后的一批年轻的考古学者受到自国外引进的考古学新思潮、新方法的影响，开始探索中国考古学研究的新思路。随着在一些考古调查、发掘合作项目中中国考古工作者与国外学者合作的展开，至少在方法上，中国考古工作者开始系统地受到各种最新的研究方

---

[1] Bellwood, P. The Dispersal of Neolithic Cultures from China into Island Southeast Asia: Stand Stills, Slow Moves, and fast Spreads，载中国社会科学院考古研究所编著《华南及东南亚地区史前考古：纪念甑皮岩遗址发掘30周年国际学术研讨会论文集》，文物出版社，2006年，第223—234页。

[2] 《中国大百科全书·考古学》"考古学"条（夏鼐、王仲舒撰），中国大百科全书出版社，1986年，第2—3页。

[3] Encyclopedia Britannica.(2011). Encyclopedia Britannica Ultimate Reference Suite, Chicago: Encyclopedia Britannica.

法的训练。另一方面，随着与考古学相关的科学的发展演变，以及大量新科技的应用，中国考古学研究的外延在迅速扩大，海洋考古学和水下考古在中国的迅速兴起就是这方面的典型例证。在俞伟超先生的倡议与支持下，1987年，中国历史博物馆成立了水下考古学研究室（即现在的国家博物馆水下考古学研究中心）。1989年，受国家文物局的委托，中国历史博物馆与澳大利亚阿德莱德大学（University of Adelaide）合作，在青岛举办了第一届水下考古专业人员培训班。随后，1999年在福建连江、2004年在广东阳江，第二届、第三届同样的训练班又相继举行。中国历史上的第一批水下考古专业队伍就此形成。在水下考古的实践方面，自1990年起，先后有福建定海白礁1号、辽宁绥中三道岗、广东南海1号、西沙华光礁1号等沉船遗址的发现与发掘，为中国水下考古的进一步发展奠定了基础。

除了水下考古外，广义的海洋考古学还包含了对陆地、海岛上海洋文化遗存的研究。近20年来，这方面的研究也取得了很大进展。属于沿海地区的遗址包括台地遗址和沙丘遗址。从20世纪50年代开始，在考古普查的过程中，在华南沿海的广泛地区发现了不少贝丘遗址和台地遗址。20世纪80年代以来，在华南包括深圳、珠海、香港、澳门在内的环珠江口地区，有大量的沙丘遗址被发现。与类似广东环珠江口地区发现的沙丘遗址不同，福建省境内沿海地区的史前文化遗存则以分布于河流两岸的台地沙丘遗址为主。广西和海南岛沿海地区也有一些史前遗址的发现，但数量较少，其研究比起上述区域来也相对薄弱。与此同时，台湾也有上千处史前遗址的发现。这些华南沿海地区史前遗址的广泛发现，填补了华南沿海地区史前考古的空白，证明史前人类已适应沿海地区的生活并发展出独特文化，其文化的积累有着明显的长远性与连续性的特点。虽然已调查和发掘的新石器时代的遗址总量已达到了上千处，但经过系统研究的遗址数量还比较少。

笔者开始从事华南史前海洋文化研究的时间，可以追溯到20世纪80年代的中期。当时笔者正在广州中山大学人类学系攻读文化人类学专业方向的博士学位。在学习的初始阶段，导师梁钊韬教授就非常重视本人对中国南方考古田野工作的参与。自20世纪80年代中期到90年代初期，笔者与人类学系考古专业的师生一起参与了江苏镇江、常州、苏州、香港大屿山、南丫岛、珠江三角洲、粤西北等地区一系列新石器时代和早期青铜时代遗址的发掘和调查工作,这些工作使本人对不同地区的各类史前考古遗存有了比较深入的认识。在方法论方面,梁先生和人类学系指导过本人学习的其他教授都强调文化人类学综合研究方法在具体研究课题上的运用。除了考古学和历史学,民族学、语言学、体质人类学都是综合研究所必不可少的。地理学、生态学及其他自然科学的方法也都被应用于实际的研究课题中。区域文化的比较研究被纳入到更广大的空间和时间跨度之中。在掌握了一定数量的第一手考古资料、运用比较和综合研究方法的基础上,笔者于1988年完成了博士学位论文《中国东南沿海史前文化与太平洋区域史前文化的关系研究》,并顺利的通过了答辩。在完成毕业论文的过程中和之后一段时间内,笔者又发表了多篇与博士论文题目相关的论文。[1]这些都是本书能够成型的基本材料。

虽然本书的主要研究工作和田野考古完成于20世纪80年代后期和20世纪90年代初期,但在这次撰写书稿的过程中,本人仍尝试将过去20多年中的新发现和新的研究成果尽量加入到原有的研究框架内,充实相关的研究内容。笔者也尝试利用综合研究的方法,分析中国东南沿海地区史前海洋文化形成、发展和演变的过程,研究中国东南沿海地区史前海洋文化与东南亚、大洋洲史前文化的关系,进而在更广泛的框架下研究海洋文化在人类史前史中的位置。本书的绪论梳理了本课题研究的缘起和目的,概述了相关研究在过去,特别是近20年的进展。第一章主要述及中国史前海洋文化研究的基本文献和采用的主要方法。涉及的文献主要为中国古文献材料、考古材料及人类学研究材料。在研究方法上,指出文化生态学、新

---

[1] 乔晓勤:《大洋洲史前考古新发现及其意义》,载《人类学论文选集2》,中山大学出版社,1987年,第100—118页;《史前中国东南滨海文化的生态学研究》,《东南文化》1987年第3期,第11—17页;与梁钊韬合著:《太平洋史前文化与中国沿海史前文化交流的探讨》,载张海鹏主编《太平洋文集》,海洋出版社,1988年,第156—159页;与张镇洪等合著:《华南史前考古若干问题的思考》,载《纪念黄岩洞遗址发现三十周年论文集》,广东旅游出版社,1991年,第65—79页;《华南的"海洋文化"与人类征服太平洋》,载深圳博物馆编《深圳考古发现与研究》,文物出版社,1994年,第180—186页;Qiao, XQ (1996). "The Neolithic fishermen in coastal South China," in *Indo-Pacific Prehistory: the Chiang Mai papers*, vol. 2, *Bulletin of the Indo-Pacific Prehistory Association*, vol. 16, pp. 219—222;《古越族向海洋的拓展及考古证据》,载《岭南古越族文化论文集》,香港政府市政局,1993年,第34—37页;《华南海洋文化的形成和发展》,载《岭南考古研究4》,香港考古学会,2004年,第38—49页。

考古学、文化进化论、后过程考古学等考古学研究方法和趋势对分课题研究的借鉴作用，并着重分析海洋考古研究可以采用的一些特殊方法。第二章论述中国东南沿海史前海洋文化的形成与发展，指出全新世以来华南地区人类生存适应模式的形成和演变，以及人类由内陆逐渐走向沿海的过程。本章还分析了与中国东南沿海史前海洋文化直接相关的物质遗存。第三章介绍了与中国东南沿海相邻的东南亚海岛区的史前文化的内涵、特性和发展过程，着重讨论了这两个地区的史前海洋文化的异同以及两者之间可能存在的文化联系。第四章研究大洋洲的史前海洋文化。分别介绍了波利尼西亚、美拉尼西亚、密克罗尼西亚的考古发现，及这些考古发现中鲜明的海洋文化特征。第五章着力于研究中国东南沿海史前文化和东南亚海岛区、大洋洲海洋文化间可能存在的联系交流的方式，分析了这一区域的自然条件，以及促使史前人类交流形成的文化积累和物质条件。通过对各地与航海有关的考古发现的详细介绍，分析当时具备的原始航海工具及技术条件。此章还对区域间海上交流的一些理论性问题进行了探讨，分析了语言学、民族学所提供的区域文化交流方面的证据。第六章对作为一个文化系统的史前海洋文化提出一些理论性的解释和分析。本章涉及对作为史前海洋文化主人的史前居民的生存模式和技术构成的分析，同时也包括了对与史前海洋文化有关的史前人类群体的社会组织、意识形态等方面的研究。第七章尝试对整个研究提出一些概括性的结论，并对这一研究课题现在还存在的问题提出一些看法。

第一章 史前南方海洋文化研究的文献学与方法论

对于华南史前海洋文化的研究,其出发点之一应是对历史文献所记述的中国东南沿海地区及毗邻地区的材料进行梳理。同时,我们也需要梳理一下文献对于与海洋文化有关的各类记述。大量的可资佐证的史料文献的存在是中国史前史和世界其他地区史前史研究显著不同的一个方面。当然,文献梳理的最终目的不是简单地将文献所记述的古代群体的文化和考古研究所确认出的史前文化进行简单的类比。丰富的文献资料的存在有助于我们对于各地区不同历史阶段人群的物质文化和精神文化的认识,但文献在史前史研究的运用要经过去粗取精、去伪存真的甄别过程,这样才能恰当地将文献提供的资料与考古学、民族学、语言学、体质人类学所提供的资料有机地结合在一起,加深我们对不同地区史前文化的认识,比较准确地复原中国东南沿海和相关地区海洋文化的真实面貌。

第一节 历史文献综述

中国东南沿海地区以及更广大的南方地区的各个民族群体的早期发展史可以从中国古代的各类历史文献中得到部分的复原。《周礼》、《左传》、

《逸周书》、《史记》、《汉书》、《淮南子》、《越绝书》、《路史》等文献中都有关于中国南方古代民族的记述。通过以下有关中国南方沿海诸族体文化的历史文献的综合评述，我们可以对整个地区史前文化的基本面貌及发展水平有一个总体的印象。结合考古学和其他的资料，这种对于区域古代文化面貌的认识就为我们深入研究中国东南沿海史前海洋文化打下了文献学的基础。先秦及西汉以来的中国历史文献，对于中国南方古代各族体的历史、社会、文化变化都有广泛的记载。同时，一个世纪以来中国学者依赖这些史料对于南方古代民族进行了深入研究，这种研究不仅复原了中国南方广大地区的民族史，而且也为考古研究及其他专题研究提供了许多重要的线索和启迪。所以在讨论历史文献时就不能不将前人的相关研究成果一起加以考虑。

一、东南沿海区

（一）东夷、淮夷系统

东夷集团是上古传说时代中国的三个主要部落集团之一，其活动的地域北至山东北部、西至河南东部、南至安徽中部、东至黄海。从文献研究的线索来看，这一东部沿海的史前人类群体与中原和其南部的其他群体存在着文化上的互动，其生存模式中也包含着诸多海洋文化的特质。《后汉书·东夷列传》引《礼记·王制》曰："东方曰夷"，并进一步把夷之集团分为九个："夷有九种，曰畎夷、于夷、方夷、黄夷、白夷、赤夷、玄夷、风夷、阳夷。"结合相关文献的记载，广义的东夷集团可以概括性地分为"莱夷"（在山东半岛）、"徐夷"（在今徐州一带）、"淮夷"（清淮、扬二府的滨海地带）。[1] 东夷集团之所以在中国沿海史前文化中具有独特的重要性，在于其民族成分的多元性。有关这点，梁钊韬先生认为在商周时期或更早，越族分布应与东夷、莱夷地区相结合，及于山东。因此，与东南沿海诸族共同使用有段石锛的东夷是东南沿海诸族向北迁移，争逐中原美好地方的最先

---

[1] 李白凤：《东夷杂考》，齐鲁书社，1981年，第96页。

头部落。代表这一族的大汶口文化与华南、西南的某些古代民族有密切的关系，他们可能溯长江西上流传至湖北江汉地区，或溯珠江西上流传至华南、西南，或从我国沿岸流传于太平洋各群岛。[1]石钟健先生认为："夷、越和倭，从历史渊源看，具体到特殊性的文化特征上，三者有着共同的来源，即来自早期的蒙古人种，后来由于经济文化、杂居影响，在长期发展中，分别形成了不同的民族，虽然属于同一种族，经过长期文化分化之后，已经分成不同的民族，所以在一般性的文化习俗上，自然有的相同、有的不同。"[2]吕思勉先生则认为："自楚之南、至于齐鲁，风俗皆同也。此族（作者按：指越族）在江以北者，古皆称夷……在江以南者则称越。"[3]他将《尚书·尧典》之"嵎夷"与倭联系起来，认为古之嵎夷渡海而至日本，日本的先民与嵎夷同族。从这些利用文献对东夷系统民族的研究情况来看，我们可以发现，这一集团在史前时期中原文化与东南沿海文化建立联系这点上地位重要。它还是史前中国可能建立的与朝鲜半岛、日本列岛的史前文化联系的重要纽带。同时，东夷文化在民族成分、文化成分的源头上具有多元化的特点。因此我们有必要在前人研究基础上根据历史文献对关系东夷群体文化特质的诸方面做进一步的分析。

反映东夷社会文化的史料，所揭示的内容是多方面的。《礼记·王制》言明了古代夷、蛮习俗的相近，指出："东方曰夷，被发纹身，有不火食者矣。南方曰蛮，雕题交趾，有不火食者矣。"王充《论衡》曰："越在九夷，屩衣关头。"关，贯也，言服饰。《荀子·劝学篇》中有云："于越、夷、貉之子，生而同声、长而异俗。"指出了"夷"、"越"等不同民族在语言上的差异。《后汉书·东夷列传》关于东夷有以下一段记述："自中兴之后，四夷来宾，虽时有乖畔，而使驿不绝，故国俗风土，可得略记。东夷率皆土著，憙饮酒歌舞，或冠弁衣锦，器用俎豆，所谓中国失礼，求之四夷者也。"说明华夏、东夷

---

[1] 梁钊韬：《百越对缔造中华民族的贡献——濮、莱的关系及其流传》，载百越民族史研究会编《百越民族史论集》，中国社会科学出版社，1982年，第15—27页。

[2] 石钟健：《论西瓯和东瓯——兼论倭和夷、越的种属关系》，载《民族史论文选》，中央民族学院出版社，1986年，第24页。

[3] 吕思勉：《先秦史》，上海古籍出版社，1982年，第245页。

关系及东夷的习俗。《尚书·禹贡》曰:"淮夷蠙珠暨鱼。"清胡渭《禹贡锥指》又言:"今淮扬二府近海之地皆是。"进一步交待了东夷所处的地望。《后汉书·东夷列传》记载:"初,北夷索离国王出行……名曰东明,东明长而善射,王忌其猛,复欲杀之,东明奔走,南至掩㴲水,以弓击水,鱼鳖皆聚浮水上,东明乘之得度。"1976年陕西宝鸡茹家庄出土了"彊伯"诸器,彊字作"󰀀",李白凤认为从西而来的姜姓的申、吕、韩、许和彊伯及西南的姬姓的鱼、鲁应该都是狄族演出的支派。[1]虽然这种族群迁移的实际情况并非简单的考证就可以证实的,但"以弓击水""鱼鳖聚浮"的景象恰好可以和彊相印证,暗示出上古族群在近水区域以弓射鱼的渔猎活动的存在。这恰恰和渔猎与捕捞是山东龙山文化时期经济的一个重要组成部分这一考古发现相吻合。考古发现的龙山时期的捕鱼工具主要有网坠、鱼钩和鱼鳔等。网坠多用废陶片制成,为长条形,两端刻槽,也有用泥条和石块做成圆柱形或梭形,并在两端刻槽。网坠在山东龙山文化的遗址中发现的数量也较多,如王油坊遗址的一个小坑内就出土164件陶网坠。上述三种工具的发现可确证这一时期有用鱼网、垂钓和刺鱼等捕鱼方法。同时,贝类采集也是这个时期中国东部沿海居民沿海采集的重要活动。许多山东龙山文化遗址都发现了大量的蛤、蚌和螺壳堆积。[2]

有学者认为,从北辛文化、大汶口文化、山东龙山文化中的相关遗存看,东夷人曾创造了内容多样的渔猎和捕捞文化,并能够掌握原始航海技术,由大陆航行到沿海岛屿甚至更远的地方。其海洋文化的因素还包括人面鸟身的海神信仰与太阳通体崇拜。[3]对于东夷文化习俗、礼仪特征的记述,《后汉书·东夷列传》中还有这样一段较详细的记载,即夫余国"以弓矢刀矛为兵。以六畜名官,有马加、牛加、狗加,其邑落皆主属诸加。食饮用俎豆,会同拜爵洗爵,揖让升降。以腊月祭天,大会连日,饮食歌舞,名曰'迎鼓'。是时断刑狱,解囚徒。有军事亦祭天,杀牛,以蹄占其吉凶。行人无昼夜,

---

[1] 李白凤:《东夷杂考》,齐鲁书社,1981年,第96页。
[2] 栾丰实:《东夷考古》,山东大学出版社,1996年,第269页。
[3] 朱建君:《东夷海洋文化及其走向》,《中国海洋大学学报》(社会科学版)2004年第2期,第21—25页。

好歌吟，音声不绝。"在诸多的文献中，我们看到的东夷文化在地域上广被由辽东半岛至山东半岛再到长江入海口北岸的整个沿海地带。其民族成分可以大致分为三层：一是当地土著，与这一地区的旧石器文化及新石器时代早期文化相联系，可能包括"莱夷"等；二是与南方古越族的北进有关的"被发文身"者、淮夷之一部；三是与中原黄帝集团有密切联系的群体，如徐夷、淮夷等等。这种多层次文化构成使得东夷文化具有兼收并蓄的强大生命力。东夷还至少与辽东半岛的孤竹、高句丽，东海外之倭以及所谓岛夷存在一定的文化联系。

淮夷是活动于江淮之间的古代部族。传说中其部落首领是蚩尤，其在与炎黄部落的涿鹿之战中失利，一部分融合进炎黄部落，另一部分南迁至淮河流域，是为淮夷的开始。下述文献材料集中记述了淮夷的由来、活动地望及与其他族群的关系。《尚书·费誓》载："徂兹淮夷，徐戎并兴。"《史记·周本纪》曰："召公为保，周公为师，东伐淮夷，残奄，迁其君薄姑。"《诗经·泮水》曰："明明鲁侯，克明其德。既作泮宫，淮夷攸服……既克淮夷，孔淑不逆。式固尔犹，淮夷卒获……憬彼淮夷，来献其琛。"《诗经·閟宫》曰："至于海邦，淮夷来同。莫不率从，鲁侯之功……至于海邦，淮夷蛮貊。及彼南蛮，莫不率从。莫敢不诺，鲁侯是若。"北周庾信《商调曲》之三曰："岐阳或狩，淮夷自此平。"《通志》卷二十六《氏族略·夷狄之国》"淮夷"条云："《姓纂》云淮夷小国，入周因氏焉，其地今淮甸。"结合考古材料，有学者认定，淮夷的主要活动区域在夏商时期集中于安徽的江淮流域，并与山东半岛的东夷及中原的华夏文化关系密切。[1]作为诸夷系统的一支，淮夷也起着沟通中国东部沿海文化与南部沿海文化的作用。现时来看，在苏北地区，反映这种文化交流的考古材料还不是十分丰富，但应该是引起学者注意的一个研究课题。

（二）吴、越系统

吴是东周时代崛起于江南的方国之一，其活动地域大致相当于今江苏

---

[1] 王迅：《东夷文化与淮夷文化研究》，北京大学出版社，1994年，第88—90页。

省的苏南地区。吴文化是以江苏宁镇地区为发祥地的荆蛮文化与周之中原文化混合的产物，具有联系东夷系统、华夏系统与诸越系统的交汇点的特殊地位。先秦史料所反映出的吴地原始文化是以"断发文身"等为特性的独特南方地域文化。《左传·哀公七年》谓："大伯端委以治周礼，仲雍嗣之，断发文身，赢以为饰。"孔颖达疏云："赢以为饰者，赢其身体，以文身为饰也。"《史记·周本纪》又曰："古公有长子曰太伯，次曰虞仲。……长子太伯、虞仲知古公欲立季历以传昌，乃二人亡如荆蛮，文身断发，以让季历。"《集解》引应劭言曰："常在水中，故断其发，文其身，以象龙子，故不见伤害。"《榖梁传·哀公十三年》曰："吴，夷狄之国也，祝发文身。"《淮南子·泰族训》："刻肌肤，镵皮革，被创流血，至难也，然越为之以求荣也。"具体描述了吴越地土著居民文身的过程和目的。罗香林先生认为：太伯、仲雍循汉水南下，而至荆蛮地带，而所谓荆蛮，即指汉水中游地域，以其地为越族一支，即所谓扬越所分布。[1]曾昭燏、尹焕章先生也认为："当日太伯、仲雍所奔地，在今苏南地区，而住在当地的土著人，实为荆蛮族。"[2]在历史上吴与越两国先后兴起于江南地带，虽然越自称为夏少康庶子之裔，然二族之语言、习俗相同，其人民当为同一民族。史料中这方面的记载也较多。《吕氏春秋·知化》言："夫吴之与越也，接土邻壤，壤交通属，习俗同、言语通。"《越绝书》载伍子胥言："吴越为邻，同俗并土。"《左传·昭公三十年》载子西曰："吴，周之胄裔也，而弃在海滨，不与姬通。"《战国策·赵策二》曰："黑齿雕题，鱼冠秫缝，大吴之国也。"这后两条史料进一步言明吴与周的关系以及吴文化的特征。《周礼·考工记》云："吴粤之金锡，此材之美者也。"点明吴地拥有贵重金属矿产资源。又《史记·货殖列传》称吴有"海盐之饶，章山之铜"。综合而言，通过史籍记载，我们可以大致勾勒出吴与越的文化关系。而吴文化的独特性在于其地与淮夷、荆楚及越的相邻，起着沟通三族的作用。吴地又是商周王朝伐夷所及之地，其文化的层次性包括了本地古荆蛮的文化传统，与淮夷、荆楚、越的文化交流及相互影响，以及中原

---

[1] 罗香林：《中夏系统中之百越》，独立出版社，1943年。
[2] 曾昭燏、尹焕章：《试论湖熟文化》，《考古学报》1959年第4期，第53页。

文化南被对其的影响。

古越族兴起于今浙江省中南部。《史记·越王句践世家》云："越王句践，其先禹之苗裔，而夏后帝少康之庶子也。封于会稽，以奉守禹之祀。文身断发，披草莱而邑焉。后二十余世，至于允常。"苏南和浙江沿海地区的古越人被称为"于越"，至战国时其势力扩大，向南一路扩张直达华南地区，引起分布地域的不同，产生了于越、东越、闽越、南越、瓯越、骆越和滇越等地方性分支，其统称为"百越"。即《吕氏春秋·侍君览》中所称的"扬汉之南，百越之际。"《汉书·地理志》载"粤地，牵牛婺女之分野也，今之苍梧、郁林、合浦、交趾、九真、南海、日南，皆粤分也。其君禹后，夏少康之庶子云，封于会稽。"颜师古注引臣瓒曰："自交趾至会稽七八千里，百粤杂处，各有种姓，不得尽云少康之后也。"由于诸越涉及的地域、文化特性差异颇大，故有分述之必要。

（三）于越

根据考古学的证据，在年代序列上，于越是诸越文化中发生较早的一支。从史料提供的线索看，其与中原华夏文化存在联系，但产生联系的族群则与吴不同（越为禹之后）。《汉书·货殖传》谓："辟犹戎翟之与于越。"孟康《汉书音义》曰："于越，南方越名也。"颜师古注曰："于，发语声也。戎蛮之语则然。于越犹句吴耳。"《吴越春秋》曰："少康恐禹祭之绝祀，乃封其庶子于越，号曰无余。"于越的瓦解构成了越文化向四周扩散的条件。向外海扩散的有东缇、东越、夷州，向内陆扩散的有山越，向西南扩散的有滇越等等。同时于越文化也沿海岸线对东瓯、南越、西瓯的文化发展产生了影响。于越文化反映在史料上的文化特质主要有：1.善舟楫；2.鸟蛇图腾崇拜；3.干栏式建筑；4.独特的语言；5.发达的兵器铸造；6.断发文身；7.雕题黑齿；8.猎头；9.凿齿；10.稻作文化。关于越人的这些文化特点，史料中有大量的记载。《淮南子·齐俗训》中称："越王句践，劗发文身。"《越绝书·吴芮传》曰："方舟航买仪尘者，越人往如江也。治须虑者，越人谓船为须虑，……习之于夷，夷，海也。宿之于莱，莱，野也。"《吴越春秋》有记载云："（越人）水行山处，以船为车，以楫为马。"《周礼·职方》："东南曰扬州……其民二男五女，其畜宜鸟兽，其谷宜稻。"《越绝书·记地传》又云："大越海滨之民，独以鸟田。小大有差，进退有行，莫将自使。"《汉书·严助传》引淮南王刘安上书言越人"习于水斗，便于用舟"。又云"越非有城郭邑里也，处溪谷之间、篁竹之中。"另在《吴越春秋·越王无余外传》中对越之早期历史记录颇详，即"少康恐禹祭之绝祀，乃封其庶子于越，号曰无余。余始受封，人民山居，虽有鸟田之利，租贡才给宗庙祭祀之费，乃复随陵陆而耕种，或逐禽鹿而给食。无余质朴，不设宫室之饰，从民所居。"按照罗香林先生的见解，于越居地本有土著杂居，其种人上世初以某一鸟类为图腾。另有学者对越之蛇图腾、鸟田等文化特征进行了详尽论述。[1]越之灭国见于《史记·越王句践世家》："楚威王兴兵而伐之，大败越，杀王无疆，尽取故吴地至浙江，北破齐于徐州。而越以此散，诸族子争立，或为王、或为君，滨于江南海上，服朝于楚。"有学者论及于越文化的独特性时，特别指出舟楫在该文化中的地位。于越人们正是以船征服了水堑的阻隔，扩大了文化的交流，并且舟船对于越人的性格也产生了巨大的冶铸作用。[2]

（四）闽越、东瓯、岛夷

闽越与于越有一定关系。《史记·东越列传》言："闽越王无诸……其先皆越王句践之后也。"闽越人活动的地域以闽江流域为主。《山海经·海内南经》言："海内东南陬以西者。瓯居海中。闽在海中，其西北有山。一曰闽中山在海中。三天子鄣山在闽西海北。一曰在海中。"又《国语·郑语》曰："闽，芈蛮矣。"《周礼·职方》云："职方氏掌天下之图，以掌天下之地，辨其邦国、都鄙、四夷、八蛮、七闽、九貉、五戎、六狄之人民，与其财用、九谷、六畜之数要，周知其利害。"此处的"七闽"应是对东南沿海若干古代族群的泛指。关于闽越的文化特征，《汉书·地理志》曰："民食鱼稻，以渔猎山伐为业，果蓏蠃蛤，食物长足……不忧冻饿。"《战国策·赵策二》曰："被发文身，错臂左衽，瓯越之民也。"《太平寰宇记》引《郡国志》云："闽

---

[1] 吴永章《论我国古代越族的"蛇图腾"》、陈龙《鸟田考》，载百越民族史研究会编《百越民族史论丛》，广西人民出版社，1985年。

[2] 方如金、熊锡洪：《于越文化形成原因探析——驳越文化乃外来文化说》，《浙江学刊》2001年第5期，第164页。

越之地。东闽，在岐海中；西越，今建安郡也；东瓯，今永宁郡是也。"据此，凌纯声先生认为："瓯越，闽越或称东越、西越其民族皆为越人。"[1]又据《临海水土志》中"安家之民"与台湾少数民族的关系，凌纯声先生从史料中发掘出闽越人的文化特质，计有13项。它们分别是：1. 水稻种植；2. 渔猎经济；3. 造船与用舟；4. 建祠祀鬼；5. 鸡卜；6. 被发文身；7. 蛇图腾；8. 干栏式建筑；9. 崖葬；10. 猎首；11. 缺齿；12. 木鼓；13. 犬祭。[2]《汉书·严助传》有"越人欲为变……乃入伐材治船。"《史记·封禅书》载："是时既灭两越，越人勇之乃言'越人俗鬼，而其祠皆见鬼，数有效。……'乃令越巫立越祝祠，安台无坛，亦祠天神上帝百鬼，而以鸡卜。上信之，越祠鸡卜始用。"《说文解字》"闽"字条曰："东南越，蛇种。"

东瓯是由于越迁徙演化而成的。《史记·东越列传》："闽越王无诸及越东海王摇者，其先皆越王句践之后也。……从诸侯灭秦……汉击项籍，无诸、摇率越人佐汉。汉五年，复立无诸为闽越王，王闽中故地，都东冶。……乃立摇为东海王，都东瓯，世俗号为东瓯王。"关于东瓯的地望，《山海经·海内南经》谓："瓯居海中。"郭璞注："今临海永宁县，即东瓯，在岐海中也。"其居地以瓯江流域为中心。关于东瓯的去向，《史记·东越列传》载汉武帝时"东瓯请举国徙中国，乃悉举众来，处江淮之间。"可见东瓯中的相当一部分后来融于华夏系统。

东瓯人的文化代表着一种典型的滨海文化，这一点在史料记载中有充分的反映。《逸周书·王会解》云："东越海蛤（孔晁注：东越则海际。蛤，文蛤），欧人蝉蛇，蝉蛇，顺食之美（注：东越瓯人也，比交洲，蛇特多，以为上珍也），于越纳姑妹珍（注：姑妹国后属越）、且瓯文蜃（注：且瓯在越，文蜃，大蛤也），共人玄贝（注：共人，吴越之蛮。玄贝，照贝也）。"详细记述了东瓯人获取海产贝类为其重要食物来源的特征。《逸周书》又有"九夷十蛮，越沤，鬋发文身（注：九十者东夷蛮越之别称）"，点明了东瓯

---

[1] 凌纯声：《中国边疆民族与环太平洋文化》（上），联经出版事业公司，1979年，第363—387页。

[2] 凌纯声：《中国边疆民族与环太平洋文化》（上），联经出版事业公司，1979年，第363—387页。

人有古越族共享的文化特征。《史记·东越列传》云："天子曰东越狭多阻，闽越悍，数反覆，诏军吏皆将其民徙处江淮间，东越地遂虚。"可见虽然东越、闽越皆为于越移民所建，但闽越对东瓯并不抱亲善态度。有的学者认为，东越内迁的主流是于越人，而一些分布在深山、海滨的土著东越人属于未迁之列。[1]所以东越地的民族至少有两个层次：原土著瓯人和于越移民。[2]《后汉书·东夷列传》讲到了夷洲："会稽海外有东鳀人，分为二十余国。又有夷洲及澶洲。传言秦始皇遣方士徐福将童男女数千人入海，求蓬莱神仙不得，徐福畏诛不敢还，遂止此洲，世世相承，有数万家，人民时至会稽市。会稽东冶县人有入海行遭风，流移至澶洲者，所在绝远，不可往来。"李贤注引《临海水土志》又曰："夷洲在临海东南，去郡二千里。土地无霜雪，草木不死。四面是山谷。人皆髡发穿耳，女人不穿耳。土地饶沃，既生五谷，又多鱼肉。……地有铜铁，唯用鹿格为矛以战斗，摩砺青石以作弓矢。"林惠祥、凌纯声、陈国强等几位先生认为，上述史料中之夷洲是指今之台湾，史料记述了越人向台湾岛的迁徙。[3]蒙文通先生不同意越灭于楚的旧说，而认为越人一直活动到秦始皇统一中国之时，至汉世越人的主要迁徙方向是向北的江淮地区。[4]石钟健先生以为越和百越分布在中国东南沿海和西南地区的称"内越"，在海外澶洲、夷洲和东南亚各地的称"外越"。[5]

周显王三十五年（前334年），越为楚所灭，一部分越人入闽，其文化保留了喜近水而居、善舟楫、巢居、断发文身、盛行悬棺葬、凿齿等越文化的特性。闽越文化较之于越文化发展为晚，应是后者传播而成的，其文化内部情况亦较复杂。随着东瓯、闽越之争战，瓯、越之民徙于江淮，闽人入夷洲，都是这一地区古代族体复杂性的反映。《宋书·州郡志》有："建

---

[1] 王克旺等：《关于东瓯的建都与内迁》，载《百越民族史论丛》，广西人民出版社，1985年，第166—173页。

[2] 蒋炳钊：《东越历史初探》，载《百越民族史论集》，中国社会科学出版社，1982年，第98—100页。

[3] 陈国强：《台湾的古代越族》，载《百越民族史论丛》，广西人民出版社，1985年，第104—106页。

[4] 蒙文通：《越人迁徙考》，载《越史丛考》，人民出版社，1983年，第39—44页。

[5] 石钟健：《论西瓯和东瓯——兼论倭和夷、越的种属关系》，载《民族史论文选》，中央民族学院出版社，1986年，第13—34页。

安太守,本闽越,秦立为闽中郡。汉武帝世,闽越反,灭之,迁徙其民于江淮间,虚其地。后有逃遁山谷者颇出,立为冶县,属会稽。"汉代动乱后留下来的安家之民实际上也是先前的越人的苗裔。凌纯声认为,多数台湾的少数民族系远古时期自中国大陆而来,或整个的原马来族都是由亚洲大陆南迁至南海群岛的。大陆沿岸岛屿棋布,入海之路甚多,台湾与大陆只隔一百余海里的海峡,当为最先移民之地。[1]这一推论当是符合事实的。

岛夷的沿用时间长,是对居住在中国东南沿海以外地区的岛屿族群的泛指称谓。《尚书·禹贡》有"大陆既作,岛夷皮服"的记载。南北朝时期,北朝用"岛夷"指代东晋和南朝。《北史·序传》:"大师少有著述之志,常以宋、齐、梁、陈、魏、齐、周、隋南北分隔。南书谓北为'索虏',北书指南为'岛夷'。"元汪大渊《岛夷志略》则记述了南洋、西洋120多个地方的地理、风土和人文文化。如其后序所言:"大渊少年尝附舶以浮于海,所过之地,窃尝赋诗以记其山川、土俗、风景、物产之诡异与夫可怪、可愕、可鄙、可笑之事。皆身所游览,耳目所亲见。传说之事,则不载焉。"汪大渊所记述的地方包括:澎湖、琉球国、三岛、交趾、占城、民多郎、真腊、丹马令、吉兰丹、罗斛、针路、淡邈、尖山、八节那间、三佛齐、浡泥、明家罗、暹、爪哇等。在具体记述琉球居民的生活及风俗情景时,汪大渊曰:"(琉球)水无舟楫,以筏济之。男子、妇人拳发,以花布为衫。煮海水为盐,酿蔗浆为酒。知番主酋长之尊,有父子骨肉之义,他国之人倘有所犯,则生割其肉以啖之,取其头悬木竿。"

二、华南沿海区

(一)南粤系统

南粤(又称"南越")在立国之前的历史,文献记载不详。《大戴礼记》有:"昔虞舜以天德嗣尧……南抚交趾"的记载。《左传·襄公十三年》又有"赫

---

[1] 凌纯声:《中国边疆民族与环太平洋文化》(上),联经出版事业公司,1979年,第363—387页。

赫楚国,而君临之,抚有蛮夷,奄征南海"之说。南越人活动地域据张华《博物志》所云为北接楚地,南边及海,即"南越之国与楚为邻,五岭已前至于南海。"赵佗称王之时其地最广,《史记·南越列传》曰:"佗因此以兵威边,财物赂遗闽越、西瓯、骆,役属焉,东西万余里。"即北连扬越,东接瓯越,又西邻西瓯、骆越。南越与于越、楚、秦皆有关系。有学者注意到与南越国相关的20世纪初在广州龟岗和猫儿岗发掘的两处大墓的意义。"对龟岗和猫儿岗的发掘的学术史讨论不应止步于完善广州本地考古学发展脉络,特别是补充南越国考古学史的若干关键环节,更为重要的是,它们的阐释方式提供了中国考古学生成之初,考古发现所获实物资料如何服务于历史重构的最好例证。"[1]有学者在论述广州象岗南越王墓发现的历史意义时指出,南越族不是"男耕女织"的农耕民族,而是以"射猎为业",具有悠久海上航运历史的海洋民族,是海上贸易的开拓者。[2]

关于南粤地的文化,《淮南子·原道训》言:"九疑之南,陆事寡而水事众,于是民人被发文身,以像鳞虫,短绻不绔,以便涉游,短袂攘卷,以使刺舟,因之也。"又《淮南子·精神训》有:"越人得髯蛇以为上肴,中国得而弃之无用。"《盐铁论·论菑篇》曰:"盖越人美蠃蚌。"《博物志》"南越巢居。"《太平广记》卷四八三引《南楚新闻》记越人妇生子三日后即下床劳作,其夫则"拥衾抱雏,坐于寝榻,称为产翁。"《论衡·率性》:"南越王赵佗,本汉贤人也。化南夷之俗,背畔王制,椎髻箕坐,好之若性。"《水经注·温水注》引《交广春秋》言:"朱崖、儋耳二郡……人民可十万余家,皆殊种异类,被发雕身。"《百越先贤志·公师隅》曰:"时三晋惟魏最强,越王与魏通好,使隅复往南海,求犀角象齿,以修献……乃得诸深并吴江楼船、会稽竹箭,献之魏。"蒙文通先生认为,战国以后始谓象郡以南为百越。其地俗皆椎髻,自与吴越、闽、瓯等断发文身之族不同。又岭南土著之"被发"为长发,而

---

[1] 徐坚:《作为南越国考古学起点的龟岗和猫儿岗:发现与方法》,《历史人类学学刊》第九卷第一期,2011年。

[2] 徐坚:《作为南越国考古学起点的龟岗和猫儿岗:发现与方法》,《历史人类学学刊》第九卷第一期,2011年。

"断发"则为短发也。[1]有的学者认为，南越在秦末时含有越人、土著部落和华夏族人三种成分，其基本构成为土著。[2]南越之兴已达战国，在文化上除与其他百越民族相同的特征外，还有以下四方面的特质：1.产翁制；2.椎髻；3.被发；4.喜食蚌蛇。

海南岛的土著居民黎族来源于百越的一支——骆越，黎族的先民们可能是从广东的西部、广西的东部和贵州的南部等地先后分批渡海而进入海南岛，并逐步形成了黎族的不同支系。关于与海南岛的土著有关的文献记载包括以下几种。《山海经·海内南经》有伯虑国、离耳国、雕题国等的记载。郭璞注："锼离其耳，分令下垂以为饰，即儋耳也。在朱崖海渚中，不食五谷，但噉蚌及藷蓣也。""点涅其面，画体为鳞采，即鲛人也。"《楚辞·招魂》王逸注云："言南极之人，雕画其额，齿牙尽黑，常食蠃蚌。"《桂海虞衡志》云："（黎人）女及笄，即黥颊为细花纹，谓之绣面。"海南岛的史前文化与南粤文化关系密切，道光《琼州府志》卷一有"琼州府：唐虞为南交，三代为扬越之南裔"的记载。

（二）西瓯、骆越

西瓯，又称瓯越，是先秦时期活动于华南桂江和浔江流域的一支古越人群体。骆越是周秦时期主要活动于广西境内的古越人群体。这两个古代族体与南粤虽地望相近，但相互的区别较大。《史记·南越列传》谓："瓯、骆相攻，南越动摇。"《汉书·西南夷两粤朝鲜传》称："蛮夷中，西有西瓯，其众半蠃，南面称王；东有闽粤，其众数千人，亦称王。"《山海经》中郭璞注曰："瓯在闽海中，郁林郡为西瓯。"《旧唐书·地理志》谓党州（今广西玉林县）为"古西瓯所居。"《史记正义》引《舆地志》载："交趾，周时为骆越，秦时曰西瓯。"关于西瓯的文化面貌，《淮南子·人间训》称"秦皇……又利越之犀角、象齿、翡翠、珠玑，乃使尉屠睢发卒五十万为五军……以与越人战……越人皆入丛薄中，与禽兽处，莫肯为秦虏。"《逸周书·王会解》

---

[1] 蒙文通：《越人迁徙考》，载《越史丛考》，人民出版社，1983年，第39—44页。
[2] 朱俊明：《古越族起源及与其他民族的融合》，载百越民族史研究会编《百越民族史论集》，中国社会科学出版社，1982年，第283—284页。

言:"路人大竹……仓吾翡翠。"蒙文通先生疑"路有大竹"之"路"就是"骆"。骆还被称为"雒",《水经注》卷三十七引《交州外域记》云:"交趾昔未有郡县之时,土地有雒田,其田随潮水上下,民垦食其田,因名为雒民。"又《史记索隐》引《广州记》云:"交趾有骆田,仰潮水上下,人食其田,名为骆人。"不少学者认为,西瓯的活动地域大致在桂江流域和珠江中游一带,而骆越则广被到左右江流域,并达红河三角洲。[1]

骆越文化见诸于文献的数量颇多,且记述较详。《汉书·贾捐之传》载:"初,武帝征南越,元封元年立儋耳、珠崖郡,皆在南方海中洲居……骆越之人父子同川而浴,相习以鼻饮,与禽兽无异。"《后汉书·任延传》曰:"骆越之民无嫁娶礼法,各因淫好,无适对匹,不识父子之姓,夫妇之道"。《后汉书·马援传》中也提到骆越:"援好骑,善别名马。于交趾得骆越铜鼓,乃铸为马式。"《后汉书·南蛮西南夷列传》曰:"凡交阯所统,虽置郡县,而言语各异,重译乃通。人如禽兽,长幼无别。项髻徒跣(李贤注曰:'为髻于项上也'),以布贯头而著之。"《文选·吴都赋》注引《异物志》言:"射筒竹,细小通长,长丈余亦无节,可以为射筒。筒及由吾竹皆出交趾、九真。"《史记·南越列传》曰:"元鼎五年秋……故归义越侯二人为戈船、下厉将军"《集解》引张晏曰:"越人于水中负人船,又有蛟龙之害,故置戈于船下,因以为名也。"《隋书·地理志》云:"自岭已南二十余郡,大率土地下湿,皆多瘴厉,人尤夭折……其人性并轻悍,易兴逆节,椎结踑踞,乃其旧风。"有关骆越的去向,史料也有比较明确的交待,《岭外代答》中有:"钦民有五种,一曰土人,自昔骆越种类也",此之土人指今壮族。《天下郡国利病书》载:"蛮越之众,自此踰岭而居溪峒,分猺、獞二种,猺乃荆蛮,獞则旧越人也。"

比较而言,华南的土著民族见诸于文献记载的时代较晚。在总体上,这一地区的土著可以分成三个大的集团。这些集团和其他文化的接触主要来自三个方面,即东南地区的越人、中南地区的楚及其前身扬越,以及中原的华夏集团,后者的贵族建立起华南最早的国家。从战国开始,这一地

---

[1] 张一民:《西瓯骆越考》,载百越民族史研究会编《百越民族史论丛》,广西人民出版社,1985年,第135页。

区的文化逐步向南扩展，沿红河而下的"越裳"可达交趾之南。《后汉书·南蛮西南夷列传》曰："交阯之南有越裳国。周公居摄六年，制礼作乐，天下和平，越裳以三象重译而献白雉。"又《册府元龟》卷九五七载："南蛮林邑国……古越裳之界也。在交州南，海行三千里，北连九真。"在文化特征上，岭南越人与南方其他越人集团有一些不同点，如1.铜鼓；2.吹箭；3.椎髻被发；4.雒田；5.鼻饮；6.猎首；7.食人等鲜明的文化特质。

（三）滇越

滇越为瓯、骆越民西迁而形成的。《史记·大宛列传》"昆明之属无君长……然闻其西可千余里有乘象国，名曰滇越。"《华阳国志·南中志》载："南中在昔盖夷、越之地。"有学者认为，两广百越系统的民族从公元三世纪开始向西延伸，散及今贵州、云南的东部、南部边境与中南半岛各国北部连接地带。[1]滇越也是现代傣族的先民。[2]按罗香林先生的意见，西南诸部族虽名目繁多，然大要不外羌族、越族与蛮族三大系统，滇越是越族的一支。[3]越之绵远，有㑌、擅、蜒等部族广泛散布在中南半岛。《隋书·南蛮传》言："南蛮杂类，与华人错居，曰蜒、曰獽、曰俚、曰獠、曰㐌，俱无君长，随山洞而居，古先所谓百越是也。其俗断发文身，好相攻讨。"汪宁生先生认为"㑌"、"擅"属于百越系统，即今傣族先民，而从今缅甸掸邦、泰国北部直到老挝、越南，当时都是这一系统民族所居之地。[4]滇越在研究中国南方民族中的重要性在于滇越与较大范围的民族迁徙相联系，可以从滇越的材料梳理中弄清民族移动的源与流的问题。同时，滇越与其后中国西南地区土著文化的承继关系比较明确，由之我们可以找出当代西南民族志与古越族文化的背景联系。

在以上一节中，我们大致将由山东半岛沿中国东南沿海到中国西南边

---

［1］ 尤中：《中国西南民族史》，云南人民出版社，1985年，第11页。
［2］ 江应樑：《傣族史》，四川人民出版社，1983年，第91—94页。
［3］ 罗香林：《中夏系统中之百越》，独立出版社，1943年。
［4］ 汪宁生：《古代云贵高原上的越人》，载《中国西南民族的历史与文化》，云南民族出版社，1989年，第37页。

境地区的夷、越诸族见诸历史文献中的资料进行了一番整理。其中最重要的部分是：首先，了解了各个族群的渊源背景，相互之间的关系，以及民族的迁徙；其次，提供了中国东南沿海诸族的多项文化特征，有助于我们将之与考古材料、语言学材料、民族志材料等进行比较；最后，从史料记载的比较明晰的各族发生、发展的时代、地域来看，各地文化都基本包含着两个以上的文化层次，且普遍存在某些文化因素由中国东部向南部渐次扩展的迹象。总结以上关于中国东南沿海地区古代民族的文献记载，我们不难看出各地文化存在的广泛同质性及区域文化的特殊性。

古代文献对于中国海上周边地区的民族和文化也有记载。现存文献中对中南半岛国家和民族有所记述的有《后汉书·南蛮西南夷传》"肃宗元和元年，日南徼外蛮夷究不事人邑豪献生犀、白雉。"《三国志》及南北朝、隋、唐时代的文献中也有对"扶南"、"真腊"的记载，宋代以后的史料记述更多。记叙东南亚的菲律宾、马来西亚、印尼等地方文化与民族及物产的文献主要以元、明、清三代为多。这一时期的史料还涉及中国和上述地区的海上交通问题。有关资料将在以后章节的具体研究中涉及，在此不赘述。应该提到的比较重要的文献有宋赵汝适《诸番志》、宋周去非《岭外代答》、元汪大渊《岛夷志略》、明黄省曾《西洋朝贡典录》、明巩珍《西洋番国志》、明张燮《东西洋考》、明马欢《瀛涯胜览》、明费信《星槎胜览》等。前述的《岛夷志略》讲到澎湖时有这样的记载："岛分三十有六，巨细相间，坡陇相望，乃有七澳居其间，各得其名。自泉州顺风二昼夜可至。有草无木，土瘠，不宜禾稻。泉人结茅为屋居之。气候常暖，风俗朴野，人多眉寿。男女穿长布衫，系以土布。煮海为盐，酿秫为酒。采鱼虾螺蛤以佐食，爇牛粪以爨，鱼膏为油。"关于苏禄，该书有如下的记述："其地以石崎山为堡障，山畲田瘠，宜种粟、麦。民食沙糊、鱼虾、螺蛤。气候半热。俗鄙薄。男女断发，缠皂缦，系小印花[布]。煮海为盐，酿蔗浆为酒，织竹布为业。有酋长。"

第二节　考古材料的梳理

一、中国东南沿海史前文化的区域类型

1928年，在看到山东古遗址被破坏的情形后，傅斯年和李济代表中央研究院史语所与山东省政府协商成立山东古迹研究会，商定考古发掘由中研院负责，经费由中研院和山东省分摊。1930年11月，研究会在山东大学正式成立。同年，该会发掘了历城城子崖遗址，次年又对该遗址进行了第二次发掘。1933年，研究会主持发掘了滕县安上村遗址，发现了黑陶，又在邹县发现了印纹陶，揭开了山东半岛史前文化研究的序幕。研究会的田野考古工作还包括对"曹王墓"在内的汉墓群的发掘，临城一处龙山文化遗址的发现，1934年对山东东南沿海一带史前遗址的调查，在诸城、日照等地发现九处龙山文化遗址，1936年对日照两城镇遗址的发掘等。1937年抗日战争爆发后，研究会的工作就此停顿。[1]

1930年，南京古物保存所在南京附近发现了新石器时代的石器，1935—1936年在江苏武进、吴县、浙江杭县、吴兴、海盐等地陆续发掘出土了一批新石器时代文物。于是卫聚贤等人倡导成立了吴越史地研究会，专门研究江南远古文化。卫氏认为，中国的先史文化是起源于东南发达于黄河流域的。他们的主要研究成果见于《吴越文化论丛》等出版物中。[2]研究会所组织的一系列考古活动是长江下游地区史前考古工作的开始，他们所发现的遗址和文化遗物奠定了江南地区史前考古学的基础。研究会对古吴越民族起源、文化特征、迁徙方向与路线的研究具有开创性价值。研究会的研究课题之一就是吴越文化由海路向南的传播。研究会还开创了研究中国区域文化的新方法。[3]

福建省境内的考古工作最早可追溯到20世纪30年代。1931年，回

---

[1] 山东省文物考古研究所:《山东20世纪的考研发现和研究》,科学出版社,2005年。
[2] 卫聚贤:《中国考古学史》,载《吴越文化论丛》,商务印书馆,1937年。
[3] 蒋廷峰:《吴越史地研究会初探》,硕士学位论文,华东师范大学,2009年。

到厦门大学任教的林惠祥先生调查了厦门峰巢山、南普陀山的史前遗址。1935年,他又赴台湾调查了台北圆山贝丘遗址。1937年,他带领厦大师生在武平县城郊小径背山遗址作过调查和小规模的考古发掘,采集到包括常型石锛、有段石锛、印纹陶在内的文化遗物。1949年以前,林惠祥还调查了南安溪乾山、龙岩登高山、天马山、惠安涂寨、庄林柄村等含有段石锛及印纹陶的遗址,并于1937年发掘了武平城南小径背山史前遗址。林惠祥先生在福建南部考古工作的成果集中总结于《福建南部的新石器时代遗址》一文中。[1] 20世纪50年代以前,亦有个别外国传教士对福建境内的部分古瓷窑址进行短时间考察。[2]

20世纪20年代末30年代初,英国人在香港也作了一些考古调查与发掘工作。比较重要的有芬戴礼(Daniel J.Finn)神父发现的印纹陶。[3] 其后一段时间,他还就他和其他人在香港调查发掘的考古遗存发表了一系列的文章。他认为矩型石锛、石环、柳叶形石镞是南岛语群居民第三波移民自华南向东南亚迁移的文化遗留。而这些讲南岛语的群体懂得动物驯养、植物栽培,具有使用原始风帆边架船航海的技能。1932—1933年,施戈斐侣(W. Schofield)主持发掘了香港南丫岛大湾遗址,是为香港考古发掘工作的肇始。1935年他又与安特生一起发掘了大屿山东湾遗址,清理了一批新石器时代的墓葬。1938—1939年,陈公哲在东湾遗址进行了进一步的考古发掘,发现了一些史前时期的陶器、石器和玉器,他还在此期间调查了南丫岛及九龙地区的若干史前遗址。[4]

1934年,芬戴礼神父在粤东海丰发现若干史前遗址,标志着广东考古研究的开始。1936—1946年在香港传教的麦兆良(又译麦兆汉,Raffaello

---

[1] 林惠祥:《福建南部的新石器时代遗址》,《考古学报》第8册,1954年,第49—64页。

[2] 林惠祥:《福建武平县新石器时代遗址》,《厦门大学学报》(社会科学版)1956年第4期,第115—151页;福建博物院:《福建考古的回顾与思考》,《考古》2003年第12期,第7—15页;吴春明:《林惠祥与"亚洲东南海洋地带"考古》,载汪毅夫、郭志超主编《纪念林惠祥文集》,厦门大学出版社,2001年。

[3] [爱]芬戴礼:《香港舶寮洲史前遗物发现记》,《说文月刊》第1卷,第4—6期。

[4] 商志𩡗:《香港考古学发展史简论》,载《香港考古论集》,文物出版社,2000年,第184—241页。

Maglioni)神父在赴海丰传教期间,继续在海丰汕尾一带,以及粤东五华、龙川、南澳等县进行考古调查。1949年以前,美国人卜瑞德、英国人卫戴良也在粤东作过调查。1942年春,中山大学杨成志教授和顾铁符在海丰调查了16处考古遗址,采获大量石器和陶片。饶宗颐先生也在20世纪40年代在粤东韩江流域从事过考古调查。[1]

在日本占据时期的台湾,与考古有关的活动最早开始于19世纪末。1896—1897年栗野博之丞在台北市郊的芝山岩及市区圆山采集到了史前石器。1930年,移川子之藏等在高雄附近的垦丁发掘了一批石棺葬,标志着台湾考古发掘的开始。1939—1945年,移川子之藏、宫本延人、国分直一等在台北、台中、台东、台南、高雄等地发现了包括贝丘遗址、台地遗址和石棺墓遗址在内的大量史前遗址。根据这些发现,鹿野忠雄对台湾的史前史进行了综合研究。他认为台湾史前文化的基层是大陆的文化,绳纹陶、网纹陶、黑陶和有段石锛等文化层代表着大陆文化曾数度波及台湾,其后又受到中南半岛混有青铜器、铁器等金石并用文化的影响。[2]此外,日人滨田耕作、松本信广等人也对中国各地所发现的史前遗物进行了一些研究。前者曾认为在山东、辽宁发现的有孔石斧与朝鲜、日本及太平洋沿岸的有孔厨刀有关联,而大洋洲木器所刻动物形与中国铜器相类;后者谓中南半岛及日本远州、武园都有有肩石斧,而太平洋沿岸及南洋群岛皆有有沟石斧,它们之间的文化联系值得研究。[3]

1949年以后,东南沿海各省的考古工作全面展开,到20世纪70年代末,仅在山东、江苏、浙江、上海等省市发现的新石器时代遗址已有500多处,整个东南沿海地区大约已发现和确立了几十个考古学文化,为进一步研究这一地区的史前文化打下了比较牢固的基础。总体来看,东南沿海和华南地区考古文化内涵中有段、双肩石器、穿孔石斧、石钺,圈足、三足、

---

[1] [意]麦兆汉:《粤东考古发现》,载《香港考古学会专刊》,1975年;Maglioni, R. (1938). *Archaeological Funds in Hoifung*, Newspaper Enterprise Limited;杨式挺:《广东考古五十年》,《学术研究》1999年第10期。

[2] 臧振华:《台湾考古研究概述》,《文博》1998年第4期,第53—61页。

[3] 吕思勉:《先秦史》,上海古籍出版社,1982年。

圜底陶器等的地位都比较突出，代表着由公元前5000—前2000年这一时期的史前文化。在有这些材料积累的前提下，苏秉琦先生提出了考古学文化的区、系、类型问题，指出在一定范围内进行社会关系的分析研究，在一定时间范围内对同时诸共同体之间相互关系及发展的分析研究是当前考古学的重要任务。[1]他指出，进入全新世（约11000年前至今）以后，中国各地逐渐形成了相对稳定的六大文化区系：1.以燕山南北、长城地带为重心的北方；2.以山东为中心的东方；3.以关中（陕西）、晋南、豫西为中心的中原；4.以环太湖为中心的东南；5.以环洞庭湖与四川盆地为中心的西南；6.以鄱阳湖—珠江三角洲一线为中轴的南方。区系间的文化交互作用在公元前4000年以后进入高潮，文化面貌你中有我，我中有你。[2]

这一方面最初的尝试者是尹焕章先生，他在20世纪50年代曾把山东、江苏、安徽、浙江、福建和台湾等省的新石器时代文化划分为四个文化系统，即龙山文化系统、龙山与仰韶混合文化系统、台形遗址文化系统、印纹陶文化系统。[3]对于南方的史前文化，苏秉琦先生自己有一个更为宏观的分析，他注意到类似中国南方出土的有段石器的分布地域可以延伸到南太平洋、新西兰，而几何印纹陶的分布地域则遍及整个东南亚地区。若将中国版图分为面向内陆和面向海洋两部分的话，则前者多出彩陶和细石器，后者则以黑陶、几何印纹陶、有段和有肩石器为主。[4]

张光直先生在分析中国沿海史前考古材料时借用了"交互作用圈"（interaction sphere）的概念。其含意是"地域相连而各具特征的区域性文化同时存在、同时发展，彼此之间的交互作用使它们对于其他地域关联较远的文化来说形成一个整体"。[5]他把中国东南沿海地区划成三个这样的交互

---

[1] 苏秉琦、殷玮璋：《关于考古学文化的区系类型问题》，《文物》1981年第5期，第10—17页。

[2] 苏秉琦：《中华文明起源与重建中国史前史》，载《华人·龙的传人·中国人——考古寻根记》，辽宁大学出版社，1994年，第120页。

[3] 尹焕章：《华东新石器时代遗址》，上海人民出版社，1956年。

[4] 苏秉琦：《考古类型学的新课题》，载《苏秉琦考古学论述选集》，文物出版社，1984年，第236页。

[5] 张光直：《考古学专题六讲》，文物出版社，1986年，第48页。

作用圈：1.北辛-大汶口文化圈；2.河姆渡文化圈；3.大坌坑文化圈。他倾向于使用生态学的方法解释各文化之间的差异。[1]具体到南岛语文化区的人类学、考古学研究时，张先生指出台湾资料的重要意义。他认为，中国东南海岸地区（南岛语族假设的起源地）仅台湾有现存的南岛语族，这些民族的史前史有考古学上证据。台湾史前的南岛文化可以与大陆海岸区域的史前文化相比较而判定其间的文化关系，也就是判定史前的南岛文化在中国大陆东南岸上的存在与特征。[2]

根据截至20世纪60年代中期中国发现的考古材料，前苏联学者Р.Ф.伊茨将中国东南沿海文化分为南京-太湖区与沿海区两个部分。经过广泛引述中国学者的意见及讨论，伊茨认为，除了沿海区浙江、福建地带的新石器时代晚期文化外，上述两个区的新石器时代文化均为土著文化。这些文化很可能既与该地较早的文化，又与东南亚北部大陆文化有遗传关系。而处于南中国北部边界的文化可能与仰韶和龙山文化的多种变体有接触。他还提醒人们在分析中国南方考古材料时要注意包括越南北部在内的东南亚地区的考古材料。[3]

安志敏先生倾向于将中国东南沿海文化分成两大类型。第一类型是以河姆渡、马家浜文化为代表的长江下游地区的文化。这是一种以稻作农业为主的文化，陶器制作与工具都较发达、多样。第二类型是以绳纹陶为代表的新石器文化，广泛分布于两广、福建、台湾等地。遗址的种类包括洞穴、贝丘、台地，它们的共同特征是大量打制石器和磨制石器共存，普遍使用器形简单的绳纹粗陶，采集、渔猎经济占主要地位，农业痕迹不甚显著。他也分析了上述地区史前经济比较落后是与其所处的自然环境和生态系统有关联的。他同意和平文化与华南史前文化存在互相接触和文化交流

---

[1] 张光直：《考古学专题六讲》，文物出版社，1986年，第47—52页。
[2] 张光直：《中国东南海岸考古与南岛民族起源问题》，载《中国考古学论文集》，联经出版事业公司，1995年，第177页。
[3] [苏]Р.Ф.伊茨：《东亚南部民族史》，冯思刚译，四川民族出版社，1981年。

的可能性，但不同意两者源自同一中心。[1]夏鼐先生将河姆渡文化视为中国早期文化发展的中心之一，有它自己独立的发展过程。他认为中国文明的产生主要是由于本身的发展，尽管不排斥在发展过程中有时可能受到一些外来影响，但中国文明在本质上还是在中国土地上土生土长的。[2]严文明先生认为，中国由旧石器过渡到新石器有三种途径，形成三个经济文化区。其中的稻作文化区又可分为江浙、长江中游、闽台、粤桂、云贵等五个小区。他特别强调了史前文化广泛交流的自然障碍："中国南部有横断山脉地带和十万大山等与东南亚各国为界，交通也十分不便。东部和东南部与日本、菲律宾等隔海相望，在史前时代更不可能有经常的来往。"[3]他新近认为，华南地区不但生态环境接近于热带，文化上有许多特点，而且还有很长的海岸线和广大的海疆，岛屿星罗棋布，海洋文化也很发达。而要研究海洋文化，在基本思路和方法上都和传统考古有许多不同。过去总是把中国看成是大陆国家，对海洋考古关注不够。近年来有所进展，是可喜的，今后还需要大力加强。[4]

在《中国大百科全书·考古学》中，新石器时期沿海文化是分别放在黄河流域、长江流域、华南等三个词条中叙述的。在"华南和西南地区新石器文化"词条中，李仰松先生总结了近年来研究华南文化的各种观点，指出华南地区较早期的新石器文化大体以打制石器、磨制石器和简单的绳纹粗红陶为基本内涵。新石器晚期遗存可以有更明显的区域差别。他认为在自然环境和生态系统上，华南与东南亚相同，人工栽培的食用作物可能是芋头和薯蓣类等根茎作物，其种植历史远较谷类作物为早。最初的作物栽培只能是渔猎采集的一种补充。他还认为，不迟于公元前3000年，华南各地新石器文化的特征更加明晰，文化交流和相互影响的迹象也比较清楚，北起长江鄱阳湖滨，沿赣江而行，越大庾岭至广东境内，大致是华南新石

---

[1] 安志敏：《关于华南早期新石器的几个问题》，载《文物集刊》第3辑，文物出版社，1981年。

[2] 夏鼐：《中国文明的起源》，文物出版社，1985年，第98—100页。

[3] 严文明：《中国史前文化的统一性与多样性》，《文物》1987年第3期，第39页。

[4] 严文明：《中华文明的始原》，文物出版社，2011年。

器文化联系的中轴通途。同时昙石山与凤鼻头中层的相似性也暗示着海峡两岸文化交流的深远。[1]

日本考古学家量博满注意到，中国考古学的地域研究倾向随着碳14资料的增加而逐渐加强了。他同时警告说，如果缺乏向外看的地域研究发展下去，最终会使研究陷入孤立而不能自拔。他指出，过去被称为龙山文化亚种的良渚文化其实是同一地区的先进文化的下代。这一并存和继承的事实意味着在逻辑上中国新石器文化的起源是多元化的，而且这些文化在各个不同地区得到了继承和发展。正因为有这种区域类型上的继承关系，所以各文化的源流也更加集中。[2]

区系类型的划分，事实上是对各个地区考古材料的一个综合、归纳过程。从整个中国东南沿海地区这种类型划分的情况看，无论在自然条件方面还是考古学文化的总体面貌与发展水平方面，至少可以明确地界定出两个大的区域。大区域之间的关系、大区域内小范围文化区之间的关系、大区域与现今国界以外文化的关系都是考古界讨论过的课题。但直到20世纪90年代，中国国内学者大部分的这类讨论在深度及广度上都有明显的不足，缺乏超越考古学、类型学以外的方法手段来全面地分析区域性考古材料所反映出的各类问题。

二、中国东南沿海考古的核心问题

涉及中国南部地区史前文化研究的考古材料，在遗址类型、石器类型、陶器类型等几方面的研究成果较多，有必要进行综述。同时，上述几个方面的考古研究在相当大的程度上是以往50余年来这一地区考古研究的核心内容。

---

[1]《中国大百科全书·考古学》"华南和西南地区新石器文化"条（李仰松撰），中国大百科全书出版社，1986年，第210—213页。

[2][日]量博满：《中国新石器时代研究的发展》，朱振明译，载云南省博物馆、中国古代铜鼓研究会编印《民族考古译文集》，1985年，第13—14页。

(一)洞穴与贝丘遗址

洞穴遗址在江西、广东、广西等地的新石器早期文化中占有突出地位。从广西发现的这类洞穴遗址看,这种洞穴多分布于石灰岩地带,比旧石器的洞穴遗址高程要低。洞内多有螺壳堆积,文化遗物主要是打制石器,亦有一些磨制石器和粗陶片。推断其经济类型是以渔猎为主的。[1]广东的这类洞穴遗址中除有大量田螺、河蚌外,还有诸多动物化石,并发现了十余具人骨集中的二次葬。[2]打制石器、简单磨制石器与粗绳纹陶片共存。江西的洞穴遗址存在代表新石器早期的两层堆积,下层主要是绳纹粗红陶,上层出现黑衣磨光陶,两层都有骨、角、蚌器。[3]从碳14测定的年代数据看,洞穴遗址的时间跨度在距今10000年至5000年间。大多数研究者认为华南地区的洞穴遗址基本上是旧石器文化的延续,缺乏植物驯化的考古学证据。从公元前5000年起,随着稻作农业在这一地区的传播,这种遗存逐步消失。一些研究者承认华南与东南亚的类似洞穴遗址存在自然环境与生态系统的相似性,但在文化发展上却是相互独立的。对于泰国仙人洞的可能属于栽培作物遗存,安志敏先生认为"未必反映原始农业的存在"。[4]近年来,广西桂林庙岩、广东英德牛栏洞、湖南道县玉蟾岩等洞穴遗址中可能属于人工栽培稻的标本的发现,为中国稻作农业可能起源于南岭山脉南北两侧的说法提供了新的证据。同时,通过对牛栏洞及广西桂林甑皮岩动物群的再研究,初步认定岭南地区的洞穴遗址中存在驯化的猪、狗和鹿。岭南洞穴遗址的陡刃砾石石器传统的长期存在使不少学者倾向于认为华南地区存在一个处于旧石器时代向新石器时代过渡的中石器时代。在实际考古遗存的保存方面,华南的气候和土壤条件不利于各种遗存的保留,我们只有在洞

---

[1] 蒋廷瑜:《广西新石器时代考古述略》,载中国考古学会编《中国考古学会第三次年会论文集》,文物出版社,1984年,第96页。

[2] 顾玉珉:《广东灵山洞穴调查报告》,《古脊椎动物与古人类》1962年第2期,第193—199页。

[3] 江西省文物管理委员会:《江西万年大源仙人洞洞穴遗址试掘》,《考古学报》1963年第1期,第1—16页。

[4] 安志敏:《关于华南早期新石器的几个问题》,载《文物集刊》第3辑,文物出版社,1981年。

穴遗址中才能发现比较完整的动物和植物遗存。[1]

贝丘遗址分为滨海与滨河的两种，从中国东南地区发现的这类遗址的情况看，滨海贝丘遗址主要形成在海、河交汇处两旁的小丘和台地上，并且常常是成带状分布。在空间范围上，福建闽江下游、台湾西南海岸、广东珠江三角洲等地的贝丘遗址分布较密集。[2]广西南宁附近是滨河贝丘的主要集中地，遗址分布的规律是多在河流拐弯处或大小河流汇合的三角嘴上。[3]从研究的情况看，整个的滨海贝丘遗存大致可以分出两期来。早期遗址中的大型打制石器占优势，骨器、蚌器较发达，陶器只有低温粗砂陶，器形多为圜底的简单造型。晚期以磨制的小型石器为主，广泛存在双肩或有段石器，陶器类型增多，彩绘陶是这一时期的特点。海生的各科贝类在遗址中大量堆积是两期的共同特点。[4]滨河贝丘以广西南宁贝丘为例，打制石器、磨制石器与骨蚌器共存是其特点。陶器也是简单的低温夹砂陶，以蹲踞式为主的葬式在墓葬中广泛存在。[5]一些学者认为，打制石器与绳纹陶构成了联系各地早期贝丘遗存的共性因素。福建沿海、粤东与台湾沿海地带的彩绘陶又使整个地区的文化面貌在新石器晚期趋于一致。不少人认识到对中国东南沿海贝丘遗址的研究在东南亚考古学上具有重要意义。[6]在广西，贝丘遗址可分为洞穴贝丘（广东也有类似的遗址）、河旁台地贝丘和海滨贝丘三类。其中洞穴贝丘又可分出三个类型：第一类型仅出打制石器和石片，动物群为现生种，又有少量磨制石器，但无陶器；第二类型打制石器仍占主导，但有少量磨制石器和夹砂陶器共存；第三类型中打制石

---

[1] 张镇洪：《浅谈岭南史前考古的主攻方向》，载《岭南考古研究4》，2004年，第9—14页。

[2] 吕荣芳：《福建、台湾的贝丘遗址及其文化关系》，载《文物集刊》第3辑，文物出版社，1981年，第178页。

[3] 广西壮族自治区文物工作队：《广西南宁地区新石器时代贝丘遗址》，《考古》1975年第5期，第295页。

[4] 广东省博物馆：《广东中部低地区新石器时代遗存》，《考古学报》1960年第2期，第107—119页。

[5] 广西壮族自治区文物工作队：《广西南宁地区新石器时代贝丘遗址》，《考古》1975年第5期，第295—301页。

[6] 彭适凡：《试论华南地区新石器时代早期文化——兼论有关的几个问题》，《文物》1976年第12期，第15—22页。

器依然占相当比例，共存的磨制石器和陶器的品种、数量增加。海滨贝丘中打制的砾石石器占多数，典型器物有交互打击制成的蚝砺啄、砍砸器、手斧、三角形石器、石球、网坠等，磨制石器有斧、锛、凿、磨盘等，骨蚌器有骨锥、镞、穿孔骨饰、蚌铲、网坠、环等，陶器均为夹砂陶，有绳纹、篮纹和划纹。整体来看，两广的贝丘遗址存在较多的文化共性，其存在的时间一直从中石器时代到新石器时代。[1]

（二）双肩与有段石器

双肩石器主要分布于中国的两广地区及中南半岛、马来半岛、南亚地区，有段石器在中国东南、东南亚群岛区、太平洋群岛区普遍存在，是研究区域间文化交流的重要指示物之一。根据近十年来的考古新发现，有的研究者认为有段石锛起源于长江中下游地区的河姆渡文化及马家浜文化，到良渚文化时已广泛散布在整个中国东南沿海地带，形成在工艺制作上与器物形态上的一个共同系统。[2]从西樵山打制石器到磨制石器的器形演变序列中，曾骐先生找到了双肩石器起源发展的过程，并认为珠江三角洲是孕育和产生分布远至台湾、南洋的双肩石器的故乡。[3]至新石器时代晚期，双肩石器这种文化因素向粤东、粤北及广西南部扩散，最终波及中南半岛。林惠祥先生也认为有肩石斧应当是由大陆东南部传到台湾、南洋的。[4]至于有段石器与双肩石器各自的散布路线，傅宪国先生经过深入研究认为有段石锛和有肩石器有两个比较明显的分布圈：有段石锛主要分布在太平洋沿岸，包括中国的东部、南部沿海和内陆的几个省区，南美洲西部海岸山，以及南太平洋诸岛屿、菲律宾等地，最南可达新西兰岛；有肩石器则主要分布在中国的广东、香港、广西、云南诸省区市，以及东南亚的越南、老挝、

---

[1] 何乃汉：《广西贝丘遗址初探》，《考古》1984年第11期，第1021—1029页。
[2] 傅宪国：《论有段石锛和有肩石器》，《考古学报》1988年第1期，第1—36页。
[3] 曾骐：《有段石锛、双肩石器和"几何印纹陶"的有关问题》，载《文物集刊》第3辑，文物出版社，1981年，第107页。
[4] 林惠祥：《台湾石器时代遗物的研究》，《厦门大学学报》（社会科学版）1955年第4期，第135—155页。

柬埔寨、缅甸、泰国、马来西亚和南亚的印度、孟加拉等国,南达印度尼西亚。两个分布圈在中国南方相当的地域内重合,并形成独具特色的有肩、有段石锛。探讨它们两者的关系,有助于我们深入了解华南新石器时代的文化特征及其与东南亚及环太平洋沿海地区古代文化的交流和相互影响。[1]由于有段及双肩石器皆是装柄的复合工具,故对其使用功能的研究具有特殊意义。根据大洋洲波利尼西亚人民族志的材料,林惠祥先生认为有段石器是主要用来加工独水舟等木制品的手工加工工具。[2]就出土情况而言,双肩石器往往可以和早期农业经济联系起来。

(三)几何印纹陶

几何印纹陶是中国南方各地新石器时代晚期及青铜时代的一种地方特征性明显的文化遗存。它还散布到中南半岛、马来半岛及东南亚海岛区。印纹陶的最早发现是在1914—1915年广东南海南越文王墓中,20世纪30年代至40年代在江浙、闽台、广西都有一些零星发现,50年代以来被冠以"几何印纹陶文化"以区别于中国其他地区的原始文化。1978年在江西举行的江南地区印纹陶讨论会是这种文化遗存重新研究的新起点。[3]新近的研究证明,在距今5000年时,浙、赣、闽、粤的一些新石器遗址中已出现几何印纹陶。在几何印纹陶的具体分布区划方面,有学者将其细分为七个区域,即赣(江)鄱(阳湖)区、太湖区、宁镇区、湘东与湘南区、岭南区、闽台区以及粤东闽南区。从文化的时间层面看,南方地区印纹陶产生于新石器时代晚期,兴盛于相当于中原的商周时期,衰退于战国至秦汉,它的发展、鼎盛以至衰退时间大体与商周青铜工艺的盛衰一致。[4]与青铜时代的出现

---

[1] 傅宪国:《论有段石锛和有肩石器》,《考古学报》1988年第1期,第1—36页。

[2] 林惠祥:《中国东南区新石器文化特征之一:有段石锛》,《考古学报》1958年第3期,第1—23页。

[3] 李伯谦:《我国南方几何形印纹陶遗存的分区、分期及其有关问题》,《北京大学学报》(哲学社会科学版),1981年第1期,第39—57页;并参见《文物集刊》第3辑,文物出版社,1981年。

[4] 周广明、彭适凡:《试论南方地区的印纹陶与环中国海区域的关系——以台湾、东南亚地区为例》,《南方文物》2005年第3期,第119—126页。

相关的几何印纹陶的兴盛在中国东南沿海地区的表现是不平衡的。江浙地区早在商代前期就发展出发达的印纹陶文化，而闽、台两地区到商代晚期、西周早期时印纹陶才开始大发展。[1]这种区域文化发展的不平衡现象与中原文化对南方文化施加影响的空间距离有关。同时，在各地印纹陶发展的过程中存在着一些共性因素，也有差异性的个性因素。在共性因素方面，虽然各地的发展时间不同，但印纹陶的演变基本上是循着几何印纹软陶—几何印纹硬陶—几何印纹硬陶与釉陶伴出这样的线索演变的。另外在纹样方面，青铜时代的印纹陶主要纹样有两类：一类是编织纹，一类是类似青铜器的纹饰。[2]几何印纹的纹样与人们的生产活动、图腾信仰等有关。在个性差异方面，江浙区的印纹陶中取自青铜纹饰的比例颇大，印纹陶、釉陶、青铜器伴生的情况发生较早。在闽台区，印纹陶在一个时期内与彩绘陶共存，而在两广地区，印纹软陶持续时间长，硬陶产生较晚。至于中国几何印纹陶与东南亚各地几何印纹陶遗存的关系，彭适凡先生认为，中南半岛和中国南方在印纹陶及其他文化因素上表现出的某些相似，显然是中国南方古代印纹陶影响和传播的结果。至于马来西亚、菲律宾、印尼等地的印纹陶则有明显的两重性，一方面在胎质、造型、纹饰上表现出与中国南方印纹陶的一致性，一方面则表现出完全独特的地方特色，而后者在整个印纹陶遗存中占大宗。同时从中南半岛—马来西亚—印度尼西亚，以及菲律宾—印度尼西亚—太平洋其他岛屿两条线索来看，地理愈往南，土著因素表现得愈明显。[3]东南亚、太平洋岛屿区考古材料的发现与研究将在本书的其他章节中谈到，在此就不一一涉及了。

---

[1] 彭适凡：《中国南方古代印纹陶》，文物出版社，1987年，第236页。

[2] 张之恒：《略论我国东南沿海地区的印纹陶》，载《文物集刊》第3辑，文物出版社，1981年，第68页。

[3] 彭适凡：《中国南方古代印纹陶》，文物出版社，1987年，第379—382页。

第三节　人类学对本课题研究的评述

一、中国东南沿海地区及东南亚地区的人类学研究

研究者们对于东亚及东南亚的人类学研究的兴趣已经持续了约一个世纪。早期的研究者一方面倾注很大精力试图了解这一广大地区内各个不同民族文化发展的来龙去脉，另一方面又想通过民族语言和人类体质类型的研究对群体之间的差异给予界定。20世纪30年代，体质人类学家将整个东亚南部地区民族群构成大致划分为四个主要的种系，即犬陀系（Veddois）、尼格利陀系（Negritos）、古蒙古系（Palaeo-Mongoloid）、马来系（Malaysian）。[1] 比较一致的观点认为，这些种系的形成与历史上来自不同方向的移民混血密切相关。1932年，海涅·格尔登（Heine-Geldern）在他的著作中指出，东南亚文化的形成过程经历八次移民运动，这种假设基本上是在没有考古资料的情况下作出的。他主张移民运动多数是源于中国大陆，并逐步向南推进。他认为讲南岛语的诸部落可以分成不同的支系，向不同的方向运动。比如其中一个支系经过苏门答腊、爪哇向东部的群岛区扩散，而另一个支系由婆罗洲到菲律宾再到中国台湾、日本。而生活在大洋洲的相当区域内的民族都经历了与讲南岛语民族汇合的过程。[2] 林惠祥先生认为，中国南方的越族是汉族的四大来源之一，上古时代占据着今浙江、福建、江西、广东、广西等省区。除了那些迁徙的群体外，这些地区的越族在汉代以后均被吸收同化于汉族之中。而迁徙群体与东南亚的马来人建立了广泛的文化联系。断发、文身、黑齿、短须、跣足、拜蛇、巢居、语言是两个群体共通的东西。[3] 在讨论中国民族形成问题时，有的学者指出了历史上民族同源异流现象的存在。越人曾一部分内迁，一部分向西南移动，今西南数

---

[1] Deniker, J. (1926). *Les Races et les Penples de la Terra,* Paris: Masson et Cie.

[2] Heine-Geldern, (1939). "L'Art Prebounddhique de la Chine et de l'Asia de Snd-est et son inflnence en Oceanie," *Revne des Arts Asiatignes*, vol. 11, no. 4, pp.177–206.

[3] 林惠祥：《南洋马来族与华南古民族的关系》，《厦门大学学报》（社会科学版）1958年第1期，第189—220页。

十种少数民族多数与古代的濮、氐羌、越人有历史渊源关系。[1]关于台湾的少数民族来源问题,许良国先生认为台湾少数民族的来源是多方面的,主要的一支是大陆东南沿海古越人中闽越的后裔,马来人、尼格利陀人也先后进入台湾。[2]白保罗(Paul K. Benedict)根据他所掌握的语言学证据认为,在中国南方的诸方言中可以发现马来语的基质。在新石器时代晚期和金石并用时代,越人可以分为南北两支,而正是南方的一支与马来-波利尼西亚语系的诸民族有较多的相似性。[3]凌纯声坚持认为,通过历史文献与民族学资料所提供的线索,能够找出整个太平洋地区民族移动与文化变迁的发展线索。他认为中国沿海地区是环太平洋古文化的起源地,中国南部的蛮与越文化的分布,东起自海,遍及长江与珠江流域,经云贵高原达中南半岛,再自马来半岛而及整个南洋群岛,又东向至中国台湾、琉球和日本。现今南洋群岛的马来民族,保存了大部分固有的南夷或百越的语言和文化。[4]他还将中国大陆的史前文化放入广义的东南亚古文化的范畴。他指出,东南亚古文化的分布,北起长江流域,中经中南半岛,南至南洋群岛,在此广大的区域中又可分为三个副区,即大陆区、半岛区、岛屿区。而此文化的起源地在大陆,后向南迁移,每到一地即与当地原有文化混合,住定之后又有其他文化的侵入,因此三区文化层次不同,研究任何一种东南亚古文化的特质及其演变,必先明了所在地区的文化层。[5]

  法国民族学家勒罗伊·宫兰(Leroy Gunrunning)注意到华南与中南半岛民族交融过程中的一些现象。他发现中南半岛的印度尼西亚人(Indonesian)与藏缅人(Tibet-Birman)在人类学方面的不同点是非常含糊的,并且也可

---

[1] 易谋远:《中国古代民族的形成和发展》,载《民族学研究》第3辑,民族出版社,1982年,第14页。

[2] 许良国:《台湾省少数民族名称与族别问题浅议》,载《民族学研究》第5辑,民族出版社,1983年,第254页。

[3] [美]白保罗:《台语、卡岱语和印度尼西亚语——东南亚的一个新联盟》,*American Anthropologist*, vol. 4, 1942, pp.576–601.

[4] 凌纯声:《中国古代海洋文化与亚洲地中海》,载《中国边疆民族与环太平洋文化》(上),联经出版事业公司,1979年,第343—344页。

[5] 凌纯声:《东南亚古文化研究发凡》,载《中国边疆民族与环太平洋文化》(上),联经出版事业公司,1979年,第330—331页。

能只是由于他们中间混种而产生。在技术方面的特点上,他们之间也没有很大的差异。根据他的观点,越南史学家陶维英认为越及傣人都曾来到越南西北地区,他们和当地原居的印度尼西亚种人是同一渊源的远世后裔。[1] 还有不少学者注意到历史上的越族与中国西南一些少数民族的纵向文化渊源关系,以及东南亚地区少数民族的基层文化特质与中国古代、现代南方民族的相似性。[2] 这种源流关系的存在可以使我们在研究史前时代这一广泛地区文化变化与交流问题时,借用大量民族志与民族语言学的资料。

二、太平洋区域的人类学研究

按照当代体质人类学家的分类,大洋洲的美拉尼西亚人与巴布亚新几内亚及澳大利亚土著都属于尼格罗-澳大利亚种。详细的研究进一步证明这一种系与南印度的达罗毗荼人种类型以及维达类型均有关系。有人推测其祖先可能最早住在南亚,后经中南半岛、马来半岛、印尼而进入大洋洲。波利尼西亚与密克罗尼西亚人属于蒙古人种的南部支系,并因为和尼格罗-澳大利亚人的交流,从而成为一个独特的、有变异的、形成较晚的支系。[3]

关于大洋洲人民的来源问题,早在19世纪晚期就有人依据当时划分的种族类型及语言和民族志材料,认为波利尼西亚人来自太平洋西部,与印尼、菲律宾的古代民族有关。这一时期值得一提的研究者包括海尔(Horatio Hale)、史密斯(S. Perey Smith)等人。前者通过语言学和民族志的研究,主张远古人类可能存在从印尼马鲁古群岛经斐济、汤加与萨摩亚的移动路线。20世纪以来,关于大洋洲人民由若干层次的移民浪潮所构成的观点被广泛接受。20世纪30年代以前,先后有弗雷泽(John Fraser)、哈迪(E.S. Handy)等人就大洋洲民族成分的多层次性发表了自己的意见。他们普遍

---

[1] [越]陶维英:《越南古代史》,刘统文等译,商务印书馆,1976年,第139—141页。
[2] 童恩正:《发刊词:南方——中华民族古文明的重要孕育之地》,载四川大学博物馆、中国古代铜鼓研究会编《南方民族考古》第一辑,四川大学出版社,1987年。
[3] [苏]C.A.托卡列夫等:《澳大利亚和大洋洲各族人民》,李毅夫等译,生活·读书·新知三联书店,1980年,第30页。

认为存在着尼格罗、高加索、蒙古利亚种的交替出现。哈迪曾假设波利尼西亚人的形成有两个层次，第一层是维达即来自印度的高加索人，第二个层次是自中国南部而来的居民。[1] 1939 年，巴克爵士（Sir. Peter Buck）在其著作中运用当时人类学、语言学、体质人类学、民族植物志的证据使大多数学者相信了他所指出的波利尼西亚人起源于东南亚或华南一带的理论。[2] 1947 年，挪威人海尔达尔（Thor Heyerdahl）率领一支探险队乘"康提基"号（Kon-Tiki）排筏由秘鲁的太平洋东岸下水，经过 101 天的航行，利用盛行风和洋流由秘鲁沿海到达了太平洋的土阿莫土群岛（Tuamotu archipelago）。1952 年，海尔达尔在他的著作中详细论证了波利尼西亚人来自美洲的理论。但此后更多的考古发现和植物资源、语言学方面的证据还是将大洋洲民族的起源地指向东南亚。[3]

经过几十年考古材料的积累及民族志、语言学材料的重新分析，证明关于太平洋诸岛人类入居是若干次大批迅速涌入的移民浪潮所造成的论断是一种主观猜测。贝尔伍德（Peter Bellwood）在其一系列著作中对于来自于中国沿海地带的文化因素是如何一步步进入大洋洲的情况进行了详细的描述。他认为，波利尼西亚人的祖先是在公元前 3000 年前后首先从中国大陆东南沿海地区进入台湾，然后迅速在公元前 2000 年时迁移至菲律宾，并在公元前 2000—公元前 1500 年波及整个东南亚海岛区，接着在公元前 1000 年前后进入太平洋海岛区的波利尼西亚东部和美拉尼西亚，至公元 700—1200 年时，人类的足迹已踏遍整个太平洋海岛区。太平洋区域典型的史前文化拉皮塔文化（Lapita）与中国大陆东南沿海和台湾的史前文化关系密切。[4] 索尔海姆（Wilhelm G. Solheim II）等学者不同意这种观点，而认为拉皮塔文化应起源于美拉尼西亚，其与大洋洲史前居民存在长时间的文化互

---

[1] Bellwood, P. (1979). *The Polynesians: Prehistory of an Island People*, London: Thames and Hudson.

[2] Kirch, P.V. (1982). "Advances in Polynesians Prehistory," *Advance in World Archaeology*, vol. 2, Academic Press, p.55.

[3] Suggs, R. C. (1970). *The Kon-Tiki myth: Culture of the Pacific,* The Free Press.

[4] Bellwood, P. (1985). *Prehistory of the Indo-Malaysian Archipelago*, New York: Academic Press , p.232.

动。南岛语族的文化有可能产生于台湾岛、苏门答腊岛和帝汶岛之间的三角地带，而不是由中国大陆东南沿海经台湾的传播路径扩散到东南亚、太平洋区域的。[1]张光直也认为台湾是整个南岛语族最早起源地区的一部分，他更进一步地认为原南岛语族的老家在大陆东南海岸，在地理范围上集中在闽江口向南到韩江口的福建和广东东端的海岸地带。[2]臧振华主张一部分南岛语民族的祖先在距今5000—4000年前从福建、广东迁移到台湾各地，之后多数未曾迁出，而南岛语民族的另一部分祖先则来自于东南亚的巽他大陆架（Sunda shelf），他们迁移至婆罗洲，然后往北至菲律宾，另一波东行到其他太平洋岛屿。[3]

第四节　研究方法论证

在过往的几十年中，国际史前学研究领域中出现了许多新的理论取向和研究方法。以科学分析的态度运用这些方法，有助于我们更客观地整理、研究获取的资料。下面是对涉及本研究的一些重要研究方法的探讨。这些方法一部分是技术性的，一部分属于非技术性的。

一、文化生态学

文化生态学是二次大战以来西方人类学的重要派别之一。文化生态学

---

[1] Solheim II, W. G. (2006). *Archaeology and culture in Southeast Asia: Unraveling the Nusantao*, University of the Philippines Press; Oppenheimer, S. (2003). "Austronesian Spread into Southeast Asia and Oceania: Where from and When," *Pacific Archaeology: Assessments and Prospects,* Proceedings of the International Conference for the 50th Anniversary of the first Lapita excavation, Koné-Nouméa, 2002, Les Cahiers de l'Archeologie en Nouvelle Caledonie, 2004, pp. 54–70; Terrell, J. (1986). *Prehistory in the Pacific Islands*, Cambridge University Press.

[2] 张光直：《中国东南海岸考古与南岛语族起源问题》，载四川大学博物馆、中国古代铜鼓研究学会编《南方民族考古》第一辑，四川大学出版社，1987年，第12页。

[3] 臧振华：《再论南岛语族的起源问题》，《南岛研究学报》2012年第三卷第1期，第87—119页；陈尧峰等：《起源地或转运站？遗传学研究在南岛语族扩散的贡献与挑战》，《人文与社会科学简讯》2011年第3期，第41—49页。

的创始人斯图尔德（Julian H. Steward）认为生产技术即人类由自然中摄取能量的手段是文化发展的关键因素。文化生态学的研究要遵从下列三项原则：1.要分析开发技术或生产技术与环境的相互关系；2.要分析用特殊技术手段开发特殊地区时的人类行为模式；3.要弄清行为模式在开发环境中对文化其他方面影响的程度。从这种研究方法得以确立的这些基础因素来看，文化生态学的研究显然比较注意文化系统中的人类与其周围自然界的相互作用。环境因素的相关分析要求我们在分析一种文化时要注意建立该文化特殊的适应形态。文化生态学的理论将环境视为文化背后的一个创造性，也是一个限定的因素。这种文化的创造主要表现在文化能在现有的环境所提供的一切可能性中选择最适当的特质。文化生态学家倾向于认为自己的研究所涉及的与生存活动和经济行为关系密切的那部分文化恰恰是"文化的内核"。因而人类学家对社会制度和价值模式的熟悉，结合有关生产、人口、能量转递的广泛知识，能够对建造整个体系的模式做出贡献，并预见社会变迁的原因和性质。[1]"文化生态学家提出了一个特定的文化特质是怎样适应特定自然和（或）社会环境的，并力图以此来解释文化变异。"[2]文化生态学的流行是和下面提到的新考古学的发生时期相关联的。采纳文化生态学观点的考古学家倾向于使用遗址资源域分析（site catchment analysis）、最佳采食理论（optimal foraging theory）、风险与季节性研究（risk and seasonality）等理论和方法从事研究。在实际操作层面上，采用遗址资源汇集分析方法时，考古工作者要注意各种与资源相关的材料在考古遗址中的空间分布，他们会假设史前在特定遗址上活动的人类群体会采用"合理的"策略去开发和使用当地的资源。为能够清楚的标识出资源的详细分布情况，小范围内的细致的田野调查是必不可少的。[3]

---

[1]［美］R.内亭：《文化生态学与生态人类学》，载冯利、覃光广编《当代国外文化学研究（译文集）》，中央民族学院出版社，1986年，第135页。

[2]［美］C.恩伯、M.恩伯：《文化的变异——现代文化人类学通论》，杜杉杉译、刘钦审校，辽宁人民出版社，1988年，第72页。

[3] Johnson, M. (1999). *Archaeological Theory: An Introduction*, Blackwell, pp. 144–145.

二、新考古学

新考古学，又称过程考古学，兴起于 20 世纪 60 年代，它的主张者认为考古学家必须把文化看成人们在一个文化体系活动的行为，这种行为留下了人工制品。考古学家的任务是根据静止的人工制品在时间和空间上的分布去推断人类行为的动向。[1] 新考古学家主张考古学研究的目的应当包括对于遗迹、遗物差异性与相似性的解释，并找出其中的因果关系。为此目的，以下的逻辑顺序是必不可少的：1. 对象的认识；2. 对象间的类似、差异的认识；3. 对产生类似差异性原因的追究与分析；4. 分析结果的评估。新考古学家的优势表现在他们有条件在相当的时间与空间跨度上观察文化经历的演变过程，并由此出发构建自己的理论构架。为了在理论构建与实际资料间实现有机的联系，模式的引入是必不可少的。这种模式的建立，有助于考古学家把理论和具体"资料分析"相结合，从而分析出人类文化发展的动态过程，了解文化形态与变化的多样性。新考古学家宾福德（Lewis Binford）把考古记录看成是整个生态系统的产物，而人类只是这种生态系统中的一个组成部分。如果要了解人类行为，就必须对整个系统有所了解，系统也因而才能被解释。[2] 另一位考古学家克拉克（David Clarke）把文化描述成不同支体系——例如：社会、政治、经济、环境——的集合体。这些支体系是由各种正、负反馈回路综合而成的。克拉克认为，创造一些模型并分析研究任何一个支体系的变化最终可能如何影响所有其他体系，考古学家就可深入了解任何文化体系的稳定性与恢复力的原因。他主张随着新考古学在哲学思维的范畴上已经改变了传统考古学一直采用的一些理论范式，新的研究范式必须建立起来。这些范式包括：考古遗物形态研究的范式、人类学的范式、生态学的范式和地理学的范式。通过这些建立在新的范式基础上的研究，考古学家们能借助计算机、统计分析、生物分类学等

---

[1] Rice, D. S. (1985). "The 'New' Archaeology," *The Wilson Quarterly*, vol. 9, no. 2, pp.127–139.

[2] Binford, L. R. (1962). "Archaeology as Anthropology," *American Antiquity*, vol. 28, no. 2, pp. 217–225.

手段分析文化遗物的内在结构和相互关系。建立基于实际考古资料的模型和变率，并将之与人类学基于丰富民族学研究而建立起的关于社会结构的模式相比较。将考古遗址纳入生态系统研究的框架之下，分析人类在特定生态系统下适应环境的策略及相关的行为模式、经济模式和人口模式。把包含各种遗迹现象的一系列遗址作为一个空间框架下的互动系统来研究，并将之在微观上与建筑学理论、聚落考古学相联系，在宏观上与区位理论（locational theory）及空间关系的研究相联系。[1]新考古学家萨布罗夫（Jeremy Sabloff）详细分析了玛雅文化中贸易交换和群体互动的重要性。他指出，在尤卡坦半岛东海岸外的科苏梅尔岛（Cozumel Island）共发现有30处属于玛雅文化后古典时期（900年—1500年）的遗址。玛雅人居住的聚落遗址多分布在岛的中部，目的是防止潮汐的破坏。他们构建起连接聚落遗址与北部泻湖的小道，使用独木舟与外界进行人员与物资的交流，参与长程贸易网络的活动。与之相关的变化反映在宗教活动的非中心化和政治权利的弱化，宗教首领在这一时期更关心他们拥有财富的流动性而不是炫耀。[2]

新考古学的上述方法论取向在很大程度上能帮助我们解决在处理区域文化内部各种文化因素的集合、相互作用，以及区域间文化交往的方式、结构时碰到的材料与理论之间的矛盾。完整过程的模式在分析较独立的生态系统（如海岛）中人类的适应方式及交流方式的研究时具有明晰的特点。科学哲学家欧文·拉兹洛（Ervin Laszio）在他的著作中也指出："文化可以具有生物学上的适应性，它对生物学来说，有不可还原的价值。根据前后一致而又非还原的观点，包括参照基本系统活动，用信息流程图中的术语来说明经验中的各科文化形式是完全可能的。"[3]

---

[1] Clarke, D. L. ed. (1972). *Models in Archaeology*, London: Methuen & Co ltd., pp. 6–13.

[2] Sabloff, J. A. (1990). *The New Archaeology and the Ancient Maya*, New York: Scientific American Library, pp. 133–135.

[3] [美]瓯文·拉兹洛：《系统、结构和经验》，李创同译，上海译文出版社，1987年。

三、文化进化论与新进化论

继承达尔文（Charles Darwin）的生物进化论思想，马克思主义的历史唯物主义在吸收了19世纪文化进化论者梅恩和摩尔根研究成果的基础上，发展出马克思主义的文化进化论，即所有的人类社会皆经过原始社会（母系氏族社会、父系氏族社会）、奴隶社会、封建社会、资本主义社会、社会主义社会和共产主义社会的发展阶段。在人类学界，这种文化进化的思想被称为单线进化论。继承这种思想的重要人类学家包括塞维斯（Elman Service）和弗雷德（Morton Fried）。他们主张人类社会是由简单向复杂发展的，经历了氏族社会、酋长制社会、酋邦制社会（chiefdom）和国家，或者是平等社会（egalitarian）、阶层社会（ranked）、等级分层社会（stratification）、国家（state）等阶段。这种理论范式深深地影响着众多考古学家实际研究的理论取向。但随着考古学理论与方法的不断发展，一些考古学家在传统进化论的基础上发展出多线进化论、新进化论、系统研究理论和世界体系理论。

在考古学、古生物学、民族学等材料日益丰富的情况下，新进化论者开始重新审度人类社会如何发展的问题，并运用进化概念解释文化进化。在新进化论者看来，适应就是指在自然与社会环境的压力下，人类调适自己行为的能力，而进化则是人类在环境压力面前取得成功的表现。新进化论者承认，由于不同的人类群体面临不同的自然与社会环境，他们所采取的应付策略一定是多样的。怀特（Leslie A. White）在他1959年出版的《文化的进化》一书中认为，文化的发展与按人口平均计算的被利用的能量增加成正比，或者同支配能量手段的效率成正比，或与两者的同时增长成正比。另一位新进化论者也认为，一种文化种系支生演变的原物质来源于周围文化的特点、那些文化自身和那些在其超机体环境中可资利用或借鉴的因素。演变的进化过程便是对攫取自然资源、协调外来文化影响这些特点的适应过程。[1]特殊进化论的思想是当代新进进化论者对进化类型的一种

---

[1]［美］托马斯·哈定等合著《文化与进化》，韩建军等译，浙江人民出版社，1987年，第20页。

判别。按照萨林斯（Marshall Sahlins）的观点，特殊进化指的是一个特定社会在给定的环境中变化与适应的特殊顺序。[1]

世界体系的理论基于沃勒斯坦（Emmanual Wallerstein）对于资本主义社会起源的研究。按照沃勒斯坦的理论，资本主义在15世纪起在欧洲的起源不是单纯一个地区的事情，而是与亚洲、非洲、美洲的社会处于不断的"核心"与"边缘"互动过程的全球性现象。这种互动不仅使欧洲资本主义通过大规模贸易在攫取其他地方资源的前提下迅速发展，也带来了世界其他地方，包括一些土著社会的根本性变化。考古学家们也采用这种"核心"与"边缘"互动及相互依存的网络的概念，发展出一系列新的考古学理论的概念，如"树枝状的政治经济"（dendritic political economy）、"支配型帝国"（hegemonic empire）、"区域性帝国"（territororial empire）等。[2]正确区分一个文化在与其他文化相互联系的过程中本身发生的变化，以及文化移动而影响到的不同区域内文化特质的组成与演变，这类研究涉及的重要问题可以在文化进化理论、新进化论的理论、世界体系理论与方法中得到启迪。

四、后过程考古学

后过程考古学（post-processual archaeology）是在过程考古学之后，在20世纪70年代首先出现在英国的当代西方考古学的一个主要理论流派。与新考古学相对单一的流派情况不同，后过程考古学内部存在有不同研究目标和研究兴趣的若干支派。他们主要有霍德（Ian Hodder）所倡导的文本关联考古学（Contextual archaeology）和弗兰纳瑞（Kent Flannery）所主倡的认知考古学（Cognitive archaeology）。文本关联考古学将考古遗存视为某种形式的文本，考古研究的任务就是解读上下文本之间的有机联系，从而获取解释文化现象的基本信息。认知考古学主张考古学研究应包括对于史前和古代人类群体观念意识和上层建筑的研究。主张用后过程考古学方法从

---

[1] Sahlins, M., Service, E. R. ed. (1960). *Evolution and culture*, University of Michigan Press.

[2] Johnson, M. (1999). *Archaeological Theory: An Introduction*, Blackwell, pp. 80–81.

事研究的考古学家的共同特点是他们均不认同新考古学家宾福德等人基于物质文化研究的关于人类文化系统发展和演变规律的整体性理论，不认为新考古学的"科学"和"客观"的对考古遗存的研究能够完全认识以往人类文化的所有方面和复杂性。霍德等强调人类过去的社会结构只能通过特别的个体研究来实现相对性的认识，而这种个体研究主要是通过历时性文本或前后关系的分析来了解过去人类的行为，这一过程是非时间性的线性过程。他采用了"推理的梯子"的概念来说明他主张的研究的经验主义与实证主义的特性。在梯子的低层，人们较有信心来解释社会的物质文化、技术和经济层面的问题。爬高一些的人们又试图研究与社会考古学相关的内容，如聚落模式和社会系统。再往高爬，人们就会感到力不从心，手里抓不到什么，而这时我们碰到的问题关系到人们的礼仪活动、象征系统和观念形态。[1]

五、海洋考古学的理论和方法

水上交通工具是前工业社会人类所制造的最大型的工具，在古代社会，拥有大型船舶是统治者展示其权力重要手段之一，船只制造业早已成为带动区域经济发展的重要因素，而人类对于陆地以外的世界的认识和开发也全赖水上交通工具。海洋考古学（Maritime archaeology）及沿海考古学（Coastal archaeology）构成了当代考古学研究人类与海洋关系的主要分支。前者着重研究人类海上活动所遗留的物质遗存，如水下沉船等，后者探讨人类在沿海地区生存适应所遗留的遗迹和遗物。虽然上述两类考古研究的产生已有时日，但在西方，对其进行理论和方法论方面的全面探讨则是近几年的事。在 20 世纪 60 年代，从事海洋考古研究的考古学家还在努力寻求主流考古界对其水下考古和其他探索予以承认，到今天，已有学者认为海洋考古能

---

[1] Hodder, I., Hutson, S. (2004). *Reading the past: Current approaches to interpretation in archaeology*, Cambridge University press; Willey, G., Sabloff, J. A. (1993). *A History of American Archaeology*, New York: W. H. Freeman & Co., pp. 298–300.

为我们提供认识以往人类生存经验的最丰富的资料。[1]

在世界各地，海洋考古不时呈现出鲜明的地域性特点。如在斯堪的纳维亚，长久以来对活动于这一地区维京海盗的海上活动即他们对当地社会、经济、文化的影响的研究一直是本地区考古研究的重点课题。在其他地方，围绕着重大海事事件而进行的探险活动从未停止。而对于以往人类水上活动所遗留的文化遗存的研究是海洋考古学家所关心的核心问题。与打捞沉船的海上探险活动不同的是，考古学家在海洋考古研究中所关注的核心是人，是人类在海上的活动及所遗留的所有遗物，而不仅仅是沉船。同时，考古学家要研究古代人类群体的经济、社会和意识形态，而不是只是针对沉船研究古代的航海技术。[2]

有考古学家提出，有必要更细致地对海洋文化进行综合研究。洋流、风向、海床、地形、季节变化、因潮汐而引致的海岸线的持续变化等等，都应是进行海洋考古研究时关注的因素。海洋和陆地之间一直都存在着动态的、不断变化着的相互关系。对于古海平面的变化也不能局限于宏观的观察，而应注意局部海岸因侵蚀等因素而导致的变化。尽管地域不同，但世界各地沿海地区的居民在生活方式及信仰系统等方面却存在着广泛的相似性。

与考古学的其他专题研究一样，海洋考古学也注重吸收和采纳其他学科的研究成果来丰富自己对人类海洋文化的认识。沿海地区人类群体的民族志、语言人类学的研究材料对于海洋考古学综合认识沿海地带人类文化的诸多方面价值极大。具体到中国的海洋考古，记述生活在中国东南沿海古代族群活动和文化的历史文献为我们的研究提供了更丰富的佐证材料。随着各种新科技的引进，考古学家有机会从不同的侧面了解古人类开发利用海洋资源所留下的文化遗迹，如利用遥感技术对英格兰埃塞克斯郡（Essex）等地浅海地带可能属于古代渔栅遗存的木构件的确认与研究。

---

[1] Flatman, J (2003). "Cultural biographies, cognitive landscapes and dirty old bits of boats: theory in maritime archaeology," *The International Journal of Nautical Archaeology*, vol. 32, no. 2, p.144.

[2] Muckelroy, K. (1978). *Maritime Archaeology*, Cambridge University Press, pp. 3–10.

六、技术性的方法

　　如何对已收集的各种资料进行科学的归纳、整理，从而找出资料所揭示的实际文化内容，是我们在研究中必须要解决的问题。生物学家雅各布（Frangois Jacob）指出："科学的进步常常表现在对于事物某些以前未知方面的重新发现，做到这一点不一定要某种新的手段，而仅仅是从事物新的一面去观察它。"[1]当代人类学处理实际资料的重要手段之一就是建立科学模型。科学模型是一种简化的、隐喻的对世界的描述。同时，科学模型试图对所涉及的最重要的研究内容给予清楚的界定，并找出所研究问题的各种因素是如何相互关联的。科学模型可以将较复杂的事物分解成为比较简单的事物，科学模型的种类是多种多样的，可以是机械图式、数学方程式、计算机程序、图表，以及词汇的描述。本研究主要采用各种图表和其他图示来建立模型。图1-1是克拉克试图描述如何进行考古遗物综合分析所构建的模型，从中我们可以看出，克拉克试图在一个理想环境设定的前提下，以实况模型（实际材料类比，抽象物理结构对比）和人为模型（具体器形的直接和间接类比，抽象纹样、数学、系统的类比）来分析一件器物，在比较之后提出一些假设并设法验证这些假设，分析得出结果，进行综合性地解释，得出有关分析中程性的结论并重新认识所分析的标本。

　　模型的建立基本上要遵循以下规则：1.不要将模型建立的太复杂；2.当只需要建立一个模型时要格外小心；3.说明使用的因果与描述的变量；4.指明这些变量是如何相互影响的，解释在使用中的因果、或然、相关律。[2]使用这种模型的分析，我们希望能够解决本研究中的一些关键问题。如人类如何逐步实现由滨海环境适应到海岛环境适应？在这一适应过程中文化的哪些方面是最重要的变量？区域文化间的交往是以怎样的空间规模展开的？这一过程中文化间相互作用的情况如何？现今分布在东南亚、大洋洲岛屿世界的不同族体是否代表着不同时间、不同方向的移民？他们之间的

---

　　[1]　Jacob, F. (1982). *The Possible and Actual*, New York: Random House.
　　[2]　Terrell, J. (1986). *Prehistory in the Pacific Islands*, Cambridge: Cambridge University Press.

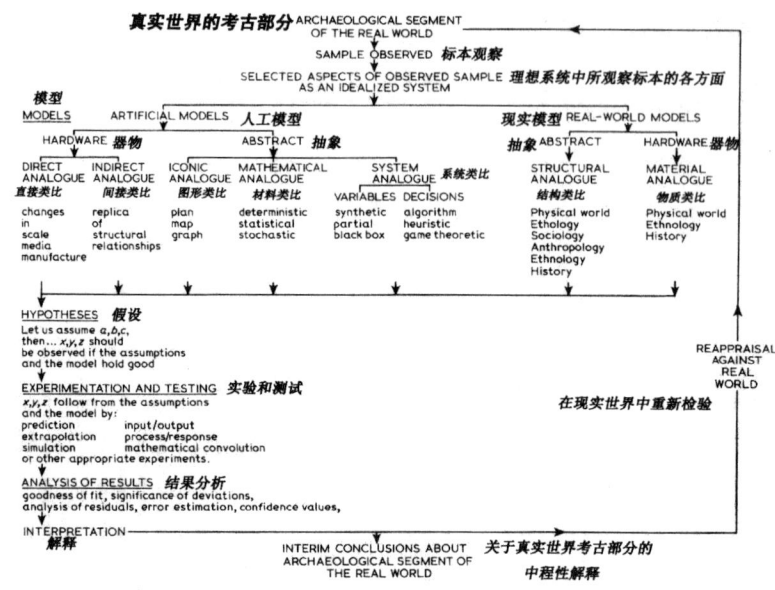

图 1-1：考古遗物综合分析的模型[1]

交往、融合、演变的情况如何？除模型分析方法外，本研究还希望能运用统计分析在内的各种技术方法来实现研究的科学化。

---

[1] Clarke, D. L. ed. (1972). *Models in Archaeology*, London: Methuen & Co. Ltd, p. 12.

第二章　史前南方海洋文化的形成和发展

　　整个地球表面的 3/4 被海水所覆盖，海洋总面积达 3.62 亿平方公里。中国的海岸线长达 1.8 万公里，海岛总量超过 1 万个，岛屿岸线的长度达 1.4 万公里，其中大部分岛屿无人居住。从古至今，海洋生物一直是生活在沿海乃至内陆地区人类群体赖以生存的重要食物资源。包括滨海生物、浮游生物、海洋及海底生物在内的海洋生物的多样性使之成为自史前时代至今人类能够采用不同技术手段大量获取的资源。从早期的简单渡海舟筏到现代的巨型邮轮，海上交通工具也是人类所建造的最大型的交通工具。在航空器发明之前，人类的陆上交通工具受道路等因素的制约，不可能建造得太大。而在水上，除了河流上行驶的船只受河道宽窄的制约外，人类能够制造出在技术、材料允许的基础上的最大体积的交通工具。史前海洋文化的研究主要是对生活在大陆滨海地区、海岛之上的史前人类群体的物质文化与精神文化遗存的研究。采用人类学的研究方法，我们能够综合考古学、民族学、民俗学、语言人类学、体质人类学等各学科的研究成果，并参考地理学、海洋学及自然科学其他学科的成果与方法对史前海洋文化主人的生计模式、社会组织、精神生活、交往和迁徙等多方面进行全面研究。

第一节　中国东南沿海史前海洋文化的渊源

近30年来,各种研究资料的积累使我们对中国东南沿海地区的史前文化有了更多、更全面的认识。本地区文化的某些鲜明特点显示出这一地区史前人类生存适应的独特性,这种独特性集中体现在对海洋资源的开发及文化群体间的广泛互动上。更新世末期至全新世初期,华南地区的考古遗存已呈现出鲜明的地方特色,随着人类在华南地区分布范围的扩大,在文化传统上存在着区域间的相互联系及前后继承的关系。在闽台、两广、海南岛及邻近的东南亚地区石灰岩洞穴遗址中普遍发现的更新世末至全新世初期的文化遗址存在着广泛的文化同质性。这种同质性具体表现在与大量大熊猫-剑齿象动物群化石及稍晚的现代哺乳动物群标本伴生的打制砾石石器、局部磨制石器、穿孔石器,以及一定数量的骨角蚌器上,广泛出现的螺壳堆积亦是这类文化的特征之一。典型遗址包括:广东封开黄岩洞、阳春独石仔、英德牛栏洞、清塘、广西柳州白莲洞、桂林甑皮岩、柳州大龙潭、海南三亚落笔洞,以及泰国西北部的仙人洞(Spirit Cave)、越南北部的翁(Nguom)遗址等。已有一些学者将这类特殊的文化归入"中石器文化"的范畴而加以研究。[1]在此之前的更新世晚期的一些洞穴遗址,如广西桂林宝积岩、东田定模洞、柳州白莲洞Ⅰ期等遗址出土物以打制砾石石器及小型燧石石器为主。伴生的动物遗存有软体类、鱼类、两栖类、鸟类、龟鳖类和哺乳类等,其中的一些可能是人类渔猎的收获物。值得注意的是,软体类的螺蚌等动物在各处发现均较少,这种现象如果不是由于堆积性质所造成的,就应该反映出当时居民还没有把螺蚌当作其食物的一个重要部分,这与全新世初期的居民大量食用螺蚌形成了鲜明的对比。[2]福建所发现的属于更新世晚期至全新世早期的石器时代遗存(距今40000—10000年

---

[1]　邱立诚:《论广东地区的中石器时代文化》,载《岭南考古论文集1》,岭南美术出版社,2001年,第97—118页;张镇洪等:《人类历史转折点——论中国中石器时代》,广西人民出版社,1997年。

[2]　焦天龙:《更新世末至全新世初岭南地区的史前文化》,《考古学报》1994年第1期,第5—6页。

前）是比较新近的事。1990年在漳州市北郊台地所发现的打制石器是该省可以确认的最古老的文化遗存。这类被称为"漳州文化"的早期遗址已发现了100多处，分布范围包括漳州市区、平和县、龙海市、东山县和诏安县等地。漳州文化较早阶段的石器是用石英晶体和脉石英为原料的打制石器，较晚期的是以燧石为原料的打制石器，器形小而品种多，加工精细。按照尤玉柱先生的看法，这些早期遗存的发现证实了漳州地区是远古人类东迁台湾的出发地。[1]台湾最早期的文化遗存是在台东县长滨乡所发现的八仙洞遗址，类似的遗址在台东郑成功镇小马洞穴和高雄的鹅銮鼻地区也有发现。这类被归入"长滨文化"的海边洞穴、岩荫遗址的年代跨度约为距今两三万年到5000年。文化遗存包括打制的砍砸器、刮削器及用细质石材打制的小型石器，另外也有骨角器和蚌器，但不见陶器。[2]

典型的石灰溶岩地貌以广布的低山丘陵及穿插其间的河谷盆地构成主要的地理单元。年平均降雨量在1500毫米以上，土壤的主要类别包括红壤、黄壤、棕色森林土等，植被属南亚热带植物区系，种属繁多，可被人类利用作为食物的种类也很多。晚更新世最后冰期结束后，约从距今15000年前起，全球的气候开始回暖，开始为当时的人类提供丰富的动植物食物资源。加曼（M.R. Jarman）曾指出："人类群体开发资源的能力和开发过程中必须付出的能量之间存在着密切的相关性。更具体的说，特定的人类群体只会在他们活动的特定范围内获取该地区可以提供的资源。"[3]以华南地区的具体情况来看，华南地区一万年以来一直是温暖潮湿的气候占主导，年平均气温在17℃~23℃之间，史前人类群体能够在这样优越的气候条件下开发由河谷切割出的一个个小的生态区域内的各类食物资源。而正是由于资源的多样性及供给的充足，形成了开发能力与资源供给之间的优化组合，从而使不同的生存策略得以发展，为人类向其他地方的拓展奠定了技术基础。

---

[1] 尤玉柱主编《漳州史前文化》，福建人民出版社，1991年，第4页。

[2] 臧振华：《中国东南海岸史前文化的适应与扩张》，《考古与文物》1999年第3期，第26页。

[3] Jarman, M.R (1972). "A Territorial Model for Archaeology: A Behavioral and Geographical Approach," *Models in Archaeology,* London: Methuen & Co Ltd., p.706.

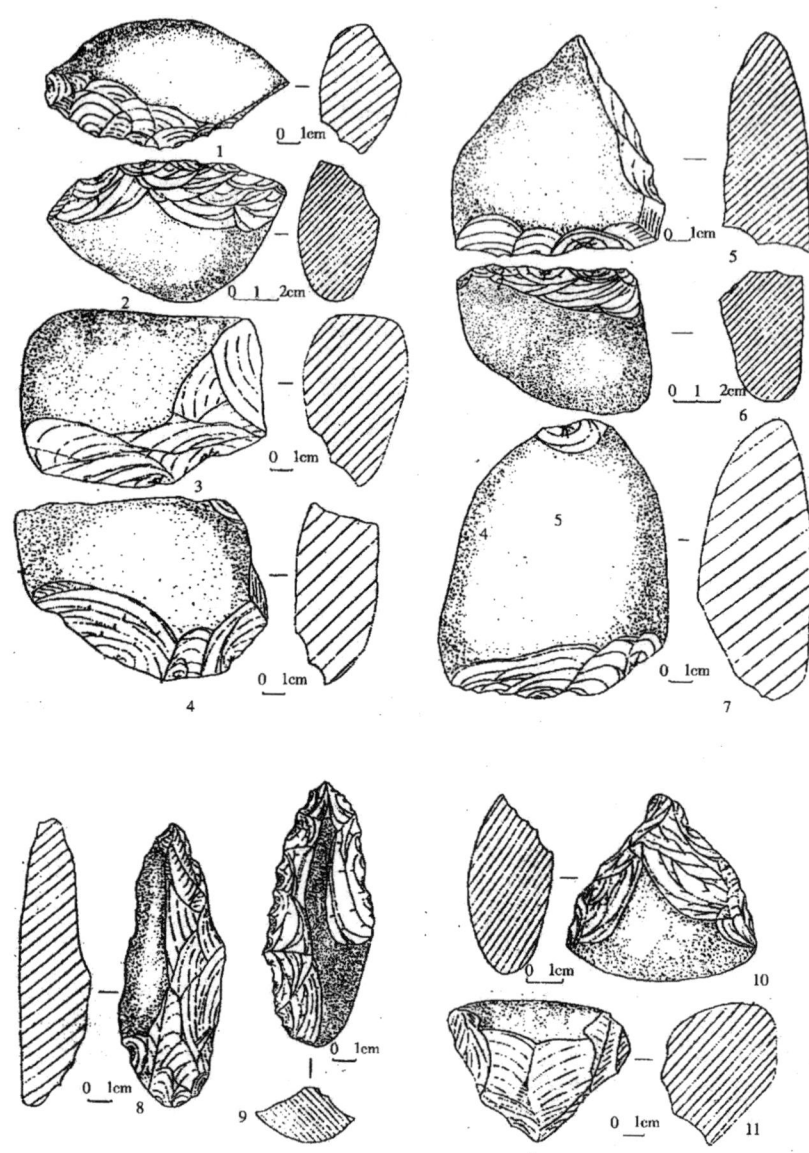

图2-1：广东英德牛栏洞出土石器[1]

---

[1] 邱立诚、张镇洪等：《英德云岭牛栏洞遗址》，载英德市博物馆等编《英德史前考古报告》，广东人民出版社，1999年。

进入全新世的华南洞穴遗址以石灰岩洞穴为主，遗址多位于石灰岩山孤山的底部，洞口朝向以东南为多。洞内堆积中含大量的软体动物硬壳，以乌狮、田螺和丽蚌等陆生种类居多。多数洞穴只有一个文化层，少数洞穴有两个或两个以上的文化层。文化遗存方面，磨制石器、打制石器共存。随着1935年裴文中先生在广西发现了武鸣苞桥A洞、芭勋B洞、腾翔C洞，及桂林D洞等洞穴遗址，华南全新世的石灰岩洞穴遗址就被陆续发现。其中包括广西宾县盖头洞、柳江思多洞、崇左矮洞、柳州白莲洞、大龙潭鲤鱼嘴、桂林甑皮岩，广东阳春独石仔、封开黄岩洞、英德清塘朱屋岩，海南三亚落笔洞等。

人类向沿海地区的扩展以及开发海洋食物资源的能力是史前居民技术积累的结果。气温的回升、降水量的加大使得鱼类、贝类得以大量繁殖，为人类提供了新的食物资源。为获取这些食物，人类发展出特殊的技术，并对河流、湖泊、沼泽有了更多的了解。若干年前，笔者及同人已注意到，在人类经济活动转变的刺激下，华南全新世初期的石器加工工业也朝着适应渔猎的方向发展，穿孔石器、磨制刃部的石器和燧石小石器的出现即反映出这种变化。[1] 本地区的砾石石器工业传统有由旧石器时代到中石器时代明显的前后继承的关系，这首先与本地区气候、植被等生态因素长时期的相对稳定有关，其次是与人类在某些理想的居住地点长期活动关系密切。采自河流滩地的硅质岩、石英砂岩等是打制砾石石器的主要原料。燧石是出现较晚但逐渐使用增多的石料。在石器加工技术方面，单向反面加工一直占重要地位。砍砸器、刮削器一直是主导器形。在文化堆积丰富的遗址，如白莲洞遗址的上层，出现了种类较多的石片刮削器和燧石石器。从晚更新世开始，轻型刮削器上升为主要的工具类型，砍砸器退居次要地位，小尖状器等小型工具出现。[2] 进入全新世以后，稳定的气候条件、丰富的各种食物资源以及技术的进步，为华南地区史前人口的逐步增加并向周围扩

---

[1] 乔晓勤等:《华南史前考古若干问题的思考》，载封开县博物馆等编《纪念黄岩洞遗址发现三十周年论文集》，广东旅游出版社，1991年，第65—70页。

[2] 王幼平:《更新世环境与中国南方旧石器文化发展》，北京大学出版社，1997年，第92页。

展创造了条件。西江、北江、东江等江河水系为人类群体在区域间的流动创造了方便的条件。如前所述,华南史前人类特殊的生存策略在黄岩洞、白莲洞等遗址中已有了充分的体现。在白莲洞遗址中能够辨认出的生物遗存包括五种软体动物、两种鱼类、一种两栖类、一种龟鳖类,及 23 种哺乳类动物,加上各类的植物资源,可知当时人类取食范围的广泛。广东阳春独石仔遗址的两期文化堆积也生动地体现了人类生存策略的变化。该遗址的第一期(早期)堆积中,螺蚌壳较少而哺乳动物化石则有大量发现,文化遗物中出土大量的打制砾石石器和凿打穿孔的有孔石器及少量蚌器和骨器。这反映出当时人类是以狩猎为主要采食手段,而捕捞则处于次要地位。此期文化的碳 14 测定年代在距今 14000—11000 年(可能需要就石灰岩地区的因素做进一步修正)。第二期文化(晚期)的堆积情况刚好和第一期相反,螺蚌壳有大量出土而哺乳动物化石则少见。在石器工具方面,与打制砾石石器伴生的有少量的磨制石器,蚌器、骨器继续存在。两期文化的贝类有园田螺、大川蜷、短沟蜷、蚌等,当时的人们都采用将螺的尾端砸去以便吮食螺肉的方法。第二期文化的碳 14 测定年代在距今 12000—8900 年。[1]工具使用的多功能性及技术发展的专门性是这一时期本地石器工业发展的共性。黄岩洞遗址中有被人工敲击尾部的螺壳,显示可能是人类使用某种特殊的工具对之加工时留下的痕迹。对于水产资源的利用和开发使得人类在沿江而下直至达到沿海地带的过程中一直都具有技术上的能力来获取足够的食物资源。

  在石器工业的前后传承及由内陆向沿海发展方面,广东南海的西樵山遗址扮演着重要的角色。位于珠江三角洲水网地带的广东南海西樵山遗址是一处包含大量以燧石为原料的细石器和小型石器的石器制造场。虽然有学者将西樵山的石器工业与华北的细石器直接联系在一起,但将之视为华南本地石器工业传统直接发展的产物,似乎更言之成理。有人注意到,华南地区从旧石器晚期开始出现的细小石器在形态上较早期的大型砾石石器

---

[1] 邱立诚:《论广东地区的中石器时代文化》,载《岭南考古论文集1》,岭南美术出版社,2001年,第98—99页。

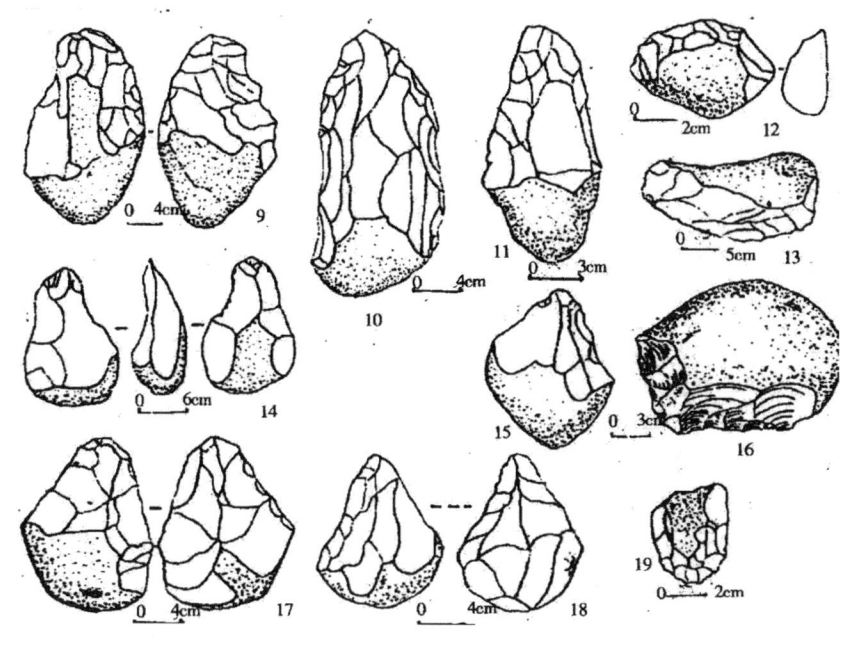

图 2-2: 广西百色出土砾石石器[1]

是一个进步,在加工技术方面开始采用间接剥落石片和二步加工,更为细石器的出现提供了技术上的可能。[2] 由于遗址本身包含了不同时期的遗物,在年代学方面现在的主流认识趋向于将其文化的主体归入新石器时代中、晚期。但从石器制造工艺学的角度上来观察,西樵山的材料仍能反映华南砾石石器传统演变发展的趋势。由砾石石片石器小型化,开采利用当地的燧石、霏细岩原料而演变发展出的细石器传统反映出史前人类在珠江三角洲水网地带生存适应的策略选择。镶嵌、复合工具的利用有利于人们更有效地加工竹木工具和食物。而砾石石器、细石器也可以视为当地双肩石器、有段石器的渊源。这些地方特色鲜明的工具除了用于农业外,亦是十分重要的竹木加工工具。西樵山遗址临近西江和北江的汇合处是一处包含 18 个

---

[1] 吕遵锷主编《中国的考古学研究的世纪回顾:旧石器时代考古卷》,科学出版社,2004年,第411—430页。
[2] 易西兵、马楠:《略论岭南地区的细小石器和细石器》,载《岭南考古研究3》,2003年,第114页。

地点的大型石器制造场,这些地点可以清晰地分辨出石料开采场和石器加工场。围绕西樵山遗址有一系列分布在低矮台地上的新石器时代贝丘遗址,显示以西樵山为中心的史前人类在珠江三角洲地区文化中心的形成。该遗址文化遗存的跨度从当地新石器时代的早期(约为距今6000年前)到新石器时代的晚期(约为距今3000年前)。石器中主要的类别是燧石、玛瑙、霏细岩打制而成的细石核及从其上剥落下来的细石片和石叶,以及用霏细岩打制或局部磨制的双肩石器。此外,骨、角、牙、蚌等制成的工具和装饰品也有出土。按曾骐先生的看法,华南地区现在还没有可以与西樵山新石器工艺传统进行比较的细石器文化。而中国北方的细石器文化虽然与西樵山文化有很多共性,但西樵山细石器文化的个性特征也很鲜明,不能被简单的说成是北方细石器文化向南传播的结果。[1]西樵山及邻近地区发现的双肩石器在中国台湾、中南半岛、东南亚海岛区都有广泛的发现,暗示这些地区之间文化交流的存在,这一点我们在随后的章节中再详细讨论。

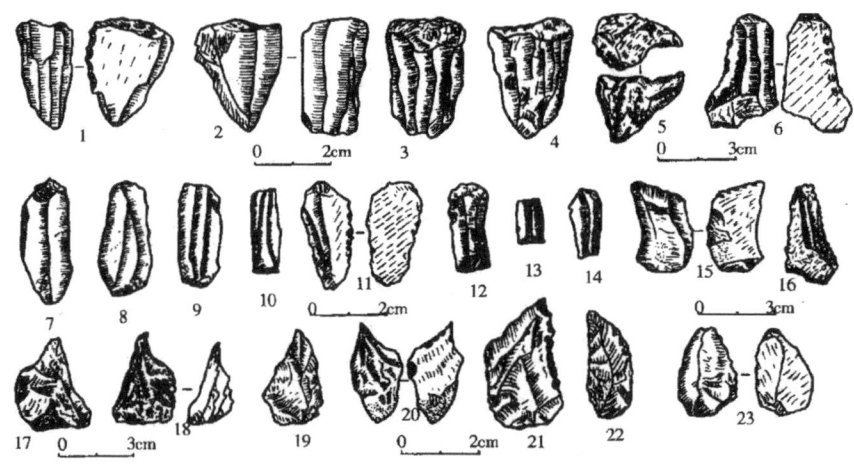

图2-3:西樵山遗址出土的细石器[2]

---

[1] 黄伟宗、司徒尚纪主编《中国珠江文化史》,广东教育出版社,2010年,第258页。

[2] 曾骐:《西樵山石器和"西樵山"文化》,载中国考古学会编《中国考古学会第三次年会论文集》,文物出版社,1984年,第77页。

第二节　中国东南沿海史前海洋文化的形成

人类向沿海地区的拓展取决于三个基本的条件：人口、技术和食物资源。进入新石器时代的史前人类群体通过农耕和畜牧逐步掌握了食物生产的技术，从而有能力为自己提供稳定的食物来源，为人口的增长创造了条件。定居聚落的出现也是人类群体扩大、社会组织逐步复杂化的产物。在华南，由于优越的自然环境，所以供人类开发的资源呈多样性，从而催生了多样化的采食技术，其中水产资源的开发扮演着重要的角色。在玉木冰期后，华南沿海地区约在距今11000年前进入冰后期。在距今7000—6000年前，珠江三角洲地区达到了全新世以来第一次高海面期岸线，海侵范围遍至整个珠江三角洲地区。距今6000—5000年前，广东沿海地区发生了全新世最大的海侵，古海岸线约在今广东肇庆市广利镇、广州市花都区赤坭镇、广州北部的新市、陈田一带。[1]除珠江三角洲丘陵山地外，此时大部分的平原地区均被海水淹没，形成平均深度约20米的浅海。从距今5000年前开始到距今4000年前，本地区经历了一次海退时期，含贝类和海相微体古生物的淤泥质浅海相沉积多数在距今4000—3000年前起逐步过渡到由河流因素控制的砂泥质沉积。[2]史前人类在华南沿海地区的活动范围与时间受到上述基本环境因素的制约。在沿海食物资源的供给方面，由于受大陆河流入海径流的影响，华南水深40米以内的沿岸水域盐度低、水质肥沃、饵料生物丰富，贝类、鱼类（包括洄游鱼类）及其他水产资源的数量相当丰富，为人类在沿海地区的生存提供了必要的基础。

近20年来的考古工作已经探明时间跨度介于距今6500—3000年前以沙丘、贝丘遗址为主的史前考古遗址广泛分布于华南沿海一带。迄今为止，这一地区所发现的沙丘遗址的总量已经超过400处，贝丘遗址也有几十处。重要的沙丘遗址包括：深圳的咸头岭、大黄沙、小梅沙、大梅沙，珠海的后沙湾、宝镜湾、棠下环、东澳湾，香港的东湾、大湾、深湾、后沙湾、

---

[1]　王颖主编《中国海洋地理》，科学出版社，1996年，第163—170页。
[2]　郑卓、邓韫等：《全新世气候和生态环境变化对华南沿海地区人类生存与文化的影响》，载《岭南考古研究2》，岭南美术出版社，2002年，第24页。

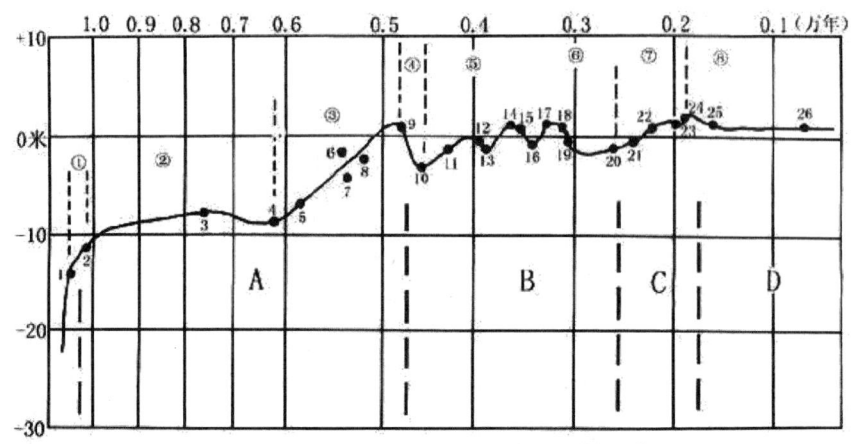

图2-4：一万年来粤东海平面变化曲线[1]

涌浪，澳门的黑沙湾等。在东湾遗址的最下层出土了无陶器伴生的数量众多的打制砾石石器和砾石石片，显示出华南早期砾石石器文化传统有向沿海地区扩展的迹象。本地区的贝丘遗址主要有：东莞万福庵、蚝岗，佛山河宕、灶岗，肇庆茅岗、蚬壳洲，增城金兰寺等。环珠江口地区史前海洋文化遗存的大量发现已使得不少学者将本地区视为研究华南海洋文化的核心地区。

沙丘遗址是由人类在海岸带生存活动所遗留的文化遗物所形成的遗址。与其它在土壤中埋藏的过去人类文化遗留物的保存状态不同，由于沙土松散不易堆积成型的特点，所以沙丘遗址有文化堆积层浅、文化层位和遗迹不易辨别的特点，这为沙丘遗址的调查和发掘增加了难度。当人类群体在人口增长、捕捞和渔猎技术进一步发展等因素的作用下开始在沿海岸线一带活动时，他们似乎无法在沙丘这类特殊的小生境内构建如同他们在平原河谷台地上那样的定居聚落。一种可能的解释是，沙丘遗址是人类沿海捕捞和出海渔猎所使用的前方基地，而他们真正长期居住的地方是在离海岸较远的、建立在坚实稳定土壤之上的渔村。当然，这种猜测还要得到考古发现的证明。

---

[1] 李平日等：《珠江三角洲一万年来环境演变》，海洋出版社，1991年。

海岸形态的形成受波浪作用、潮汐作用、生物作用及气候等多方面因素的作用,有海岸侵蚀地貌和海岸堆积地貌这两种基本的地貌形态。侵蚀地貌是岩石海岸在波浪、潮流等不断侵蚀下所形成的各种地貌。堆积地貌则是海岸在海浪作用下不断地被侵蚀,碎屑物质由沿岸流携带,输入波能较弱的地段堆积而成的。此外,潮流是泥沙运移的主要营力,当潮流实际

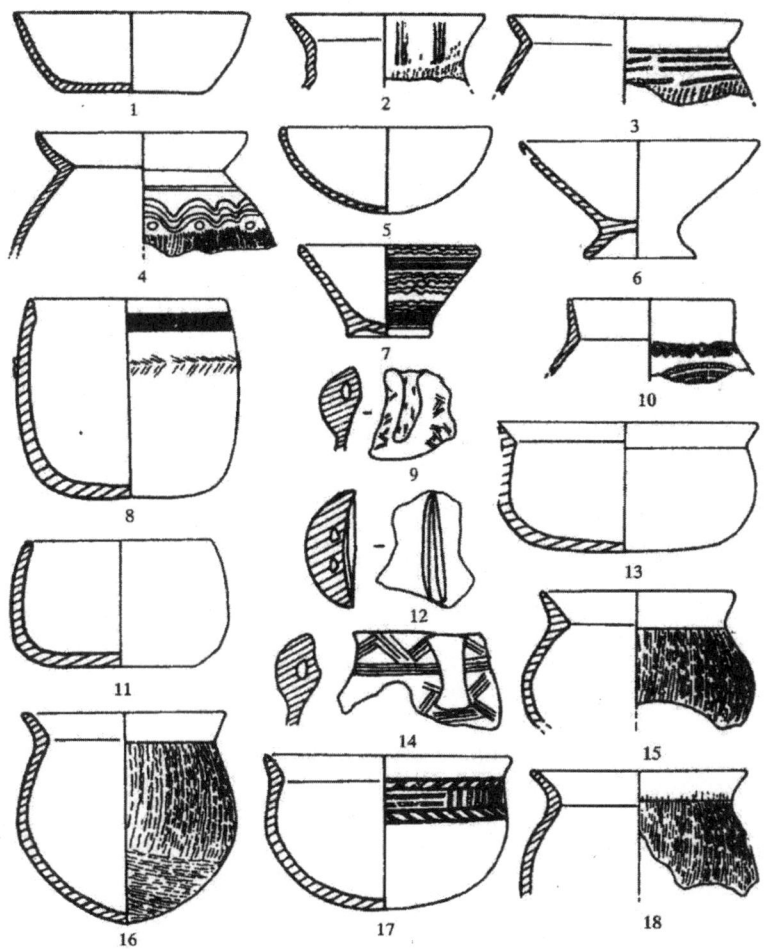

图 2-5:深圳咸头岭遗址出土陶器[1]

---

[1] 肖一亭:《先秦时期的南海岛民》,文物出版社,2004年,第77页。

含沙量超过挟沙能力时，部分泥沙便发生堆积。河流入海口处即是大量经河流携带而来的陆地泥沙形成堆积地貌的区域。按其物质组成及其形态，海岸又可分为沙砾质海岸、淤泥质海岸、三角洲海岸、生物海岸等。华南沙丘遗址分布地区的海岸形态基本上以堆积地貌的沙砾质海岸为主。沙砾质海岸地貌多发育于岬角、港湾相间的海岸，由被侵蚀的物质经沿岸流输送堆积而成。波浪正交海岸传入时，水质点作向岸和离岸运动，但两者的距离不等，导致泥沙向岸和离岸运动。这种横向的泥沙运动，形成近岸的泥沙堆积体，它们由松散的泥沙或砾石组成，构成了沙滩以及与岸线平行的沿岸沙堤、水下沙坝等一系列堆积地貌。若沙砾堆积体形成于岛屿与岛屿、岛屿与陆地之间的波影区内，使岛屿与陆地或岛屿与岛屿相连，称为连岛沙洲，而在一些隐蔽的沙质海岸上，有与岸平行或有一定交角的沙脊和凹槽相间的地形，构成脊槽型海滩[1]。这些沙脊又可称为沙丘。以海岸线为界，整个沙砾质海岸可以被划分为海平面以上的沙质海岸，由潮汐最高潮位和最低潮位间的海岸所界定的潮间带（intertidal zone，littoral zone），以及与之相连的海水深度10—30米的海洋近岸带。根据海洋生态学的研究，潮间带是海洋物种多样化的典型地带。日照、潮汐、洋流、陆地等多种因素造成了潮间带多样物种的集中，从而为古今人类提供了相对易于获取的稳定、大量的水产食物资源。从香港等地考古遗址所发现的动物遗存看，环珠江口沿海一带被史前人类所捕捉的鱼类包括断斑石鲈鱼（Pomadasys hasta）、海鲶（Arius maculatus）、鲈形目（Perciformes）各亚目鱼类、鳐鱼（Rajiformes）、鲨鱼等，贝壳和其他软体动物有珠螺（Lunella coronata）、蜓螺（Nerita Albicilla）、黄口岩螺（Thais luteostoma）、凤凰螺（Strombus luhuanus）、阿拉伯宝螺（Cyprea arabica）、银口蝾螺（Turbo argystroma）等。此外，海龟、海豚等海洋哺乳动物的遗存也在遗址中有发现。同时，各种植物，特别是根茎类植物在华南沿海先民的食物构成中也占有重要地位。

环珠江口以东的粤东地区和福建、浙江沿海背靠着东南丘陵的地区，平原狭小，海岸线蜿蜒曲折。其中福建省的海岸线的总长度达3320公里，

---

[1] 肖一亭：《珠海沙丘遗址研究》，珠海出版社，2006年，第6页。

居全国第二。多港湾,港湾总数为120余处。岛屿星罗棋布,共有1400余个,总面积1400多平方公里,其中有人居住的岛屿超过100个。本地区的气候属于亚热带季风性气候,沿海岸地区每年夏秋两季受西北太平洋频繁出现的台风影响严重,全年的无霜期达300—360天,年降雨量1400—2000毫米,适合亚热带植物生长,水产资源也很丰富。从地理位置上看,中国的东南沿海地区是大陆成熟发展的新石器时代文化和岛屿上史前文化产生接触和交流距离最近的地方。形成于距今6000年前的台湾海峡总长度约370公里,其南口最宽处的宽度为410公里,最窄处在台湾新竹白沙岬与福建海坛岛之间,宽度约130公里,海峡地段海水的平均深度为60米。在全新世本地区海平面波动较低时期,海峡的宽度更窄,人类可以凭借简单的航海工具横渡海峡。

  福建沿海的史前文化和环珠江口地区的史前文化在遗址形态、分布规律等方面存在一定的差别。福建最早的沿海文化遗存和粤东沿海地区的早期遗存有着一定的文化相似性,两地都以贝丘遗址为主,已发现的典型遗址包括福建平潭壳丘头遗址、金门富国墩遗址、广东潮安陈桥遗址、海丰沙坑遗址等,有学者将之命名为壳丘头文化。除了已发掘的遗址含有丰富的贝壳堆积外,在富国墩遗址厚达60厘米的贝类堆积层中还发现了多达20余种的属于潮间带岩礁和浅水种属的贝类。在文化内涵方面,石器有大量的打制石器和少量磨制石器,骨器、蚌器也有出土。陶器以低温烧制、色彩斑驳的夹砂陶为主,器形比较简单,器物上用贝壳压印而成的贝齿纹、戳点纹、刻划纹等组合几何形纹饰很有特点。本期文化的碳14年代多在距今5000年以前。[1]以昙石山遗址为代表的台地遗址包含持续时间长、文化内涵丰富的新石器时代中期遗存。而在环珠江口地区广泛发现的沙丘遗址在本地区并不多见。这种文化在福建省境内的其他重要遗址还包括与昙石山遗址隔闽江相望的庄边山遗址、白沙溪头遗址、福清张东遗址等。以昙石山遗址为例,该遗址所发现的文化遗存共分四期。第一期遗存的年代在距今5000年以前,出土器物以红陶为主。第二期遗存是昙石山文化的主体,

---

[1] 陈国强等主编《闽台考古》,厦门大学出版社,1993年,第44—46页。

其年代在距今5000—4000年前之间。出土陶器以灰陶、灰黄陶系为主，石器大部分是磨制石器，另有不同种类的骨、牙、蚌器。本期文化的堆积层厚，广泛出现较厚的蛤蜊壳堆积，遗迹、墓葬有较多发现，且存在相互间的叠压和打破关系。第三期文化遗存以橙黄陶、赭衣陶、赭彩陶为特征，与前期文化差别较大，有学者认为其不应与上一期文化视为同类文化，而应将其区别开来。由于有闽东霞浦黄瓜山遗址的发现，因此可以将此期文化称为"黄瓜山文化"。本期文化的年代为距今4000—3500年前。第四期文化遗存出土有几何印纹硬陶和原始瓷，其文化与闽侯黄土仑遗址存在较大共性，可被纳入黄土仑文化的范畴，其年代在距今3500—3000年前。[1]在昙石山和其他遗址的蛤蜊堆积层中，除少数淡水蚬、蚌类外，大量的贝壳来自河流出海口附近和海水中的软体动物，其主要品种包括蚬、泥蚶、魁蛤、耳螺、牡蛎、文蛤及蝾螺、蜑螺、风螺、广口螺等。蚬等贝类的取食方法是将蚬壳两面剥开，螺类的取食方法和广东贝丘遗址一样，采用敲去尾部吸食的办法。此外，遗址中还发现了大量的鱼骨和海龟骨。出土的生产工具中也有网坠、鱼镖等渔猎工具的发现，引人注目。除渔猎、采集外，昙石山文化遗址中出土的一定数量的磨制石器还显示了农耕的存在。

从地理位置上看，台湾的史前文化最有可能和海峡对岸的福建沿海的史前文化发生联系。如前所述，台湾海峡现今最狭窄的地方只有130公里宽，在全新世海平面波动的最低点时这个距离还会更近，史前人类能够凭借简单的航海工具实现彼此之间的往来，而在更新世后期台湾和大陆甚至曾连为一体，到距今一万年前左右，由于地质构造的变化和火山活动等因素的影响，导致台湾海峡的沉降。海平面的变化与地壳构造运动、水静压均衡作用等因素有关。台湾岛是太平洋西缘琉球—台湾—菲律宾岛弧的其中一环，又位于欧亚大陆板块和菲律宾海洋板块的交汇点上，地质构造活动甚为频繁。其中台湾东部海岸的平均构造上升率最高，西部海岸受地质构造运动的影响最小。根据从台湾沿海各地采集到的贝壳、珊瑚礁、海滩

---

[1] 福建博物院编著《闽侯昙石山遗址第八次发掘报告》，科学出版社，2004年，第107—108页。

泥炭等标本的分析显示，台湾全新世以来海平面的变化经历了两个主要阶段。第一阶段为距今 5000 年以前的阶段，这一阶段海平面呈快速上升的趋势。在距今 8660 年前，海平面的高度比现今低约 11.5 米；到距今 7360 年前，海平面仅比现在低 2.4 米；到距今 6000 年前，海平面又有明显下降，比现在低 9.4 米；在距今 5190 年前，出现了全新世最高的海平面，当时的海平面比现在还要高出 3.2 米。第二阶段是距今 5000 年前以后的阶段，此阶段的海平面变化呈周期性波动。波动的周期基本以一千年为单位，波动的幅度为 3—4 米或 6—7 米，出现了海口期、琉球屿期、乌石鼻期及番子澳期共四次海侵期。[1] 除沿海平原和台地外，台湾岛面积的 2/3 为山地。气候基本上为亚热带气候，但在高山地区气候又比较寒凉。台湾岛的少数民族是讲南岛语（Austronesian Language）的族群，17 世纪开始有大陆的汉人迁入，并先后经历了荷兰和日本的殖民统治。

台湾继全新世初的"长滨文化"后所发现的最早的新石器时代文化是大坌坑文化。该文化的时间跨度为距今 7000—5000 年前，主要的遗址包括台北的大坌坑遗址、高雄凤鼻头遗址、台南八甲村遗址、澎湖果叶遗址。遗址的分布多为海边台地、山坡和沙丘。陶器以夹砂的淡棕色及黄色、红色罐类为主，器形比较简单。纹饰多见拍印的粗绳纹，还有刻划于口肩部的之字纹、菱形纹、曲折纹、波浪纹、贝印纹等。石器以打制石器为主，也有少量磨制石器和骨、角、贝器。近些年来有多达 20 余处包含大坌坑文化遗存的遗址在台湾北部、中部、南部、东部和澎湖列岛被发现。其中澎湖的果叶 A 遗址发现了人类采集沿岸和潮间带的贝类、海藻类生物作为食物的证据。其出土陶器和粤东沿海潮安陈桥村、海丰沙坑及增城金兰寺、香港深湾出土的陶器有明显的相似性。臧振华先生认为台湾的大坌坑文化的来源地是广东沿海一带。[2]

---

[1] 张伟强、黄镇国：《台湾沿岸全新世海平面波动》，《热带地理》1996 年第 3 期，第 226—231 页。

[2] 臧振华：《从台湾南科大坌坑文化遗址的新发现检讨南岛语族的起源地问题》，载《浙江省文物考古研究所学刊》第八辑，科学出版社，2006 年，第 342 页。

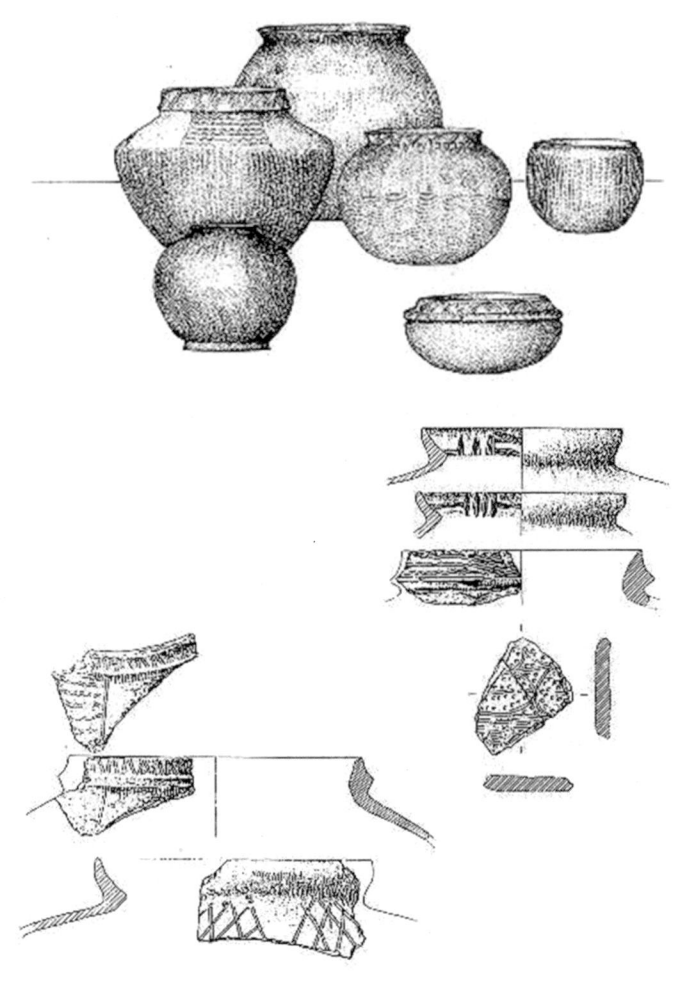

图 2-6：大坌坑文化的陶器组合与纹饰[1]

距今 5000 年前以后，台湾出现了一系列地域特征明显而又互相联系的新石器时期文化。北部有台北的芝山岩文化、圆山文化；中部有以台中清水的牛骂头遗址、大肚乡营埔遗址为代表的牛骂头文化和营埔文化；南部有由高雄的凤鼻头遗址、屏东的垦丁遗址、鹅銮鼻遗址等构成的大湖文化；台东有以卑南遗址为代表的卑南文化。其中北部的芝山岩文化、圆山文化

---

[1] 刘益昌等：《第一级古迹大坌坑遗址调查研究报告》，台北县文化局，2001 年。

和中南部、澎湖群岛的细绳纹文化年代较早，中部的营埔文化和南部的卑南文化时代较晚。芝山岩文化的遗址分布于台北盆地，出土物中的陶器仍以夹砂陶为主，主要器型有罐、钵、碗、豆等器型简单的盛器，纹饰方面以拍印和刻划的绳纹及几何形纹饰为主。石器有打制的斧、铲、锄等，磨制石器大量出现，且品种比较丰富，骨、牙、角器也有较多的出土。木器，特别是木桨形器的发现显示出其海洋文化的特质。晚期的营埔文化的遗址由中部的海岸带沿溪流河谷向内陆延伸，出现了一些台地遗址。陶器以夹砂灰黑陶为主，红褐陶次之，器形有罐、钵、器盖等，器类趋于复杂，纹饰主要有压印的凸弦纹、羽状纹、圈点纹等。除打制石器外，也有少量磨制石器。从陶片上发现的稻壳印痕看，营埔文化时期（距今3500—2000年前）已经出现了稻作农业。这一时期台湾的史前文化和华南沿海史前文化的相似性更为明显。

虽然岭南地区在行政区划上被分为广东、广西两个省区，但在史前文化方面两地却存在着广泛的相似性。在从旧石器时代向新石器时代过渡的中石器时代，两广地区出现了一系列在文化上共性明显的洞穴文化。如前所述，这些文化遗址包括：广西武鸣A洞、芭勋B洞、腾翔C洞、桂林D洞、柳州白莲洞二期，广东阳春独石仔、封开黄岩洞、英德牛栏洞等。这些洞穴遗址文化遗存所反映出的史前人类对华南地区各类食物资源的获取方式是人类在沿海地区活动最早的技术积累在考古材料上的反映。桂北、桂中在新石器时代早期仍有较多洞穴文化，如桂林甑皮岩，其文化特质是存在打制砍砸器、穿孔砾石石器、骨蚌器等，新增的文化因素有磨制的石斧、石锛，出现了屈肢葬。同时这一地区也出现了台地遗址，如象州南沙湾遗址。该遗址出土的石器工具中以磨制石器为主，有斧、锛、有肩石斧、双端刃器、穿孔石器、网坠等，骨角器在工具组合中占一定比例。陶器以圜底的夹砂红陶或黑褐陶为主，器形以敞口绳纹圜底罐居多。在该遗址中还发现了大量水生和陆生的动物骨骸，显示其与桂南贝丘遗址之间的文化联系。桂南地区的贝丘遗址以南宁为中心，分布于左右江、邕江的沿江地带，重要遗址包括南宁豹子头、横县西津、秋江、扶绥江西岸、邕宁顶狮山等。经过发掘的顶狮山遗址共包含四期文化，其中第二、三期文化的特点鲜明，已被研究者命名为"顶狮山文化"。[1]其文化特征体现在以螺壳为主的地层堆积,其中又含大量动物骨骼。陶器以夹砂的圜底器为主,有罐、釜等器形,纹饰早期多篮纹、晚期多绳纹。石器多通体磨光的斧、锛、砺石及穿孔石器,骨、蚌器占较大比例。此两期文化均发现有较多屈肢葬。在桂东南的沿海地区有新石器时代海滨贝丘遗址的发现,主要分布在钦州、防城港两地。防城港的亚菩山、马兰嘴、杯较山遗址的地层堆积中含大量海生软体动物的硬壳。遗址中所出土的石器有打制石器和磨制石器,其中打制石器所占比例较大。典型打制石器有交互打击而成的蚝蛎啄、砍砸器、手斧、尖状器、三角形器、锤、石球、网坠等,磨制石器有斧、锛、凿、磨盘、杵、石饼、砺石等。遗址中也有一定数量的骨、蚌器。陶器以夹粗砂红陶及灰黑陶为主,器形主要为圜底罐,纹饰以绳纹为多,还有篮纹、划纹等。有学者认为,生活在这些海滨贝丘遗址的史前居民已经可以用网捕、鱼镖刺杀和钩钓的方法从事渔猎。[2]在广西沿海地区也发现了属于新石器时代的洞穴遗址和台地遗址,其在文化面貌方面和前述的海滨贝丘遗址有所区别。洞穴遗址中多见磨制石器和骨器,器形种类也较多。陶器中有盆、豆、罐、三足器等。台地遗址中的钦州独料遗址出土了多种农业生产工具,并不见螺壳堆积,反映这类遗址当以农耕为主要经济类型。但台地遗址与贝丘遗址也存在文化上的共性因素,如两类遗址均出土有有肩石器、石网坠、条形石斧、石磨盘、石杵等。

海南岛是中国第二大岛,连同南海诸岛,面积达3.5万平方公里,环海南岛海岸线1823公里,环岛多为滨海平原,占全岛总面积的11.6%。[3]海南岛隔琼州海峡与广东雷州半岛隔海相望,海峡的宽度约为20公里。海南岛的海岸主要为火山玄武岩台地的海蚀堆积岸、由溺谷演变而成的小港湾或堆积地貌海岸、沙堤围绕的海积阶地海岸,海岸生态以热带红树林海岸和珊瑚礁海岸为特点。海南岛的气候基本属于热带海洋性季风气候,其

---

[1] 陈远璋:《广西考古的世纪回顾与展望》,《考古》2003年第10期,第12—13页。
[2] 何乃汉:《广西贝丘遗址初探》,《考古》1984年第11期,第1028页。
[3] 海南国土局、广州地理研究所编《海南岛》,高等教育出版社,1988年,第1—4页。

东部受夏秋季台风的影响比较明显，年降水主要集中在5—10月份，平均降雨量为1600毫米。海南的海洋水产资源品种在800种以上，鱼类就有600多种，另有多种虾、贝、藻类等水产资源。海南岛的考古工作除了20世纪30年代的零星调查和标本采集外，主要是在1949年以后展开的。史前遗址方面主要包括洞穴遗址、台地遗址和沙丘（贝丘）遗址。落笔洞所发现的文化遗存和广东封开黄岩洞、阳春独石仔、广西柳州白莲洞的文化遗存有着一定的相似性，反映出全新世初期华南和海南岛在文化上的共性以及当时人类群体活动的范围。在含介壳的文化堆积层中出土有单面打击的砾石石器。其文化上的独特性体现在砾石石器、石片石器和以黑曜石为原料的石器的共存。海南岛新石器时代已知最早的文化遗存发现在东方县的新街贝丘遗址，该遗址出土的石器以打制石器为主，有砍砸器、斧形器、刮削器等，磨制石器较少，品种有斧、锛等，陶器有夹粗砂的圜底罐和釜。新石器时代中期的遗址以沙丘遗址为主，已调查或发掘的遗址有：陵水石贡、大港村遗址，定安佳笼坡遗址及通什毛道遗址。这一时期的石器以磨制石器为主，器形主要有梯形的斧、锛及有肩石器。陶器中广泛出现夹粗砂的红褐陶器，其中圜底的釜、罐，圈足的碗、盆、钵较为多见，磨光红衣陶颇有特色。据研究者的分析，海南岛新石器时代中期遗存与两广地区同时期遗址的关系十分密切，两者的经济活动同属以渔猎和采集为主的经济形态。[1] 2012年和2013年，社科院考古所会同海南省博物馆、陵水县博物馆发掘了桥山和莲子湾两处史前遗址。桥山遗址是一处大型沙丘遗址，存在3个文化层，其底层出土夹砂红褐陶，多见圜底和圈足器。莲子湾遗址出土了类似桥山的陶器及双肩石斧、石锛、打制砍砸器、石片等，还发现了人骨及大量的鱼类、海洋哺乳类、陆上哺乳类骨骼和贝壳。上述遗址的发现是海南史前考古的重大突破。

---

[1] 郝思德、王大新：《海南考古的回顾与展望》，《考古》2003年第4期，第5—6页。

第三节　海洋文化的直接物质遗存

以上两节分析了华南史前海洋文化的渊源及海洋文化在各地的形成。需要指出的是，全新世以来，在华南一些地区存在着由中石器时代到新石器时代文化发展上的持续性。这种持续性又和人类在华南特殊的生态环境下发展起来的一系列特殊的生存手段直接相关。陆上和水中动植物食物资源的丰富性和多样性使得人类在自身采食技术的不断进步下，能够在洞穴、台地、海滨沙丘等不同的生态系统下广泛应用当地所能提供的各类食物资源。向阳的高程较低的石灰岩洞穴成为华南早期人类的理想居所，独特的喀斯特地貌使人类能够栖身于山洞之内，躲避风雨寒热和野兽的袭击，同时又能在离石灰岩孤山不远的树林、平原、河网中从事采集和渔猎。虽然可获得的食物资源甚为丰富，但随着人口数量的增加，洞穴已无法容纳新增加的人口，食物生产也成为必需。在稻作农业产生或传入本地区之前，根茎类植物的种植可能是本地区农业的最早形态。随着捕捞和渔猎技术的进步，人类向海滨地区的移动已经具备了技术上的支持。随着环珠江口地区沙丘遗址的大量发现，人们开始重新审视先前所发现的华南沿海地区的史前文化遗存在整个海洋文化框架中的位置以及这些文化之间的横向联系与纵向联系，而属于海洋文化的鲜明特质在多学科综合研究和区域间文化相互比较的框架下逐渐显现出来。在对本地区相关史前文化简单梳理的基础上，我们可以先从考古资料入手，分析华南史前海洋文化的特质。到目前为止，直接反映海洋文化的考古遗存在华南地区已经开始有相当数量的发现，下面分类述之。

一、舟　船

和在内陆河流、湖泊从事捕捞、渔猎的最大不同就是在沿海地区和海岛之上人类的捕捞和渔猎必须依赖水上的交通工具——船舶。在前一章中我们已经大致概括了中国古代文献中关于海洋文化的记述，接下来的章节中也会从各地民族志的资料中详细了解海洋文化的诸方面。本节将集中于与海洋文化相关的考古资料。

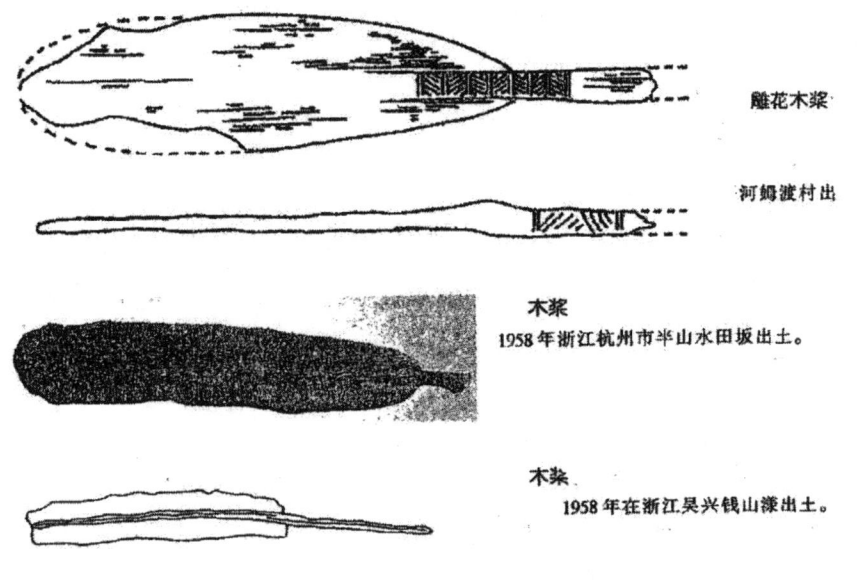

图 2-7：河姆渡等遗址出土的木桨[1]

民族志资料显示，早期的水上交通工具很可能是用竹木等易腐材料制成的独木舟、竹筏等，在考古遗址中很难保存。因此，我们对于早期人类水上交通工具的研究也不能局限于相关的直接实物证据。1977 年，浙江余姚河姆渡遗址发现了木桨和陶舟，木桨共出土 6 件，均以单块木料加工而成，桨柄和桨也自然相连。保存较好的有两件，其中一件的残长为 92 厘米，另一件残长 62 厘米、宽 12.2 厘米、厚 2.1 厘米，桨柄与桨叶结合处有阴刻斜线纹。[2]疑为陶舟的器物长 7.7 厘米、宽 2.8 厘米、高 3.0 厘米，两头尖，底略平，首尾微翘，整个器物的形状为棱形。与这些文物伴生的有大量淡水和海洋鱼类和哺乳动物，包括鲨鱼、鲸、鲻鱼、裸顶鲷等。[3]在 2000 年的发掘中，浙江杭州萧山跨湖桥新石器时代遗址出土一炭化独木舟，该独木舟为松木制成，船头上翘，船头部分宽 29 厘米，舟身部分宽 52 厘米，

---

［1］ 陈贞寿：《图说中国海军史：古代~1955》，福建教育出版社，2002 年，第 9 页。
［2］ 席龙飞：《中国造船史》，湖北教育出版社，2000 年，第 14 页。
［3］ 河姆渡遗址考古队：《浙江河姆渡遗址第二期发掘的主要收获》，《文物》1980 年第 5 期，第 1—15 页。

在船头 1 米处及舱内发现多处黑焦面，表明独木舟的制造是先采用火烧烤，再用石锛加工制成。独木舟东南侧还发现两只木桨，其中较完整的木桨长 140 厘米，附近还发现石锛等石器工具，该遗址标本的碳 14 年代是距今 8000 年前。[1]广东省揭阳市新亨大肚村古河道中出土一段炭化的独木舟，属新石器时期晚期的文物。1958 年在浙江杭州半山水田畈新石器遗址出土木桨，桨分宽、窄两种，宽桨叶者的宽度为 26 厘米、厚 1.5 厘米，桨柄与之分离，捆绑而成完整的桨，窄桨叶者的桨宽为 10—19 厘米，用整木加工而成，柄端呈圆锥形。同年，浙江省湖州市吴兴区的钱山漾新石器遗址出土了青冈木制成的木桨，桨叶呈长条形，长 97 厘米，后有柄，柄长 87 厘米。两遗址的年代约为距今 4700 年前。[2]

在珠海宝镜湾的壁画上有状如长方形的船形图案，似为一木架构建成的长方形漂浮物。左上有一凤鸟状旌麾，似是风向标，右边船首伸有一杆，上系绳索，似捕鱼工具。有研究者认为此为筏类的"桴"。[3]从宝镜湾藏宝洞东壁船上方刻有卷云纹及船下海浪纹与宝镜湾遗址出土陶器上纹饰的相似性来看，岩画的年代当与遗址的第三期相当，约为距今 4000 年前。[4]岩画反映的内容与史前人类的海上渔猎活动有关。历史文献中有不少关于桴的记载，如《论语·公冶长》有"子曰：道不行，乘桴浮于海"，皇侃疏曰"桴者，编竹木也。大曰筏、小曰桴"。台湾的渔业材料显示，竹筏在机动船占统治地位之前一直是占主导地位的水上渔捞工具。依 1945 年《台湾农业年报》的统计，在当时台湾 21541 艘无动力渔船中，竹筏占三分之二，达 13808 艘。[5]桴的实物并不见于华南沿海的史前遗址中，这主要可能与其属于水上交通工具和制成材料在考古遗址中不易存留有关。

---

［1］ 浙江省文物考古研究所、萧山博物馆：《跨湖桥》，文物出版社，2004 年，第 42—50 页。

［2］ 席龙飞：《中国造船史》，湖北教育出版社，2000 年，第 15 页。

［3］ 李世源：《珠海宝镜湾犬·船岩画、西壁岩画辨识》，《南方文物》2001 年第 3 期，第 35 页。

［4］ 广东省文物考古研究所、珠海市博物馆编著《珠海宝镜湾——海岛型史前文化遗址发掘报告》，科学出版社，2004 年，第 170 页。

［5］ 凌纯声：《中国远古与太平印度两洋的帆筏戈船方舟和楼船的研究》(《民族学研究所专刊》第十六号)，1970 年，第 41 页。

图 2-8：珠海宝镜湾藏宝洞东壁岩画全图[1]

出土遗物、船棺葬和民族志材料证实了独木舟是另一种史前人类使用的与渔捞有关的工具。东南亚、太平洋地区的材料显示，以独木舟等演变而成的边架船（outrigger canoe）、双身船（double-hulled canoe）是海洋适航能力甚强的航海工具。配以桨、帆、定向板的这类船只有很好的续航性和抗风能力。有考古学家认为，由木桅杆、露兜树帆、椰壳纤维制造的原始船只在可靠性方面不比用现代材料制成的船舶差。[2]《淮南子·氾论训》有载："乃为窬木方版，以为舟航。"高诱注："窬，空也。方，并也。舟相连为航也。"又《淮南子·主术训》："大者以为舟航柱梁。"高诱注："舟，船也。方两小船并与共济为航。"证明双身船的设计在中国出现的历史十分久远。迄今为止，最早的双身独木舟的实物是发现于山东平度县的隋代遗物。该双身船的两个独木舟分别用三段木制成，以榫卯结构连为一体，20 根横木将两舟串联在一起，其上有上层建筑。经复原推测，该双身船的总长度

---

[1] 肖一亭：《先秦时期的南海岛民》，文物出版社，2004年，第244页。

[2] Irwin, G. (1992). *The Prehistoric Exploration and Colonization of the Pacific*, London: Cambridge University Press, p. 44.

约为23米，总宽度2.8米。[1]虽然华南地区尚未有史前独木舟的考古发现，但东南沿海的江苏武进奄城等地则有属于西周早期的相关遗物的出土。该遗址出土的独木舟共两艘，其中一艘长度为4.34米，宽0.7—0.8米，舟内深度0.56米，舟底厚度6厘米，一端上翘，一端呈U形开口，两舷凿有对称的孔，尖端凿一大孔，估计为系缆之用；另一艘独木舟的长度为7.35米，宽0.8米。遗址的碳14年代为距今2890±90年前。[2]时代稍晚的福建武夷山区、江西贵溪的悬棺葬遗存中亦有大量独木舟的出土。在国外，日本有距今5500年前的独木舟实物出土于福井鸟浜遗址，独木舟以杉木制成，长6米，宽0.63米。[3]《易传·系辞》中有黄帝"刳木为舟，剡木为楫"的记载。《岭外代答》中讲述广西的独木舟时，有这样的描述："广西江行小舟，皆刳木为之，有面阔六七尺者……钦州竞渡兽舟，亦刳全木为之，则其地之所产可知矣。"可知独木舟的制造和使用在华南地区的持续时间甚长。

已有学者正确地指出，不能单纯地将珠江三角洲大量出土的石斧、石锛简单地视为是农业生产工具，而忽略其对树木砍伐加工的功能。[4]事实上，这些工具的主要功能之一即是用来制造加工独木舟等水上交通工具。据发掘者分析，珠海宝镜湾遗址出土的长0.33米，重达18.5公斤的花岗岩石坠有可能被用来做锚。类似的遗存还发现于香港的涌浪及珠海的平沙棠下环遗址，进一步间接地证明舟筏在史前华南沿海地区的存在。用木板拼接建造起来的船在技术上有更高的要求。春秋战国至汉代的文献中已反复有不同类型的船的记载的出现。《淮南子·说山训》有云："见窾木浮而知为舟。"据推测，拼合而成的竹筏以及独木舟为上古人类制造木板船提供了母型。"舢板"或"三板"是小型拼木船发展到后来的称呼。台湾雅美人制造的Tatara小船为我们认识这类小船的构造提供了详细的材料。Tatara小船

---

[1] 山东省博物馆、平度县文化馆：《山东平度隋船清理简报》，《考古》1979年第2期，第145—148页。

[2] 席龙飞：《中国造船史》，湖北教育出版社，2000年，第18—19页。

[3] 邓聪、黄韵璋等：《大湾文化试论》，载《南中国及邻近地区古文化研究——庆祝郑德坤教授从事学术活动六十周年论文集》，香港中文大学出版社，1994年，第405页。若林钦：《今昔船物语》，洛阳堂，1917年。

[4] 陈杰：《珠江三角洲史前经济形态试析》，《南方文物》1998年第3期，第33页。

由底部、船首、船尾三片龙骨接合成为主轴体，两边再接合共三层的侧板，共18块，形成船身。船的样式是首尾两端翘起，中间较平。板的衔接是使用由桑木制成的长约15厘米，直径1.2厘米的木钉，制造一艘小船约需用1500个这样的木钉。船的长度在3米至4米之间，宽度在0.7米至1米之间，船上可载一到三人。[1]

二、渔猎的方式与工具

海洋鱼类多种多样，各种鱼的活动规律千差万别，因此渔民的捕捞作业就必须建立在对各种鱼类的习性、活动规律充分掌握的基础之上。不同的船具、网具和作业方式适用于不同鱼类的捕捞，这些知识的积累在传统捕鱼业上经历了长期的过程。文献和民族志的资料能够给我们提供许多启示，用以复原史前人类的渔猎方式和渔猎工具。古代文献中有"（庖牺氏）作结绳而为网罟，以佃以渔"（《易传·系辞》）、"舜渔于雷泽"（《史记·货殖列传》）的记载。春秋时期管仲相齐时"设轻重渔盐之利"（《史记·齐太公世家》），显示捕鱼、制盐在当时齐国经济生活中的重要性。网捕是起源甚早的渔猎方式之一。"结绳而为网罟"（《易传·系辞》）的方法早在上古时即已采用。民俗学的资料也反映了渔民对各种鱼类和渔汛的了解。《舟山鱼谚》有"冬雪好年成，春雪好黄花""十月廿三天气晴，一冬洋花（带鱼）好收成""三十年夜亮，乌贼打打样""杨梅满天红，海蜇港里涌"等谚语，充分反映了渔民对不同鱼类习性的了解，以及如何把握最佳时机从事捕捞的知识。[2]根据文献记载，舟山群岛原始先民的捕捞方法有拦、困、围、钓等。传统渔具可分为网具、钓具和杂具三大类。以舟山地区为例，上述三大类中又可再细分出围网、拖网、刺流网、张网、敷网、抄网、地拉网、钓具、掩罩、陷阱、耙刺、笼壶等12类100余种。据浙江省水产厅1985

---

［1］ 凌纯声：《中国远古与太平印度两洋的帆筏戈船方舟和楼船的研究》（《民族学研究所专刊》第十六号），1970年，第56页。

［2］ 姜彬主编《东海岛屿文化与民俗》，上海文艺出版社，2005年，第222页。

年的调查,这些渔具中当时仍在使用的达90余种。[1]已知早期渔网的形态有:渔簾、长网、小网、大网、翻缯、渔扈等。传统捕获洄游鱼类的方法有四种:一是袭获渔法,使用旋网或投网;二是驱集渔法,使用曳网;三是诱集渔法,以火诱渔具为主;四是陷阱渔法,用张网、流网、建网、风网等。[2]

根据日本水产厅的统计,传统的网捕渔具有:手操网、地引网、椨打濑网、巾着网、四艘张网、追入网、大敷网和刺网。此外,日本的濑户内海的渔民长期使用由藁制的樫木网与曳地网。[3]在近海海滩捕捞的传统作业方面,研究者根据文献复原出浙江沿海渔民所使用的若干方法。其一是串网捕捞法,又称"撑网"或"插网"捕捞法。具体做法是在海湾中竖起一列竹竿,上挂网片,形成网墙。涨潮时海水淹没网墙,退潮时鱼虾被截获在网上。唐人皮日休的《奉和鲁望渔具十五咏·泸》一诗中言:"波中植甚固,磔磔如虾须。涛头倏尔过,数顷跳鲋鲆。不是细罗密,自为朝夕驱。"生动地道出了串网捕捞法的特点。其二是推缯法,又称"推网"、"推潮网"。此法用竹竿和网片构成三角形网具,在盛夏和初秋在海岸边手推网具,待发现鱼群时突然起网捕获小鱼。其三是旋网捕捞法。此法为一人操作,专门用来捕捉跳跃的鲻鱼。操作时渔民乘船在海上,待发现鲻鱼时迅速下网将鱼罩住,并迅速收网捕捞。其四是扳罾捕捞法。此法用竹竿绑成窗形网,中间有用于牵引的长竹竿。此法常用于在岸边的捕捞作业,操作者要定时牵动长杆,起网捕鱼。陆游《入蜀记》曰:"十九日,便风,过大小褐山矶。奇石巉绝,渔人依石挽罾,宛如画图间所见。"其五是撩捕法,或称"撩网"、"抄网"。此法主要用于捕捉墨鱼和海蜇。渔民在岸边的礁石上用由长杆、圆圈、网兜制成的撩兜触动粘附在礁石上的墨鱼,进而兜捕。其六是窝网法,又称"地拉网"。此法是用船或人力将大网撒入海中,然后由多人拖拽收网捕捞。[4]

历史文献还揭示了沿海地带居民对各种鱼类的知识。明代万历广东《雷

---

[1] 姜彬主编《东海岛屿文化与民俗》,上海文艺出版社,2005年,第226页。

[2] 李士豪、屈若搴:《中国渔业史》,商务印书馆,1937年,第144页。

[3] 日本民具学会:《海ち民具》,熊山阁,1987年,第82页。

[4] 姜彬主编《东海岛屿文化与民俗》,上海文艺出版社,2005年,第226—232页。

州府志·地理志》有这样的记载:"鱼之产,为类四十有二:曰海龙翁大如屋宇、曰海狸、曰鲫形似鲤,而体偞。腹大而脊隆、曰金鲫、曰塘虱首有角,成群含水过坡、曰蟳、曰蟳白、曰赤鱼似鲇鱼肥、曰红鱼、曰红花头中有二大沙、曰白带、曰丝刀、曰尖嘴、曰黄鱼、曰黄齐、曰金钱花、曰朝天即羊肝鱼,尾有两星、曰卖子气味香美。俗谓嗜餍此鱼者必致卖儿,故名、曰鳟、曰鲤、曰鲇、曰燕、曰鲍、曰鳑、曰鳅、曰鲈、曰乌贼、曰虎鲨四尺,首脊有骨刺、曰海猪、曰鯇、曰锯鱼两牙如锯,长二尺、曰鹿沙如犁头,背斑文如鹿、曰鳝、曰比目、曰绵鱼、曰鲩、曰扁鳞、曰青鳞、曰马胶、曰松鱼、曰锦鳞。"该书接着又罗列了雷州府所产的介类:"介之产,为类十有九:曰龟俯行者灵、曰鳖伏于渊,卵于陵、曰鲎形如惠文冠,眼生背壳上,尾尖而坚、曰蚬、曰蠔即牡蛎。附石而生,壳可烧灰用、曰车螺、曰香螺、曰仙人掌螺、曰指甲螺、曰血螺、曰白螺、曰马蹄螺、曰红绣鞋、曰珍珠螺、曰玳瑁徐闻海间有之、曰大虾、曰龙虾、曰蟹有二种:田产者小,海产者大、曰蛏蚬。"[1]对于当地水产资源,特别是海产资源的熟悉,是当地居民对相关资源长期开发的结果。

在考古发现方面,研究者将珠海宝镜湾出土的多达1096件石网坠分为两大主要类型,九种亚型,并推测当时一张用藤、麻为原料的渔网需用20—39个重量介于50—330克的网坠。[2]据研究者推测,用植物纤维制成的编织容器、木、竹投枪、各种钩状工具是刺鱼,捕捞贝类、海藻的主要工具,钩钓是渔猎的另一种重要的方式。在华南沿海的考古遗址中,渔猎工具也发现甚多,其中香港元朗下白泥吴家园沙丘遗址发现的疑似渔网的遗迹甚为典型。鱼虾网遗迹在TA3和TA13的L3C层中发现。该层中出土的13块红粉砂岩扁平椭圆形的河砾石呈长椭圆形分布在一个平面上,甚似一个撒开的网。砾石最大者长7.5厘米、宽4.8厘米、厚1.6厘米,最小者长3.6厘米、宽3.4厘米、厚0.6厘米,其中有七件砾石两侧有凹缺,其上有明显的捆缚

---

[1] [万历]《雷州府志》,书目文献出版社,1990年,影印日本内阁文库藏本,第199页。

[2] 肖一亭:《宝镜湾遗址出土石坠的研究》,载广东省文物考古研究所、珠海市博物馆编著《珠海宝镜湾——海岛型史前文化遗址发掘报告》,科学出版社,2004年,第374页。

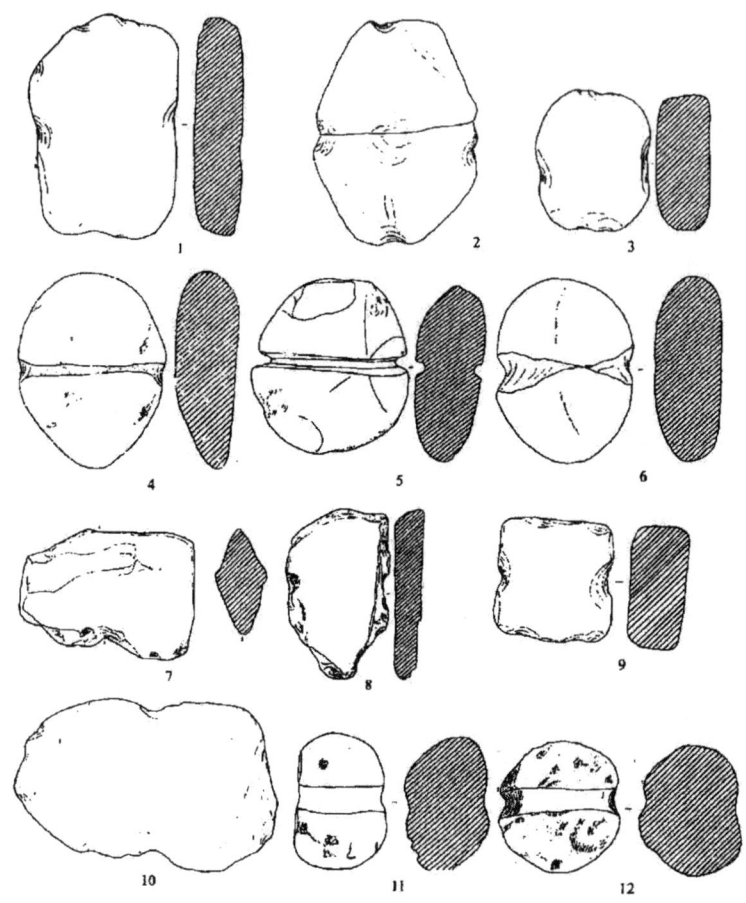

图 2-9：珠海宝镜湾遗址出土的石网坠[1]

痕迹。[2]不少学者都认为华南沿海史前居民的主要经济形态是渔猎和采集。有的学者讨论了珠江口渔场分布、鱼类迴游的时间，以及本地区及香港地区沿海史前遗址的分布规律，认为珠江口有 50 多种鱼类资源，其中 39 种的渔汛是在冬天和春天，只有 11 种在夏天和秋天，据此推断珠江口的这些遗址应是史前人类从冬、春到初夏追逐渔讯进行季节活动的营地，并根据

---

[1] 珠海市文物管理委员会编《珠海市文物志》，广东人民出版社，1994 年。
[2] 香港考古学会：《香港元朗下白泥吴家园沙丘遗址的发掘》，《考古》1999 年第 6 期，第 31 页。

出土工具推论当时的渔猎技术。关于栽培和农耕在华南沿海史前文化中的地位，有学者认为如果长江中游的部分史前居民曾经南下，当他们来到华南沿海地区的时候，面对的是完全不同的自然环境，如沿海沙堤通常缺乏丰富的、稳定的淡水资源和平整、肥沃的土地，但却有丰富的陆地和海洋动植物资源。这样的自然环境和资源会影响甚至改变史前居民的经济形态，他们会根据不同的自然环境做出调整，或者放弃农业经济"返回"到渔猎、采集的经济，或者以采集、渔猎经济为主而以耕作为辅。[1]有学者分析环珠江口史前遗址的资源域范围，指出当地史前居民可能盛行包含渔猎、捕捞、采集、狩猎、农耕在内的广谱生计形态，但其中采用野生食物资源的比例远大于采用驯化食物资源的比例。本地区史前遗址的水域资源域和陆上资源域的平均半径均为 1.0 公里。遗址出土的动物遗存如海鲶鱼、鳐鱼、鲨鱼等都经常出没于河口一带，尤喜在春夏之交到近海浅水区产卵，是史前人类易于在近海猎取的海洋食物资源。[2]

三、史前的"渔民"与"渔村"

由于特定的地貌特征的影响，华南沿海的史前沙丘、贝丘遗址的埋藏条件不佳，较难如台地遗址般保存反映史前聚落形态的遗迹。但通过对有限的遗迹及石器工具、陶器纹饰、岩画等文化遗存的分析，结合民族志等方面的材料，我们还是可以对史前沿海居民的社会组织、聚落特征乃至精神生活的某些方面进行复原。

根据统计资料，两广地区合计的大陆海岸线长达 3700 多公里。在海岸形态方面以平原海岸为主，并有一些红树林海岸。由西江、北江、东江等水系构成的小三角洲复合组成珠江三角洲这一大三角洲。在冰期过后的高海面时期，珠江三角洲地区是一个浅海海湾，散布有 160 多个岩岛。河流

---

[1] 吕烈丹：《香港史前的自然资源和经济形态》，《考古》2007年第6期，第43页。
[2] 李果：《资源域分析与珠江口地区新石器时代生计》，载《华南及东南亚地区史前考古——纪念甑皮岩遗址发掘30周年国际学术研讨会论文集》，文物出版社，2006年，第170—197页。

携带的大量泥沙在岩岛背风静水区堆积，使沙洲逐步成为陆地。[1]从遗址的分布情况来看，当海平面的波动较稳定，陆地逐步形成的时期，人类的活动区域也逐步沿河流的上中游向下游和沿海地区扩展。河岸型的贝丘遗址以广东肇庆蚬壳洲为典型。出土陶器以彩陶圈足盘、夹砂细绳纹圜底釜为特征。遗址可分为居住区、垃圾区和埋葬区。遗址中堆积的贝类多为生长在以径流为主的河流中的淡水贝类，如河蚬、文蛤、缢蛏、牡蛎、丽蚌、蜑螺等，半咸水或广盐性种属少，基本不见咸水类。[2]在珠江三角洲及华南沿海地区，彩陶圈足盘也有陆续的发现，目前所知其分布范围包括粤东海丰，珠江三角洲的增城、东莞、中山、佛山，沿海的深圳、珠海、香港、澳门，此外，海南岛也有类似遗存的发现。有学者指出这种有浪花、水波纹彩绘及刻画，并配以镂孔的盛器很可能是一种特殊的祭器，是一种渔民祭祀海神的工具。[3]

华南沿海的海岸沙丘主要发育于由滨岸沙堤、河口沙嘴、湾口沙坝等构成的海岸平原地带，主要类型包括：海岸岸前沙丘，新月形、抛物线形沙丘和草丛沙丘等。一种分析认为，华南海岸风沙堆积是中全新世以来的温凉干燥气候期的产物。[4]从沙丘遗址的分布特点来看，华南史前人类多选择在大陆或海岛东向及南向的海湾内的离海岸有一定距离的新月形、抛物线形沙丘上建立自己的聚落。聚落附近通常有河流或小溪为人类提供淡水水源，沙丘后的岗阜是人类狩猎、采集获取多种动植物食物资源的地方。季节的变化在沿海地区资源获取方面扮演着重要的角色，洄游鱼类的捕捉、不同渔场的不同鱼类的渔获量都有赖于季节的因素。海湾构成的相对独立的小生境为以小型聚落为单位的史前渔民提供了理想的生存环境。在珠海宝镜湾、深圳咸头岭、香港南丫岛大湾等遗址中发现有反映史前人类居住

---

[1] 张耀光编著《中国边疆地理（海疆）》，科学出版社，2001年，第22—24页。
[2] 李岩、赵善德：《珠江三角洲贝丘遗址考古研究的实践与思考》，《南方文物》1995年第1期，第43页。
[3] 邓聪、欧家发：《环珠江口史前考古刍议》，载《环珠江口史前文物图录》，香港中文大学出版社，1991年，第XVII页。
[4] 吴正：《中国沙漠与海岸沙丘研究》，科学出版社，1997年。

情况的柱洞、烧土等遗迹。经过若干年的反复发掘，珠海宝镜湾遗址为我们提供了复原史前渔村面貌所需要的比较完整的资料。该遗址位于高栏岛南部南迳湾之南的山坡上，南迳湾口宽1200米、深280米，周围水深1—3米，已发掘的面积为512平方米。从地层中所采集到的孢粉样品的分析结果来看，当地的古植被为南方热带稀树草坡类型，其中蕨类植物孢子占主导，达27种，其次是木本植物，有10种，另发现草本三种、环纹藻一种，不见稻类和其他人工驯化的禾本类孢子，可见沿海地区当时尚未有稻作农业的展开。广东沿海其他沙丘遗址还出土有鹿、牛等动物的骨骼，表明人类食物来源的多元化。宝镜湾遗址中发现有柱洞烧土的遗迹9处，可复原出两种居住形态：一种是在山坡上整治出一块平地，平地上建有圆形房屋，房内有红烧土面，墙体是木骨泥墙；另一种是圆形的干栏式建筑。房屋中较大者（直径5—7米），据推测是公共用房。[1]深圳咸头岭遗址发现的一处可能属于房基的遗迹包含长7.7米、宽4.8米、厚约0.13—0.2米的灰褐色垫土层，周围有14个柱洞。从形状上看这处房屋的形状是长方形的，其结构大概也是以木起架，四围是木骨泥墙。[2]宝镜湾遗址所清理出的29个灰坑大部分与渔村居民的生活有关，出土物包括陶片、石器和装饰品。其中H21、H25据推测与祭祀活动有关，H21的底部发现有完整的水晶块一对、刻画纹筒形杯一件及陶釜、网坠等。遗址中尚未有墓葬遗存的发现。1997年在香港元朗下白泥吴家园沙丘遗址发现的夯土房基遗迹F1是迄今为止在环珠江口区域所发现的最大型的居住遗迹。该房子背山面海，为正东西向，其上有排列有序的51个柱洞，可判别出是一座面阔六间、进深两间、前面出廊的大型房子，面积达107.5平方米，其房基经多层夯实处理。在F1西南侧还发现有夯土房基F2，该房址东侧与F1西南部相连3.45米，北侧与F1门道南侧相连3.12米，东壁外露4.7米，其地面与F1夯土房基完全相同。

---

[1] 广东省文物考古研究所、珠海市博物馆编著《珠海宝镜湾——海岛型史前文化遗址发掘报告》，科学出版社，2004年，第22页。

[2] 深圳市博物馆、中山大学人类学系：《深圳市大鹏湾咸头岭沙丘遗址发掘简报》，《文物》1990年第11期。

吴家园遗址的面积达一万余平方米,属于颇具规模的定居村落。[1]

在珠海宝镜湾遗址的石器组合中,网坠、沉石、穿孔石器及石锚等和海上捕捞有关的器物占有相当数量,共达1195件。用于竹木加工的工具,如石锛(174件)、石斧(26件)、石刀(10件)、尖状石器(33件)也很发达。另有用于工具制造、食物加工等的成组石器,如凹石器、环砥石、砺石、磨盘、杵等。工具的组合形态和华南新石器时代的典型农业遗址所出的工具形成鲜明对照。不难看出,以宝镜湾遗址为代表的史前先民以渔猎作为其获取食物的主要手段,而大量网坠的出土显示网捕在渔猎中占有重要地位。珠江口地区属于南海渔场的一部分,位于热带和亚热带水域,水温终年在18℃以上,水质肥沃,适于海洋鱼类繁殖。南海渔场的海洋生物有100种以上,主要有金线鱼、蓝圆鲹、马面鲀、带鱼、墨鱼、马鲛鱼、海龟及各种虾蟹类,贝类等软体动物资源在沿海滩涂也很丰富。传统的捕捞方法以拖网为主,辅以围网、刺网、钓鱼。在国外民族、民俗学资料方面,根据日本民俗研究所对日本传统渔村环境利用模式的复原,位于滨海的渔村背靠竹林和薪炭林,在树林与渔村聚落之间有岗上旱地及水田,村落内有前后排列的渔民居住的主屋、家畜小屋和舟小屋、渔具小屋,在海滩上有放置、修补渔网和其他渔具以及晒稻谷的棚架,小渔舟亦成排摆放在沙滩之上。距海岸50米以内的滩涂是采集海藻的作业带,再深入100—150米是浅海捕捞区,向前伸展的海区则是洄游鱼类的捕捉区。[2]除了水田稻作在史前华南沿海地区可能尚未展开以外,在资源开发的模式方面,华南的史前渔民和日本传统渔民之间可能存在着某种程度的相似性。华南本地的民族学资料也显示,以艇为家的疍民也常会在岸上建构木屋,或在堤旁矶围中建筑干栏式建筑,或用竹排建起被称为"簰"的房屋,从而形成陆基的临时性聚落。[3]

---

[1] 香港考古学会:《香港元朗下白泥吴家园沙丘遗址的发掘》,《考古》1999年第6期,第26—42页。
[2] [日]森本孝等:《海の暮となりたち》,ぎょうせい,1982年,第69页。
[3] 陈仲玉:《试论中国东南沿海史前的海洋族群》,《考古与文物》2002年第2期,第38页。

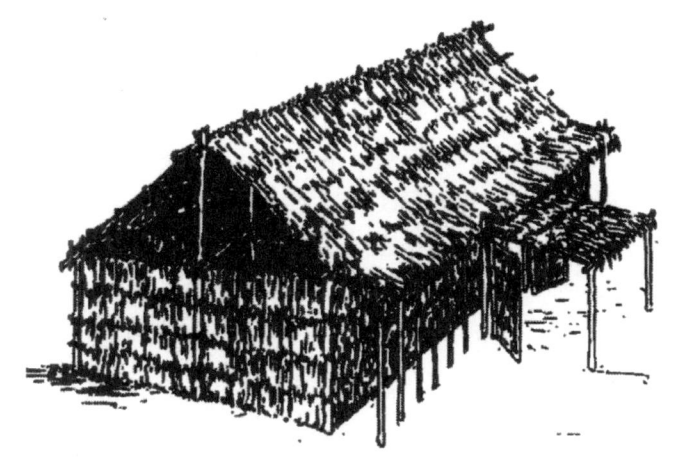

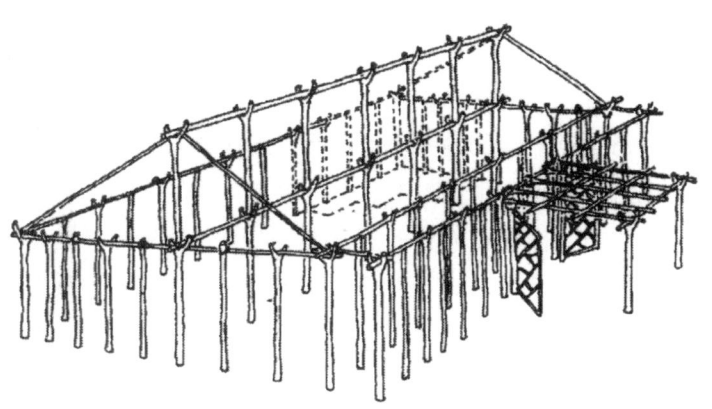

图 2-10：珠海宝镜湾遗址 F1 外观与建筑结构复原图[1]

在讲述海洋考古学的新视角时，库尼（Gabriel Cooney）指出有必要建立以海洋为基点的"海景观"（seascape）以区别于基于陆地的"陆景观"（landscape）。[2] 从这一新的基点出发，我们可以从海上观察陆地，进而了

---

[1] 肖一亭：《先秦时期的南海岛民》，文物出版社，2004年。

[2] Cooney, G. (2003). "Introduction: Seeing Land from the Sea," *World Archaeology*, vol. 35, no. 3, p. 323.

解滨海史前人类所处生态环境的多样性及他们生存策略的多样性。也正是从此一新的视角，我们可以构想史前渔民社会的特殊性，以及渔民社会内存在的鲜明的性别劳动分工。已有人类学家和考古学家注意到，从古至今，出海捕鱼的渔民多为男性，而女性则从事岸上的劳作及近海捕捞。在出海渔船这样的特殊环境压力下的小规模团队型组织中，个体之间的互动方式势必表现出一种特殊的张力，并对渔民社区产生影响。在宇宙观和宗教信仰方面，面对大海的强大力量和高深莫测，渔民社会势必发展出强势的信仰系统以构建其与自然挑战的精神力量。宝镜湾东壁岩画描绘了海船、海浪、具有男性特征的人物及动物形象，衬以繁缛的曲徊线条，构成一幅祈求出海平安、渔获丰富的祈祷场面。宝镜湾其他岩画中的日、月、星辰及海浪的主题亦勾勒出史前渔民对自然力量的崇拜。

如前所述，在华南沿海的沙丘遗址中鲜少有墓葬发现。香港南丫岛的大湾遗址曾发现有10座墓葬，但从牙璋等随葬品来判断，这批墓葬的年代当属青铜时代。珠江三角洲的佛山河宕贝丘遗址出土的人骨资料为我们提供了分析华南沿海史前居民的种系特征的珍贵的体质人类学资料。河宕组头骨有颅高明显大于颅宽、上面低矮、鼻骨短宽、阔鼻等南亚与太平洋种系的体质特征，也有亚洲蒙古人种的颧骨缘节发育、鼻骨低平、鼻骨凹等特征，体现出其与分布于华南、东南亚海岛区的现代蒙古人种接近，而与北亚、北极的蒙古人种相去甚远的特征。[1]体质人类学家鉴定了香港马湾岛东湾仔遗址所出土的16个人骨标本，发现其中属于成年男性的有7个、成年女性的有2个、未成年的有7个。在这些个体中，最年长的可能超过40岁，未成年便死亡的比例似乎很高，平均死亡年龄粗略估计在25岁左右。在头骨形态和种族特征方面，可复原的头骨有颅形长，眉弓、眉间突度和鼻根凹陷都比较明显但又不特别强烈，鼻骨低矮，犬齿窝不明显，上齿槽突裂及上门齿普遍呈铲形，头骨前额较为陡直，后枕部较为圆隆等特征。在形态特点或种族关系上，与广东珠江流域的新石器时代居民如佛山

---

[1] 周黎明：《试论中国南方新石器时代居民的种系源流》，《东南文化》2003年第3期，第16页。

河宕遗址的人骨标本具有密切的联系。[1]我们知道，史前华南与史前东南亚的人类群体有许多共享的文化特质，贝尔伍德、张光直等都采用历史语言学与考古学相结合的方法推测中国大陆的东南沿海地区是讲南岛语（Austronesian）的民族可能的来源地。[2]

进入全新世以后，华南的砾石石器工业已经在石灰岩山地发展成为成熟的特色鲜明的地方性文化传统。末次冰期结束以后，华南的气候一直是相对稳定的热带、亚热带的温暖潮湿性气候占主导，可供史前人类利用的动植物资源丰富。人类开发利用海洋资源的一个值得注意的趋势是由对于水生贝类、鱼类的捕捞，进而发展出特化的工具与技术。随着原始农业的展开，人类能够生产包括水稻、块茎类植物在内的食物，人口得以稳步的增长。当本地区海平面稳定在现今的水平时，人类群体开始顺流而下，沿着密布的河网水系逐步到达沿海地区。宝镜湾遗址可划分出的三期文化的碳14年代的时间跨度介于距今4500—4000年间，这与海平面波动趋于稳定的时间相互吻合。华南沿海史前文化无论从工具组合、陶器形态还是其它特征等多方面都表现出自己的独特性，渔捞在经济生活中占有统治地位。从历史记载的百越到后来的疍家，都折射出华南史前海洋文化进一步发展的形态变化，而我们对这种独特文化的深入认识可以说才刚刚开始。考古学的重要使命之一就是根据已有的材料提出正确的问题，并用科学的方法来解决问题。由于海洋考古对我们来说是新的研究课题，因此我们需要开扩思路，运用海洋学、地质学、气象学等各种学科的知识进行研究。

---

[1] 韩康信、董新林：《香港马湾岛东湾仔北史前遗址出土人骨鉴定》，《考古》1999年第6期，第18—25页。

[2] 张光直：《中国东南海岸考古与南岛语族起源问题》，载《南中国及邻近地区古文化研究——庆祝郑德坤教授从事学术活动六十周年论文集》，香港中文大学出版社，1994年，第316页。

第三章 东南亚及相邻地区的史前海洋文化

东南亚地区在地理上分为大陆区及海岛区，其特殊的地理位置使之成为联结东亚大陆与太平洋海岛的重要纽带。在详细介绍东南亚海岛区的史前文化前，我们有必要先分析一下台湾的史前史。如本书第一章所述，不少学者认为南岛语的起源地是台湾，而整个中国东南沿海地区现在仅在台湾有讲南岛语的少数民族居民。因此我们有必要在第二章讨论的基础上，对台湾史前文化与东南亚海岛史前文化的关联进行进一步的探讨。

第一节 中国台湾地区的史前文化

一、台湾史前文化研究的历史与现状

台湾的考古工作肇始于 19 世纪末。20 世纪 30 年代，日本人鹿野忠雄将台湾史前文化分为绳纹陶、网纹陶、黑陶、有段石斧、原东山、巨石、菲律宾铁器等七个文化层。他认为台湾史前文化的基础是中国大陆的文化，

大陆文化曾数次波及台湾，而东南亚化文对台湾产生影响的时间较晚。[1]经过80余年的考古工作，台湾现共发现了500个以上的史前文化遗址，遍及全省各地，包括澎湖、兰屿、绿岛以及小琉球，其中比较重要的遗址有90余处。20世纪90年代以前，台湾岛内的学者对台湾史前文化的研究基本上可以分为分别以凌纯声、张光直为代表的两代人。凌纯声一贯主张东南亚古文化（他又称其为印度尼西安文化[Indonesian Culture]）的分布北起长江流域，中经中南半岛，南至南洋群岛，因而在这个大区中又可分为大陆、半岛、岛屿三个副区。在此文化的下层又至少有小黑人和美拉尼西安（Melanesian）两层文化。台湾是古代大陆文化与海洋文化交流的常经之路，台湾少数民族文化不仅代表印度尼西安或越獠文化，而且在他的下层还有小黑人和美拉尼西安或波利尼西安等系文化，因而台湾是整个环太平洋文化的重要据点。[2]张光直曾据20世纪70年代以前的考古材料将台湾的史前文化分为两组：北部淡水河流域的圆山文化与中、南部海岸的龙山形成期文化。后者又可细分为三群：早期的红陶文化、类似苏青莲岗文化、南部晚期的灰陶与棕褐陶文化，且这三群龙山形成期文化很显然是分别自大陆渡海而来的，可能与现代台湾少数民族的祖先有密切关系。同时，台湾东南海岸的巨石建筑也许与中南半岛巨石文化有渊源关系。[3]

20世纪50年代至60年代，在"中央研究院"史语所石彰如先生领导下，张光直先生带领台湾大学人类学系的师生先后调查、发掘了台北圆山、江头、十三行，桃园尖山，新竹红毛港，苗栗新港，台中营埔、水尾溪、铁砧山、麻头路，南投大马璘、洞角，台南六甲顶、三分子，高雄半屏山，屏东垦丁、玛家旧社，台东卑南、红叶、卡沟，花莲平林、花冈山等遗址。这些考古工作对后来台湾考古学的发展至关重要。[4]进入70年代以后，随着更多遗

---

[1]［日］鹿野忠雄：《台湾考古学民族学概观》，宋文薰译，台湾省文献委员会，1955年，第110—115页。

[2] 凌纯声：《东南亚古文化研究发凡》，载《中国边疆民族与环太平洋文化》（上），联经出版事业公司，1979年。

[3] 张光直：《中国南部的史前文化》，载《"中央研究院"史语所集刊》第42卷第一分册，1970年，第165页。

[4] 臧振华：《台湾考古研究概述》，《文博》1998年第4期，第53—61页。

址的发现和碳 14 断代技术在考古学上的运用,台湾史前考古进入一个新的发展时期。根据碳 14 年代数据而建立起来的台湾史前文化发展序列为今后进一步的研究创造了条件。根据目前发现的材料所构建的台湾史前文化的基本线索是:一万年前有左镇人、长滨文化的旧石器遗存;公元前 5000 年—前 3000 年是大坌坑类型文化广泛散布的时期;公元前 3000 年—前 1500 年台湾各地绳纹红陶文化占主导地位;公元前 1500 年以后,台湾各地区的文化出现了差异,如东海岸有巨石文化,西海岸的文化则以黑陶、红陶的流行,侧身葬、俯身葬较多见为特点。[1]据当时所得的考古成果,张光直认为公元前 5000 年前后的大坌坑文化的遗址在福建、广东沿海都有分布,这种文化的直接渊源可以上溯到华南最古老的新石器文化,同时台湾若干石器、陶器的特征表明了其与太平洋区古文化之间的亲缘关系。[2]台湾学者认为,台湾新石器时代文化的底层便是大坌坑文化。这个文化继续发展成细绳纹文化,并扩散到台湾全岛——从西部到东部、从海岸到内陆,以及从本岛到周边小岛,从而成为台湾后期史前文化的主要基干。20 世纪 80 年代以后,除了研究性的主动发掘外,台湾各地都有配合基建的抢救性发掘,增加了考古工作的频率和出土物的数量。同时,围绕南岛语文化起源地的问题研究,台湾学者更注重本地区与东南亚地区考古学资料的比较。

二、台湾史前文化的结构

台湾的史前文化遗址由于自然生态因素的影响多集中于西海岸地区。从现在已发现的遗址情况看,分布地区相对集中于几个区域:台北盆地与淡水河沿岸;浊水溪、大肚溪之间以南投为中心的区域;台南、高雄一线;东海岸中部地带以及澎湖列岛。台湾的新石器时代基本上可划分为早、中、晚三期。如前所述,东部地区尚未发现早期遗存,而整个西部早期文化的特征比较一致。从中期开始,在西部出现了以黑陶为特征的文化与以红陶

---

[1] 黄士强、刘益昌:《全省重要史迹勘察与整修建议——考古遗址与旧社部分》,"交通部"观光局委托台湾大学考古学系调查报告,1980 年。

[2] 张光直:《考古学专题六讲》,文物出版社,1986 年,第 50—51 页。

为特征的文化的差异,并在晚期日趋明显。东部地区中期出现的巨石文化及新石器时代晚期的卑南文化基本上是自成系列的。在西部地区,遗址的类型多为滨海河口的贝丘型与河岸台地型及平原型几种,东海岸除巨石文化遗存外,尚有长滨文化的洞穴遗址。下面分阶段叙述之。

(一)新石器时代早期

大坌坑文化是以台北县大坌坑遗址命名的。遗址下层出土了暗红色和棕黄色低温绳纹陶,器形主要有圜底罐、钵类,绳纹遍布器身,器物口唇部较厚,多施以双条并行线构成的连续或间断波折纹、直线纹、交叉纹、菱形纹。出土的石器工具中有打制石斧、石锛、网坠、石镞及树皮布打棒,出土器物还包括骨锥、陶纺锤等。[1]西海岸中部地区尚未发现大坌坑类型遗存,但从牛骂头文化下层陶器、石器的特点看,是包含若干大坌坑类型文化要素的。西海岸南部大坌坑文化的主要遗址有凤鼻头、八甲等。在凤鼻头遗址下层发现了典型的大坌坑式绳纹陶。八甲的绳纹陶有橙、灰、褐等陶色,器形有罐、碗等,比凤鼻头的陶器在器形和纹饰上都丰富。[2]在20世纪60年代中期大坌坑遗址的系统发掘之后,陆续有属于大坌坑文化的遗存在台湾各地及澎湖列岛的20多个遗址中被发现和确认,进一步丰富了我们对大坌坑文化的认识。其中1984年发掘的澎湖果叶A遗址是一处海滨沙丘遗址,发现了史前人类沿海岸线和潮间带采食贝类和海藻的证据。该遗址所出土的陶器和广东潮安陈桥、海丰沙坑、增城金兰寺、香港深湾等遗址出土的陶器最为类似。[3]1995年至1996年在台南县台湾南部科学工业园(南科)共发现了20余处考古遗址,其中属于大坌坑文化的有南关里和南关里东两处遗址。这些遗址出土的文化遗物包括陶器、石器、骨角牙蚌器等。其中陶器的典型器物有夹砂褐陶绳纹圜底罐和折肩平底罐,有的

---

[1]　黄士强:《台南县归仁乡八甲村遗址调查》,《考古人类学刊》第35—36期合刊,1974年。

[2]　韩起:《台湾省原始社会考古概述》,《考古》1979年第3期,第245—259页。

[3]　臧振华:《从台湾南科大坌坑文化遗址的新发现检讨南岛语族的起源地问题》,载《浙江省文物考古研究所学刊》第八辑,科学出版社,2006年,第337—349页。

在颈部饰一圈贝印纹,还有带陶衣的泥质红褐陶罐、瓶、钵、豆、器盖等,绳纹是主要纹饰,有少量划纹。石器有打制和磨制的斧、锄、锛、凿、刀、镞、打棒、网坠等。在其他质料的工具中,以云母蛤制的蚌刀最具有特色。其他遗物中有大量反映人类对水生食物资源的获取的实物,主要有河口或潮间带的贝类,如牡蛎、蚬类、魁蛤、帘蛤、海蜷等和淡水的田螺,还有鲨鱼、锯鳒、魟、龟、鳖等。在植物遗存方面有炭化的稻壳和小米标本发现。遗址中还发现了14座墓葬,葬式以仰身直肢葬为主,有个别屈肢葬,随葬器物有陶器和贝制装饰品。遗址的碳14年代为距今4700—4200年前。新的材料显示,大坌坑文化的居民除了大量利用海洋食物资源外,还种植谷物,其农业发展已比根茎作物栽培阶段的文明有所进步。聚落形态方面,除了距海岸不远的阶地和山坡居址外,还可能有干栏式建筑。传统上认为,大坌坑文化与福建的壳丘头文化、昙石山文化最为接近。而臧振华先生根据上述的新材料认为其与环珠江口的史前沙丘和贝丘遗址的文化面貌更为接近。[1]

(二)新石器时代中期

此期文化的代表性遗址有台北圆山、芝山岩遗址,台中牛骂头、营埔遗址,南投草鞋墩遗址,高雄凤鼻头遗址,屏东垦丁遗址,台东卑南遗址等。圆山文化是继大坌坑文化之后台湾西海岸北部的重要文化。在若干遗址中,有圆山文化压于大坌坑文化之上的地层证据,但二者的文化面貌差异甚大。圆山文化遗址出土的陶器多为棕色素面陶,烧成温度较高,大多陶器的外表及口内有红褐色的陶衣。常见器形有圜底罐、圈足罐、双耳罐、盆、瓶等,其中条状竖耳及双口圈足的罐很有特色。纹饰方面,只有少部分器物腹部有网状纹,器盖、器耳上常见指捺纹。石器有打制和磨制的大型石铲、石锄(匙形大锄)、石斧、石锛等,及磨制的小型石锛、石斧、凿等,及有段石锛、有肩石斧、球形网坠、槌形网坠、砺石等。玉器有装饰品玦、环、佩等。

---

[1] 臧振华:《从台湾南科大坌坑文化遗址的新发现检讨南岛语族的起源地问题》,载《浙江省文物考古研究所学刊》第八辑,科学出版社,2006年,第347—348页。

骨角器有鱼叉、矛、装饰品等，骨料也有较多发现。墓葬为仰身直肢葬，有拔牙风俗，有的遗址还发现瓮棺葬。圆山文化的遗址多为贝丘型，自然遗物有较多贝类、兽骨发现。圆山文化持续的年代大致在公元前2560—前850年。[1]稻作农业在这个时期普遍出现。

牛骂头文化遗址是台湾中部迄今发现的最早的新石器时代遗存，现发现的遗址有十余处。牛骂头文化遗址的陶器为红褐色绳纹陶、器形有侈口鼓腹罐、瓠、钵、瓶等，有的带圈足或三足。石器有打制石斧、磨制石斧、石锛、石刀、石镞、网坠等。牛骂头文化遗址的年代介于公元前2950—前2190年之间。

台湾南部新石器中期的代表性文化有牛稠子文化。该文化的陶器主要是夹砂红褐陶，偶见彩陶。器物常见罐、钵两类，有的带圈足、器盖。石器主要有打制、磨制的石斧、磨制斜刃石斧、石锛、石矛、石镞、网坠、石刀等。据台南诸遗址的石器石料橄榄玄武岩出于澎湖推断，两地有海上交通往来。在牛稠子文化的垦丁类型的若干遗址中还发现了石棺葬，石棺是用数块珊瑚石灰岩石板砌成，棺内死者多为仰身直肢，随葬物品有罐、钵、瓶、豆等陶器及环、珠、镯等装饰品（有的死者右臂带贝镯），从上颌骨可看出有拔牙现象。在垦丁类型中还发现了蚌器及陶器上的稻壳印痕。牛稠子文化在年代上与牛骂头文化大致相当，台湾学者认为上述两种文化都是由大坌坑文化发展而来的。

麟麟文化是发现于台湾东海岸的巨石文化，已发现的遗址有二十余处，遗址多位于面临太平洋的海岸山脉斜面上。文化内涵方面包括成群的经人工雕琢的巨石，有石棺、石壁、带肩巨石、带槽巨石、条状巨石、石轮、人像等，除石棺外，多成排、成群发现于遗址中。与巨石遗址伴存的有夹砂红褐陶的罐、钵、纺轮等，有素面陶也有绳纹陶。石器主要有打制、磨制的石斧，磨制石锛，石刀、石凿、石矛头、石镞、网坠等。麒麟文化在

---

[1] 宋文薰、张光直：《圆山文化的年代》，《考古人类学刊》第23—24期合刊，1964年。

年代上稍晚于牛稠子文化，其碳14测定年代为3060±280BP。[1]

（三）新石器时代晚期

继圆山文化之后，植物园文化是台北盆地的一种新石器晚期文化。文化遗物主要是素面与印有几何形纹的陶罐、陶缸，石器主要有匙形石斧、巴图、打制与磨制的大型石斧、有段石锛、石镞等。植物园文化后的十三行文化已进入早期铁器时代，遗址散布到海岸地带。在陶系上，十三行文化的陶器主要有灰（黑）陶系统与棕色陶系统，后者多为高温细砂陶，有方络、斜方格、雷纹、鱼骨纹、圈点纹、篮纹等几何印纹。十三行文化的遗址中还有众多骨尖状器、玛瑙珠、手镯等工具和装饰品。一些学者认为十三行文化的几何印纹陶与华南的新石器晚期文化有联系，是台湾北部少数民族文化的渊源所在。台湾仅有的侧身屈肢葬就发现在十三行遗址的墓地中。

在新石器时代晚期，台湾西海岸的中部、南部还分布着营埔文化、番仔园文化、大邱园文化、大湖文化等滨海贝丘文化。其中的大湖文化是台湾南部晚于牛稠子文化的文化类型，遗址多为贝丘型。陶器以夹砂红陶、黑陶为主，泥质红陶、灰黑陶也占相当比重，并出现了少量磨光黑陶。器形比较常见的有罐、桶状罐、钵，发掘中还见到器盖、器圈足等。纹饰常见曲折纹、波浪纹、交叉纹、圈点纹、凹弦纹、羽状纹及成排的人字形、直线形点纹，红陶常见方格纹、绳纹、席纹、篮纹等印纹。[2]在凤鼻头遗址还发现了红彩绘成的各种几何形纹饰，很像昙石山的彩陶。石器有打制、磨制的石斧、石锛、凿、刀、镞、矛头、网坠等。骨尖状器、蚌刀，玉石制的玦、环、佩饰，纺轮、陶环等也有发现。营埔文化的碳14年代介于距今2800—1400年前，大湖文化的年代介于公元前1300—前400年。

卑南文化是广泛分布于台湾东海岸的巨石文化，年代晚于麒麟文化，

---

[1] BP（Before Persent）为距今年代，目前学界普遍使用BP代替传统的BC（公元前）和AD（公元后）。它的好处是使得所有文化和宗教的年代变得更加直观。为了将日期标准化，1950年被定为考古学上的"现在"。

[2] 何传坤：《台湾中部地区史前文化与古生态环境互动关系初探》，载《新世纪的考古学——文化、区位、生态的多元互动》，紫禁城出版社，2006年，第90—101页。

但散布的范围更大。卑南文化的主要文化遗存有石板砌成的石棺、石墙、石柱、大型石制容器、石槽等。从大量的墓葬材料分析,卑南文化时期的社会已经存在社会分层。墓葬中出土的人骨也反映了拔牙、嚼槟榔、猎头等习俗的存在。石棺内的随葬品有陶器、玉器、石器等。石器主要是打制石斧、石锛、石镰、石刀、石镞等。石刀、石镰及用于去壳的工具石杵的大量发现,证明了卑南文化时期种植业的发达。陶器均为手制,烧成温度不高,器物中多见素面陶,典型器物有夹砂红褐双耳折肩陶罐、鼓腹陶罐、陶钵等。器物的把手形式多样,富于变化。装饰品有陶环、玉环、玉玦、玉坠、玉佩及玉雕刻品,其中带有四个突起的玉玦为东南亚地区所特有的Ling-Ling-O式。卑南文化的碳14年代介于距今4600—2700年前。[1]

图3-1:卑南文化陶器群复原图[2]

---

[1] 宋文薰、连照美:《卑南考古发掘1980—1982:遗址概况、堆积层次及生活层出土遗物分析》,台湾大学出版中心,2004年,第169—173页。

[2] 宋文薰、连照美:《台东县卑南遗址发掘报告(一)》,《台湾大学考古人类学刊》第43期,1983年。

三、台湾史前文化的基本特点

纵观台湾各地的考古材料，我们可以发现下述几项特征。首先，从更新世晚期开始，中国大陆的东南沿海文化就已经开始辐射到台湾地区，形成了由旧石器时代晚期到新石器时代各个不同时期的文化堆积。同时，在自身的长期发展过程中，台湾的史前文化也逐步形成区域性的特点，在一些地区，这种特点有相当长时间的前后承继关系。其次，台湾独特的地理位置使得其在广大地区的文化交流中扮演着重要角色。在中国大陆沿海文化影响其文化发展的同时，台湾史前文化中也渗入一些东南亚海岛区的文化因素，这些因素一般是在台湾新石器时代中晚期文化中才开始表现出来。再次，台湾第四纪地层中曾发现掩齿象、象、犀牛、古鹿、野牛等化石，与华南更新世哺乳动物群种属相似，显示台湾岛在更新世冰期时曾与大陆相连。随着冰期的结束，全新世的人类则只能凭借海上交通工具往返于大陆与台湾。同时，在台湾发现的早期文化遗址多散布于海岸地带，后逐步沿河流向岛内伸展，所以台湾的史前文化属于"海洋文化"，具有向太平洋海岛地区扩展的潜在能力。最后，台湾岛构成了一个独立的大生态系统，人类与自然界的相互作用、人类在岛屿世界中的适应情况都可以在台湾进行很好的观察。在总体上，早期台湾的史前文化是一种渔捞、采集、狩猎占很大比重的文化类型，其发展模式与中国大陆华南沿海文化有较多相似性。(但大坌坑文化已经不是这一地区初始阶段的文化，在此之前一定还有无陶新石器或更早的中石器文化存在。)在台湾原始农业的发展过程中，人类栽培了稻类、薯蓣类等多种作物，并存在动物的驯养。此外，台湾的史前文化与当代台湾少数民族的文化具有渊源关系。历史语言学的研究已将台湾的语言分为三个大群与16个分枝。按照当代民族学家从婚姻制度、住屋式样、起源神话、某些特定风俗(文身、木刻等)的有无等多方面的比较分析，台湾少数民族至少可以分为八个群体，其中一些群体与台湾的考古学文化存在明显联系。[1]如十三行文化与现在台湾北部的凯达格兰族

---

[1] Stamps, R. B. (1977) "New light on Taiwan's prehistory," *Asian Prespectives*, XX(2).

（Ketagalan）、噶玛兰族有联系；继承台湾东部卑南文化的阿美文化；中部洪安雅（Hoanya）、发武朗（Faworiang）等平埔族与大邱园文化的可能联系等等。这些文化联系的存在强化了当代台湾少数民族志材料在复原史前史上的作用，便于进行民族考古（Ethnoarchaeology）的研究。臧振华先生指出，有必要就包括文化互动、传播和人群的移动在内的台湾、华南和东南亚史前文化的关系进行深入探讨。我们不能停留在过去以个别器物类型特征来联系华南、台湾与东南亚之间史前文化的关系，而应该从这些器物存在的各个社会文化系统中更深入地发掘其真实意蕴，并做出更有效的解释。[1]

第二节　菲律宾史前考古的发现及与其他地区的文化联系

一、基本背景

奥地利史前学家海涅·格尔登（Robert Heine-Geldern）曾把东南亚史前文明的形成描述为基本上是由来自北方的若干次移民运动构成的。他认为以圆角石斧（walzenbeil）为代表的文化从中国华北到日本，通过台湾地区和菲律宾，将文化传播到印度尼西亚东部和美拉尼西亚；有肩石斧（shouterbeil）代表着南亚语系的孟-高棉语族的文化由印度东北部传播到东南亚；而方角石斧（viekantbeil）则代表了南岛语民族的文化从华北传播到中南半岛，再到印度尼西亚，然后分为两路：一路南下到巴布亚新几内亚，另一路从婆罗洲、菲律宾、中国台湾北上，最后将文化传到日本。[2] 菲律宾考古学家贝耶（H.Otley Beyer）在他的研究中发展了海涅·格尔登的观点，他认为菲律宾的史前文化是由不同时期的七次移民运动构成的。一、旧石器时

---

[1]　臧振华：《华南、台湾与东南亚的史前文化关系——生态、区位与历史过程》，载《新世纪的考古学——文化、区位、生态的多元互动》，紫禁城出版社，2006年，第71—89页。

[2]　臧振华：《华南、台湾与东南亚的史前文化关系——生态、区位与历史过程》，载《新世纪的考古学——文化、区位、生态的多元互动》，紫禁城出版社，2006年，第80页。

代晚期（公元前67000—前25000年），两处陆桥将菲律宾和巽他大陆架联接在一起，人类和一些哺乳动物此时进入菲岛；二、中石器时代（公元前25000—前15000年），来自南方的小黑人（Negritos）与古澳大利亚种沙盖人（Austroloid Sakia，亦称Senoi）进入菲律宾；三、中石器时代末（公元前15000—前12000年），原马来人（Proto-Malay）沿尚存的陆桥由婆罗洲背部进入菲律宾；四、新石器时代初（公元前6000—前5000年）经由水路来自北方（华南）的一种身材高大的印度尼西亚A型民族到达菲岛；五、新石器时代后期（公元前2000—1500年），中国南方沿海和越南的被称为印度尼西亚B型的民族经由中国台湾、吕宋进入菲律宾，带进了包括用石器制造木舟、四柱住屋、树皮布、陶器、原始农耕等内容的新石器文化；六、青铜时代（公元前800—前500年）的文化是第五次移民浪潮后的另一批海洋民族创造的文化，具体表现在梯田耕作、采矿、冶铜技术、独柄风箱等文化特质上；七、铁器时代（公元前300—公元300年）的文化是来自南方马来民族的文化，重要特征有铁器、制陶、纺织、鲸面文身、舟楫等。[1]贝耶的这一概括成为后来对菲律宾史前文化进行各方面研究的重要模式。在涉及史前文化的内容之前，需要考查一下菲律宾文化赖以建立的自然背景。

在自然地理特征上，菲律宾是太平洋西缘花彩状岛弧和火山地震带的一部分。菲律宾全境由7100多个大小岛屿组成，其中的11个大岛占所有岛屿面积的96%。岛屿中有2400个岛有名称，其他为无名岛，约1000多个岛屿有人居住。三分之二以上岛屿是丘陵、山地及高原。多火山，全国有52座火山，其中活火山11座。菲律宾也是地震频繁的地方。除吕宋岛中西部和东南部外，各大岛平原均狭小，海岸线曲折，总长约18000多公里，多良港。菲律宾属热带海洋性气候，全年阳光充足，分旱季和雨季两季，雨季为每年的5月至10月，旱季为11月至次年4月，全年平均气温为26.6℃左右。南部的棉兰老岛，气候为热带雨林气候。菲律宾以东的洋面是西北太平洋地区台风的发源地，每年7—9月台风路线多经吕宋岛，10—12月台风路线南移，有时也在棉兰老岛北部登陆。从生物学和地质学

---

[1] 刘其伟：《菲岛原始文化与艺术》，六合出版社，1981年，第1—3页。

的证据看，菲律宾一度曾与台湾岛、亚洲大陆相联接。现菲律宾最北的巴丹群岛（Batanes Islands）北端的马乌蒂斯岛（Mavudis Island）距中国台湾地区最南端的鹅銮鼻为142公里。菲律宾北部省份的植物群落与台湾植物群落的相似性大于其与菲律宾群岛地区广泛存在的马来西亚植物群的相似程度。在动物方面，北吕宋的高地动物，特别是啮齿类动物与台湾的很接近。在亚洲大陆广泛发现的半金环蛇（Hemi Bungarus）属的三种蛇也出现在菲律宾。但从淡水鱼类的不互见、菲律宾有台湾没有的龙脑香科（dipterocorps）植物、台湾有山鳟鱼（Mountain trout）而菲律宾没有等几方面看，菲律宾与台湾岛陆路的连接可能是全新世以前的事。另一方面，在里斯冰期阶段（公元前30000年），菲律宾的海平面达到了更新世以来的最低点，比现在低约200米，这个时期菲律宾的主要岛屿是联接在一起的。陆桥将巴拉望岛、加里曼丹（婆罗洲）、棉兰老岛、苏禄、马来西亚、苏门答腊、爪哇、苏拉威西（西里伯斯）、巽他等都连在一起。[1] 现在已在这一地区消失的动物，如犀牛、鼠鹿、小种象、剑齿象等当时都通过陆桥活动于整个地区。

从地理上划分，东南亚地区可以分为东南亚大陆区（中南半岛）与东南亚海岛区（马来群岛）两部分。前者的北界可到中国的华南地区，南到新加坡，东起华南沿海穿过阿萨姆到印度东部；后者则包括离开东南亚大陆、半岛的所有岛屿。菲律宾群岛属于东南亚海岛区的一个组成部分。

传统上一直认为尼格利陀人（Ancient Negroid）是菲律宾最早的原始居民，他们是在旧石器时代晚期海平面甚低的时候通过陆桥进入菲律宾群岛的。现代土著居民中的艾尔塔人（Aeta，或称Negritos）被认为与旧石器时代就活动于菲律宾的尼格利陀人关系最为密切。新近的体质人类学的研究，包括血型与体质特征的研究还显示，菲律宾的居民与亚洲各地的人类群体有着广泛联系，很难确定谁是先来者。经过对菲律宾山地少数民族伊富高人（Ifugao）头发形状、眼、面部特征、头形、牙齿等多方面特征的分析，体质人类学家罗金斯基（J.J Rolginsky）认为，伊富高人属于马来人种的印

---

[1] Roces, A. R. (1977). *Land Bridge, Philipino Heritage: The Making of a Nation*, Manila: Iahing Philipino Publishing Inc., p.12.

度尼西亚亚群。另一位体质人类学家伊斯泰尔(L.A. Estel)则认为民都洛岛的土著瑙汉人(Nauhan)与华南的矮小蒙古人种(Pygmy Mongoloids)有诸多相似性。

历史语言学的追溯将菲律宾最早的居民与讲南岛语的民族联系在一起,但这种追溯尚无法明确的指出这些讲南岛语的早期居民的老家在何处。新近对居住在吕宋的伊洛科人(Ilocanos)语言历史的研究指出,伊洛科人与廷吉安人(Tinguian)的语言在公元1200年时分离开来,以此推知,伊洛科人的语言与亚洲大陆的古语的分离当发生于更早阶段。同时,历史语言学的研究还证明有70种以上的菲律宾语言属于马来-波利尼西亚语系(即南岛语系)的印度尼西亚语支,显示出菲律宾民族来源的多元化。[1]

民族学的证据也显示出菲律宾民族与亚太地区其他民族的密切联系。如菲律宾北吕宋的山地民族与中国台湾少数民族、越南的蒙塔格纳德人(Montagnard)、泰国的克伦人、婆罗洲的伊班人、波利尼西亚的博拉人(Bora-Bora)在民族文化特征上有诸多共同因素。

二、菲律宾的史前考古发现

菲律宾考古的肇始可以追溯到19世纪中后期。1859—1860年,德国民族学家在萨马岛收集了一些关于古代墓葬的材料,并观察了若干有墓葬遗存的洞穴。1881—1882年,德国人兴登伯格(Alexander Schadenberg)在棉兰老岛东南的萨马尔岛(Samal Island)调查了一些有墓葬的洞穴。1888年法国探险家马舍尔(Alfred Marche)在马林杜克岛(Marinduque)和卡坦端内斯岛(Catanduanes)采集和发掘了一批包括人类遗骨、瓮棺葬所用瓮棺、中国陶瓷器、贝类装饰品、铜器在内的文化遗物。1922—1925年,古瑟尔(Carl E. Guthe)在菲律宾从事了一次旨在调查中国陶瓷器在菲律宾分布情况的考古工作,他在棉兰老岛和维萨鄢群岛(Visayan Island)共调查了500余处遗址,

---

[1] Patanne, E. P.(1997). "Asian Odyssey," in *Land Bridge, Philipino Heritage: The Making of a Nation*, Manila: Iahing Philipino Publishing Inc., p. 89.

其中约100处为洞穴遗址，但他对采集和发掘的遗物没有进行地层的区分。前面提到的贝耶是20世纪70年代以前菲律宾考古最有影响的人物。由于他与海涅·格尔登的密切关系和他所持的美国人类学文化历史学派的观点，他对于菲律宾史前史研究的主要关注点是建立菲律宾史前史的发展序列以及探讨其与东亚和太平洋地区的文化关系。作为菲律宾国立大学人类学系主任，他对菲律宾考古学的影响是长期和持久的，他后来还培养出东南亚考古的著名学者如福克斯（Robert B.Fox）、索尔海姆（Wilhelm G. Solheim II）等。[1]

菲律宾真正的科学考古发掘开始于20世纪50年代初。通过在菲律宾西南巴拉望岛（Palawan）的一系列发掘，证明在这一地区存在着持续时间很长的史前文化。遗址多数分布在近海的石灰岩洞穴中，有的地点文化层最早的堆积可上溯到旧石器时代。1962年，考古学家福克斯在巴拉望岛西南海岸的塔邦洞穴（Tabon Cave）遗址中发现了菲律宾最早的人类化石。在厚约1.4米的文化层中发现了年代跨度介于距今35000—9200年前的不同文化层。人类头盖骨发现于年代距今24000—22000年前的地层中。体质人类学家对其种族归属仍有不同的看法，有的认为其属于前蒙古利亚种（Pre-Mongoloid），有的认为其与澳大利亚古人类如塔斯马尼亚人更相似，但其与现代的矮黑人相似度不高。[2] 文化遗物中有数以千计的燧石石片石器、打片余下的石核和石片，显示塔邦洞不仅作为一个居住遗址，而且可能还是制造石器的场所。石器中大宗的是石片刮削器，少量大型玄武岩砍砸器。弓背型刮削器是塔邦洞石器工艺的代表性器物，其特点是平底，经加工形成使两侧边缘成锐角三角形，二步加工的痕迹普遍存在。[3] 由文化遗物和用火灰烬等判断，这一遗址在同一时期居住的人口不会多于30人。洞穴中所发现的象化石证明在旧石器时代晚期菲律宾和大陆仍有陆桥相连。在菲

---

[1] Hutterer, K. L. (1987). "Philippine Archaeology: Status and Prospects," *Journal of Southeast Asian Studies*, vol. XVIII, no. 2, pp. 235–247.

[2] Scott, W. H. (1984). *Prehispanic Source Materials for the study of Philippine History*, New Day Publishers.

[3] Patole-Edoumba, E. (2009). "A Typo-Technological Definition of Tabonian Industries," *Bulletin of the Indo-Pacific Prehistory Association*, no. 29, pp. 21–25.

律宾吕宋的卡加延河谷(Cagayan)所发现的石制品是菲律宾时代最早的旧石器时代遗存。由于与大型打制石器(与塔邦的砾石石片石器传统不同)共存的有剑齿象、亚洲象、犀牛、陆龟等大型亚洲大陆旧石器时代中期的动物群的动物化石,其时代应属于更新世中期。

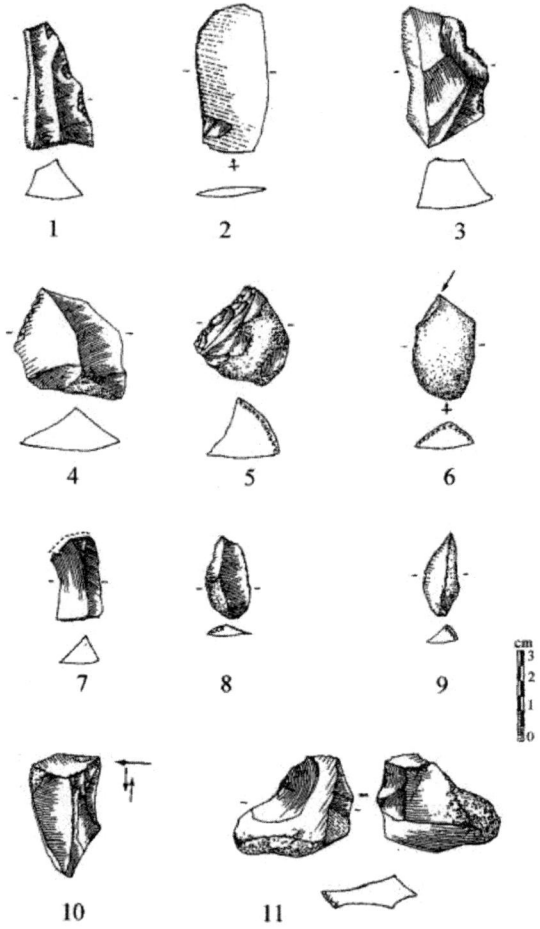

1 to 5 : scrapers ; 6 : borer ; 7 to 9 : used blanks;
10-11 : cores

图 3-2 : 塔邦洞穴出土的燧石石器[1]

---

[1] Fox, R.B. (1970). *The Tabon Caves: Archaeological exploration and excavation on Palawan Island*, Manila : National Museum of the Philipines, p. 30.

在巴拉望西南海岸发现的古利洞穴遗址(Guri Cave)，代表着距今8000—4000年间的史前文化。虽然在这个阶段其邻近一些地区已进入新石器时代，但古利洞所代表的仍是以打制石片石器为主的旧石器文化。该遗址出土了大量海产贝类的贝壳，总计达二万多件，同时出土了陆地软体动物（主要是蜗牛）的遗存。文化遗物方面，石器仍属于塔邦文化的石器传统，但石器中经二步加工的工具比例明显增加（达55%），弓背形刮削器、石叶、小型刮削器、片状石核是主要的工具类型。数以千计的猪骨与鹿骨以及鸟类和其他小动物的骨骸也有发现。[1]

这一地区广泛分布的另一种原始文化是以马农古尔洞穴(Manunggul Cave)为代表的洞穴瓮棺葬文化，其起始年代约为公元前1500年，一直延续到公元500年。这一洞穴位于高于现今地面约61米的岩壁上，洞穴内有四个洞室，在洞室A内发现了众多陶制瓮棺和涂有赤铁矿的人骨，所得木炭测得的年代是公元前890—前710年。瓮棺大多被经人放置在可照到阳光又不会受雨淋的地方。瓮棺葬均为二次葬，往往只将死者的部分骨骸置于瓮内，对在瓮棺的周围所发现牙齿的鉴定证明是成年人葬于瓮中，这与东南亚一些地区主要是儿童瓮棺葬的遗存有所不同。东南亚史前文化中的洗骨与染骨习俗在马农古尔瓮棺人骨上都有表现，这些人骨不仅被涂以赤铁矿粉，而且很可能经过了赤铁矿水"浸泡"的礼仪。作为葬具的瓮一般都带复钵式的盖，有的在盖顶还加塑有人物，在瓮的颈肩部与盖上往往有一周彩纹饰，瓮的造型多是宽肩、深腹、平底。随葬物品包括制作精美的彩绘陶，以及一些造型独特的器物，如仿木舟的陶棺等，装饰品有涂以赤铁矿粉的贝壳、海牛(sea cow)骨，贝、石制的串珠与手镯等。大多数考古学家都注意到马农古尔瓮棺葬代表着一种独特的葬仪，其瓮盖上的人划船塑及陶器中船棺等都代表着一种海洋特征的文化因素，可能和东南亚少数民族中流行的"超度船"(death ship)葬俗有关。[2]马农古尔式陶瓮(Manunggul jar)在东南亚史前考古遗存中是非常著名的文物。

[1] Fox, R.B. (1970). *The Tabon Caves: Archaeological exploration and excavation on Palawan Island*, Manila：National Museum of the Philippines , p. 110.

[2] Fox, R.B. (1977). "Manunggul Cave," *Philipino Heritage*, vol.1, p.173.

在巴拉望发现的另一处重要遗址勒塔-勒塔洞穴遗址（Leta-Leta Cave）中出土了包括大型筒形瓶、缕孔豆、盘口罐等陶器，有段石锛，各种装饰品在内的丰富文化遗存，其年代可以上溯到公元前1000年。但在福克斯当年发掘该洞穴时，年代序列的资料和地层关系并没有被清楚地梳理出来。该遗址中没有类似马农古尔遗址的瓮棺葬，在0.4米的文化层中发现了若干墓葬。其中M1为成年个体屈肢葬，随葬品有陶器、石锛、蚌制工具及贝类装饰的串珠、手镯等。M2为成年个体屈肢葬，整个骨架呈深红色（可能是被施以赤铁矿粉），有三块石板压在死者肢体上，可能为葬具。随葬品有贝制装饰品。M3也是成年个体屈肢葬，随葬品有贝制勺状物、贝珠及陶器。M4是儿童葬，M5为敛骨葬（bundle-burial）。在整个墓葬遗存中，有贝耶认为属于北吕宋典型器物的有脊石锛、一批包括双面对穿孔坠饰在内的石制装饰品，及大量用贝、骨、牙制成的装饰品。出土陶器中的30%为素面陶，有50%的陶器上有拍印的篮纹、交叉条纹等，一部分陶器上有红色、黄褐色、橙黄色的陶衣。在该遗址中还发现了少量印纹陶片，年代较晚，可以和婆罗洲的类似发现相比较。勒塔-勒塔洞穴遗址的重要性还表现在遗址中出土的大量文化遗物，包括加工过的贝壳类，证明在巴拉望的新石器时代和早期金属时代的文化经历了逐渐过渡的过程，而不像有的研究者认为的是因不同群体所代表的截然不同的文化而导致了差异。[1]贝壳装饰品在不同沿海遗址的出现也证明了当地史前居民群体间存在交换和贸易。

除了巴拉望岛的考古工作外，菲律宾其他地方也陆续有史前文化遗址发现的报导。在米沙鄢群岛（Visayas）的马斯巴特岛（Masbate Island）所发现的卡拉奈洞穴（Kalanay Cave）遗址所出土的陶器在菲律宾有广泛的代表性，被称为卡拉奈陶器群（Kalanay Pottery Complex）。此类陶器还发现于吕宋南部的米沙鄢群岛（Visayas）的其他地方，其碳14年代有公元前754±100年、公元前91年及公元179年等数据，证明其属于新石器时代晚期到金属时代早期的文化。器物中多见圈底的罐、盆、瓶、钵类，并有

---

[1] Szabo, K., Ramirez, H. (2009). "Worked Shell from Leta-Leta Cave, Palawan, Philippines," *Archaeology in Oceania*, no. 44, pp. 150–159.

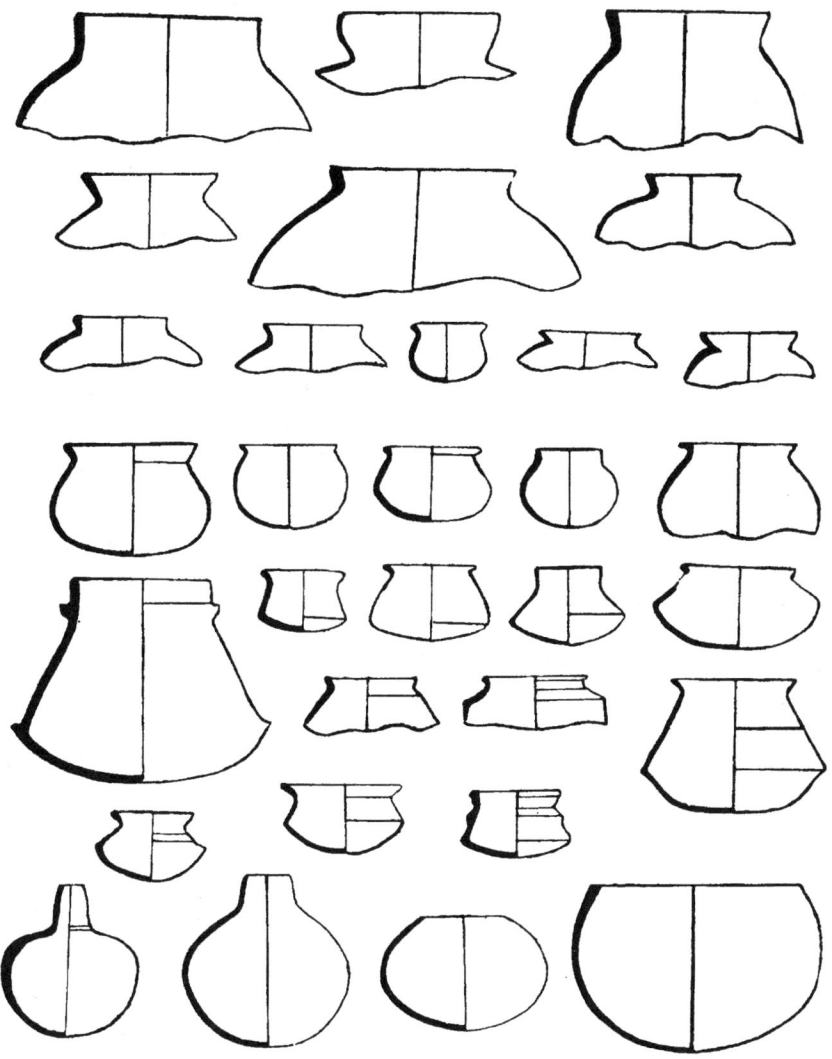

Vessel forms of the Kalanay pottery complex.

图 3-3：卡拉奈陶器群[1]

[1] Solheim II, W.G. (1959). "Further Notes on the Kalanay Pottery Complex in the P. I," *Asian Perspectives,* no.3, pp. 157–165.

圈足和三足的盘、钵类,器盖也较常见。纹饰以各种刻划纹为主,包括曲折文、水波纹、三角连线纹、贝印纹、圈点纹等,纹饰常见于器物的口沿、颈部和肩部,有施陶衣的现象。类似于卡拉奈陶器群的陶器在菲律宾上述地区以外并不多见。[1]班乃岛(Panay)诸多的史前遗址可以被分为三个主要的类别:1. 仅有石器的洞穴遗址(这类洞穴没有明显的用作居址与葬地的迹象);2. 仅见陶器的洞穴遗址;3. 在平地发现的以石片石器为主的遗址。[2]吕宋岛等地也有史前遗址的发现。

在菲律宾中部马斯巴特岛的卡拉奈洞穴遗址所发现的陶器群是与巴拉望岛陶器群风格不同的陶器。这一陶器群中的陶器表面上颈部多有纹饰,其中包括刻划的曲线、带尖角的连索纹、连续的旋涡纹、圆形纹、变化多样的三角形纹,有的器物还压印有一周双瓣贝纹、凸弦纹等。该陶器群最早的年代可达公元前2000年。与卡拉奈陶器群类似的陶器发现在越南沿海、马来西亚西部、爪哇、巴厘、西里伯斯,并与太平洋的美拉尼西亚的拉皮塔陶器有一定的相似性。同时,用曲线连续的旋涡纹、螺旋纹与三角纹组成的花纹主题也是东南亚许多地方的重要文化特征,它们被用作为纹身、纺织品花纹、木刻、编织、建筑装饰、陶器饰纹等许多方面的图案。[3]与之相比,巴拉望陶器中主要流行绳纹、拍印纹、刻划纹,素面陶、带陶衣的陶器在器物中占很大比例,平底碗、钵、圜底瓶、釜、罐、壶、豆是主要类型。涂以赤铁矿并用于瓮棺葬的陶器是巴拉望陶器中最具特色的。由于菲律宾不少地方的史前遗物只是地表采集,且多是生产工具,故对工具的研究只能是综合性的。菲律宾石器时代工具主要包括下述类型:磨光的石锛、石斧、石凿、树皮布打棒(barkcloth-beater)、较少加工的河卵石制石斧、贝类与石制的装饰品、海贝制品、石片打制的石斧、石叶、鹿角制工具等。根据工具制作的技术,以及相应的器物群,可将菲律宾的石器等

---

[1] Solheim II, W. G. (1959). "Further Notes on the Kalanay Pottery Complex in the P. I. ," *Asian Perspectives*, no. 3, pp. 157–165.

[2] Coutls, P. J. F. (1984). "A Hunter Gatherer/Agriculturelist Interfact on Panay Island, Philippines," University of Otago Studies in Prehistoric Anthropology, vol. 16, p. 219–221.

[3] Solheim II, W. G. (1985). "Archaeology and Anthropology in Southeast Asia," *Journal of Southeast Asian History*, vol 18, pp. 175–181.

工具分为早、晚两段。早期的石斧、石锛是由打制的石片局部磨制而成的弧刃器物，打制石器在整个工具中仍占很大比例。晚期以通体磨光的直刃石器为主，形式多样的有段石锛为这一期常见的器物，段部的形态有台阶式、凹槽式、带脊式等。早期石器的剖面多为椭圆形，晚期的多为方柱状、梯形。制作石器的原料主要有玉髓、安山岩、流纹岩、玄武岩、细粒沙岩、石英、片岩、霏细岩及软玉等。八打雁省新石器晚期遗存中的玉制器物（包括装饰品）在整个器物群中占相当比例。菲律宾发现的树皮布打棒多用圆柱形石制成。加工食物的磨盘在菲律宾史前遗址中也有发现。从工具的类型演变来看，文化的发展表现在植物栽培与定居方面。而从大量加工工具结合民族志资料来看，菲律宾新石器晚期文化有明显的海洋导向。

三、菲律宾史前文化的特征

在菲律宾史前文化中，下述特征是比较明显的：1. 遗址多位于沿海地带与江河沿岸的石灰岩洞穴中，有的在一小块地区内分布相对集中。平原、贝丘等遗址目前发现不多，文化内涵也不甚丰富。2. 一部分洞穴遗址中有比较厚的文化层，其文化遗存代表的时间也比较长。有的洞穴被用作墓地（包括瓮棺的陈放）。3. 文化遗物方面，打制石片石器传统在菲律宾持续的时同较长，跨越新、旧石器两个时期。新石器时代的石器以斧、锛为主，包括大型长身的石斧、有段石锛、燧石，软玉制成的小型石器（主要是锛、凿）在晚期较多。陶器以圜底器为主，但其文化成分比较复杂，有类似良渚文化和中国东南沿海其它新石器时代文化的黑陶、几何印纹陶的罐、瓿，高圈足镂孔豆等，也有类似东山文化的高领折肩瓿和其他可能源于东南亚大陆的文化因素。4. 菲律宾史前社会的狩猎、采集阶段持续较长，并在很长一段时间内存在狩猎、采集与农业共存的局面。在菲律宾人类早期的栽培作物中，块根作物芋类、芭蕉类等热带作物占优势，水稻种植是较晚传入的，早期的农业可能在山地展开。

第三节　马来西亚的考古发现

马来西亚地处太平洋和印度洋的交汇地带。全境分为东马来西亚和西马来西亚两部分，总面积330257平方公里。西马来西亚位于马来半岛南部，北与泰国接壤，西濒马六甲海峡；东马来西亚为沙捞越地区和沙巴地区的合称，位于加里曼丹岛北部，南邻印度尼西亚，北岸中段和文莱接壤，东北临苏禄海，东临苏拉威西海。东马来西亚陆地面积200657平方公里，海岸线总长4192公里，属于热带雨林气候和热带季风气候，无明显的四季之分，一年之中的温差变化极小，平均温度在26℃~30℃之间，全年雨量充沛，11月至次年4月是雨季。本节主要讨论的是东马来西亚的材料。

按照体质人类学家的研究结果，现仅分布在霹雳、吉打等地的尼格利陀人与塞诺伊人（Senois）是马来西亚最早的原始居民。传统理论认为，公元前3000—前300年间的若干次移民浪潮使属于海洋蒙古人种的马来人不断到达，形成了后来马来亚民族的主体。在史前文化的类型上，东马来西亚与印度尼西亚共同构成一个文化区，其文化面貌在不少方面与东南亚大陆区的史前文化有所区别。马来西亚的考古工作大致可以追溯到19世纪，最早的考古发现是"和平文化"式的打制石器。20世纪上半叶在马来西亚陆续有一些石灰岩洞发现，出有陶器、骨角器等新石器时代文化遗物。迄今为止，在东马来西亚的沙巴、沙捞越及西马来西亚等地都有史前遗址发现，其中重要的是哈里森（Tom Harrison）对尼阿（Niah）洞穴遗址的发掘，此次发掘中的发现为东南亚新石器时代补充了重要的资料。沙捞越的巴乌洞遗址（Bau Cave），西马来西亚的查洞遗址（Gua Cha）、克奇尔洞穴遗址（Gua Kechil）也是重要的史前考古遗址。巨石文化遗存也是包括马来西亚在内的东南亚的重要考古遗迹。在马来西亚发现的巨石文化可以分为三类：1. 墓葬用多尔门（dolmen），2. 纪念碑式多尔门，3. 石板墓。[1]

与菲律宾的史前遗址类似，马来半岛中部和西部的众多石灰岩洞穴也被史前人类用作居地和葬地，并且往往一个洞穴遗址内文化持续时间比较

---

[1]［英］温斯泰德:《马来亚史》，姚梓良译，商务印书馆，1958年。

长。查洞遗址就是这类遗址的典型代表。遗址位于马来西亚的吉兰丹州，在该遗址 2 米厚的文化堆积中发现了分属两个不同时期的文化遗物。下层出土了以河砾石为原料打制而成的石片刮削器、石刀、石斧等，并伴出大量兽骨（主要是野猪骨）。这一层内的墓葬基本上没有随葬品，有的骨架头枕石板，有的身上也压着若干块石板。碳 14 测定这一层的年代为距今 13000 年—10000 年前。遗址的上层属于新石器时代遗存，发现了直肢葬的墓葬，随葬品中有陶器、磨制石斧、用贝类和穿孔小珠串成的项链、贝匙，以及用软玉等制成的手镯。陶器系由慢轮加工而成，比较精美。1979 年，在上层发现了大量炭化谷物。上层的年代大致为公元前 1000 年。一般认为该遗址的下层属于"和平文化"，上层属于"马来西亚新石器文化"，两层交接处测得的碳 14 年代为 2020±260 BP。

位于西马来西亚中部的克奇尔洞穴遗址的文化层有三层堆积：下层是以简单印纹陶为主的堆积，中层出有经修饰的印纹陶器，上层则是典型的马来西亚新石器文化的陶器，并伴出印纹陶。显示出早期原始居民在与马来西亚新石器文化接触过程中，文化因素的相互借鉴。邻近克奇尔洞穴遗址的坚德兰希利（Jenderan Hilir）遗址中出土物的碳 14 年代是 4800±800BP，该遗址出土了具有马来亚新石器文化特征的三足器。[1]

沙捞越的尼阿洞穴遗址是马来西亚最重要的考古发现。该洞穴最早由英国地理学家华莱士（Alfred Russel Wallace）于 1864 年发现。哈里森于 1954—1967 年对其进行了长达十余年的发掘。1977 年，沙捞越博物馆又对其进行了发掘。文化遗物在所有六个大洞口周围都有发现，但出土文化遗物最多的地点是在西洞口附近。

这是一个由 200 个以上有人类活动迹象的地点组成的遗址群。其所包括的文化遗物的年代上限为距今 6000 年前，下限可到公元后。尼阿遗址旧石器时代遗存主要有未经二次加工的石片石器和单向打击而成的砍砸器，其最早的年代可达距今 40000 年前。新石器文化的内容有带有绳纹、

---

[1] Bellwood, P. (2007). *Prehistory of the Indo-Malaysian Archipelago: Revised Edition*, Australian National Universtiry Press.

压印纹、刻划纹的陶器，有的还有彩绘施于器表。器形主要是罐、瓮、盘等。石器有通体磨光的断面呈椭圆形或矩形的石斧等。洞中有与新石器时代遗存共出的200多座墓葬，其中埋藏最深的人骨周围标本的碳14年代为39600±1000BP和41500±1000BP。如果不计石灰岩洞穴碳14年代普遍偏早的因素，则这可能是东南亚发现年代最早的现代人类的骨骼遗存。其他若干埋藏较深的墓葬的年代为13640±130BP，属于中石器时代。这一时期的石器有加工较为精细的石片石器和仅磨刃部的石斧、石锛，但由于标本数量少，尚无法和其他地方出土的中石器时代石器相比较。新石器时代早期墓葬流行侧身屈肢葬、蹲踞式葬，均无葬具，只有少量随葬品，晚期墓葬中有合葬墓和火葬迹象。由于该遗址中的人骨标本中含大量有铲形门齿者，可以推测他们的人种属性应是南方蒙古利亚种。墓葬中发现葬于中心挖空的原木中的仰身直肢葬个体，有的骨架周围撒有赤铁矿粉。出土遗物有通体磨光的石器、上陶衣的陶器及玉石、贝类装饰品。[1]属于青铜时代的墓葬中，有用独木舟为葬具的船棺葬，相伴的遗物有细小石器和大量陶器，但没有青铜器。对于这些墓葬出土的人骨的古血清研究和相应的土壤研究显示，早期的屈肢葬个体中O型、A型、B型血个体占很大比例，而晚期的直肢葬人骨则只有B型血个体。下层的34个个体研究的结果是：O型20人，占总标本数中的58.83%；A型11人，占32.35%；B型2人，占5.88%；AB型1人，占2.94%。与东南亚现代民族血型的对应研究还证明，在血型构成上，尼阿洞穴的史前人类与现加里曼丹的穆鲁特人（Muruts）、杜松人（Dustuis）比较接近。[2]在尼阿洞穴相当于距今3000年前的地层中，陶器的装饰风格及石器类型有所变化，同时期类似的变化也发生在中国台湾地区与菲律宾等地，说明新的海上交流与人口迁徙的存在。被称为"Ling-Ling-O"的玉器是这一时期广大地域文化交流的重要指示物。在尼阿遗址中还发现了早期金属时代的船棺葬，碳14年代为距今2300年前。在名为"画洞"的

---

[1] Harrisson, T. (1975). "Early Dates for 'Seated' Burial and burial matting at Niah Caves, Sarawak (Borneo)," *Asian Perspectives*, vol. 18, pp. 161-165.

[2] Brooks, S.T.et al. (1977). "Radiocarbon Dating and Palaeserology of a Selected Burieal Series from the Great Cave of Niah, Sarawak, Malaysia", *Asain Perspectives*, XX(1).

洞穴后壁还有赭石绘的粗糙壁画,内容有超度船、舞人等。

在沙捞越的加拉帛高地(Kelabit),与门达族(Mundas)、龙族(Nagas)相关的巨石文化遗存也有发现,主要形式有几块石头支撑的长方形大石块、直立的墓石和石列阵、石板墓等,年代大多已进入铁器时代。[1]在文化内涵方面,马来西亚史前文化的代表性器物包括陶器、石器和各类装饰品。陶器方面,马来亚陶器群(Bau-Malay Pottery Complex)是这一地区的典型文化特征,它在相对年代上晚于菲律宾的卡拉奈陶器传统,并广泛存在于东南亚的海岛地区。虽然两者有若干相似的因素,但文化的渊源则有所区别。马来亚陶器比之卡拉奈陶器在装饰方法上显得单调,其主要装饰方法是用刻有纹饰的拍子拍印纹饰于器身上,通常在一件器物身上将两种纹饰分别拍印于器身与颈肩部,往往颈肩的图案略复杂些,有成组分布的模印几何形纹饰,并间以凹弧纹。早期的器物以罐、钵、碗、釜为主,晚期新出现长颈、圆腹、小平底的壶类及三足器。由尼阿陶器群发展出的双流或多流的壶散布在马来半岛南部和印度尼西亚。[2]在马来西亚的柔佛州、哥打丁宜等地发现的印纹陶的纹饰有云雷纹、编织纹、方格纹、篮纹、曲尺纹、叶脉纹、米字纹、圆圈纹、锯齿纹、波浪纹、S形纹等,按其纹饰风格可分两类:一类与中国东南沿海地区的印纹陶相似,但数量较少,如云雷纹、S形、曲尺纹等;一类具有地方风格,数量较多,如锯齿纹。[3]石器方面,由于马来西亚洞穴遗址文化延续的长期性,故其石器可分前后联系的两类。第一类是"和平式的石器",多以砾石为原料,主要是打制的石片刮削器、石刀、石斧等,较晚阶段出现仅磨刃部的打制石器。第二类是与马来亚新石器陶器传统相关的磨制石器,主要是与马来西亚新石器时期陶器传统相关的磨制石器,主要是横剖面长方形的柱状石斧、石锛,双肩石斧等。

[1] 郑德坤:《沙捞越考古》,李宁译,吴春明校,载邓聪、吴春明主编《东南考古研究》第2辑,厦门大学出版社,1999年,第282—296页。

[2] Bellwood, P. (1985). *Prehistory of the Indo-Malaysian Archaeology*, Academic Press. pp. 281-295.

[3] 彭适凡:《中国南方古代印纹陶》,文物出版社,1987年。

第四节　印度尼西亚及东帝汶的考古发现

　　印度尼西亚地跨赤道，由位于太平洋和印度洋交汇地带的17000多个岛屿组成，有"千岛之国"之称。印度尼西亚与巴布亚新几内亚、东帝汶、马来西亚接壤，与泰国、新加坡、菲律宾、澳大利亚等国隔海相望。陆地面积为1904000多平方公里，海洋面积3160000平方公里左右，海岸线长54716公里。主要岛屿有爪哇、苏门答腊、加里曼丹、几内亚和苏拉威西等。印度尼西亚各大岛的地形以山地和高原为主，沿海有狭长的平原。印尼地处环太平洋火山带上，地震和火山活动频繁，全国共有活火山150多座。印度尼西亚属热带雨林气候，年平均气温25℃~27℃，分旱季和雨季两季，雨量充沛，年平均降雨量2000毫米以上。印度尼西亚的人口主要分布在爪哇、苏门答腊、加里曼丹等大型岛屿上。印尼的本地居民多属蒙古利亚人种中的马来类型，使用属南岛语系印度尼西亚语族的爪哇语。在公元前后印度文化传入印尼后，当地居民信奉印度教和佛教，15世纪下半叶后，由于有伊斯兰文化的进入，居民多改信逊尼派伊斯兰教。

　　印度尼西亚的考古发掘开始于19世纪，迄今为止重要的考古工作集中于苏拉威西、爪哇、苏门答腊、帝汶岛等地。其中成果最显著的是旧石器与古人类，以及佛教文化的发现与研究，新石器文化的发现与研究相对成果较少。1822年，荷兰殖民政府在印尼建立了古物研究和保护委员会，开始对印尼主要是爪哇地区的印度文化遗迹进行调查和记录。1855年，伊扎曼（J.W. Ijzarman）领导的考古学会在日惹（Jogjakarta）建立，并开始对印度文化的遗存尽心发掘和调查。1915年，布舍尔（F.D.K. Bosch）被任命为考古研究会的主席，开始在印尼各地开展旨在对印度文化、伊斯兰文化在内的所有印尼的古代文化进行调查的活动。[1] 在印尼早期考古发现中，爪哇人的发现和研究是最引人注目的。1890年前后，荷兰解剖学家杜布瓦（E. Dubois）首先在中爪哇梭罗河边的特里尼尔（Trinil）发现类人猿化石，他将

---

[1] Soekmono, R. (1969). "Archaeological Research in Indonesia: A historical Survey," *Asian Perspectives*, XII, pp. 91–96.

其命名为直立猿人（*Pithecanthropus erectus*）。由于无石器及其他文化遗物伴生，这一发现并没有得到足够的重视，直到1929年北京人化石被发现后，其直立人（Homo erectus）的地位才得以确认。其年代为距今70—50万年前。20世纪30年代，荷兰古生物学家孔尼华（G.H.R. von Koenigswald）等又在爪哇的莫佐克托（Modjokerto）和三吉岭（Sangiran）等地找到了爪哇人化石。爪哇人的体质特征是颅骨低平、前额窄小、头顶有矢状嵴和枕外嵴、颅骨壁厚、眉嵴粗隆、下腭骨粗壮、犬齿较大。关于直立人在印尼的消失，以及在早期发现人类化石地点的新的年代数据的解释是本地区考古研究的热点。[1]

二次大战日本占领时期，当地的考古工作陷入停顿，直到20世纪50年代才开始逐步恢复。代表印尼新石器时代和早期金属时代的一系列考古发现，是70年代在印尼东北部苏拉威西（Sulawesi）的米纳哈萨半岛（Minahasa）与塔劳群岛（Talaud Islands）的考古工作的成果。这一地区是菲律宾与印尼加里曼丹、苏拉威西及大洋洲密克罗尼西亚、美拉尼西亚相联系的重要孔道，整个地区现已探明的史前遗址有20余处。米纳哈萨发掘的帕苏（Baso）遗址是重要发现之一。帕苏遗址是一个面积近1000平方米的贝丘遗址，其文化层最厚处有一米左右，内有火山灰、炭灰及贝类碎片，贝壳的种类包括了若干淡水种和咸水种。炭灰的规则分布与灶迹有关。遗址下层的年代可达公元前6000年，并持续了3000—5000年。文化遗物主要是黑曜岩制的细石器，主要类型有石片刮削器、凹底与三角形的石镞、小石叶及几何形石片，石器多经双面加工。此外，燧石的双极石片、石核砍砸器、燧石石叶、骨制锥形器也有少量发现。从石器原料和技术传统上看，帕苏的石器与菲律宾、印尼东部及澳大利亚的同类石器有一定关系。赤铁矿的碎块在地层中广有散布。该遗址所出的陶器可分为两类：一类是拍印有几何印纹的硬灰陶，数量较少，纹饰多平行线与网状纹，从若干陶片随人骨同出的情况来看，这类灰陶与瓮棺葬可能有关；另一类陶器是较疏松

---

［1］ Roberts, R. G. et al. (2005). "Illuminating Southeast Asian Prehistory: New Archaeological and Paleoanthropological Frontiers for Luminescence Dating," *Asian Perspectives*, vol. 44, no. 2, pp. 293–318.

的褐陶与灰陶,器表多有红陶衣,无完整器物发现,从陶片形态看,主要器类有宽沿、折颈的圜底罐类,折沿与敛口的盆、钵类,浅盘高把台座豆,以及矮座豆,纹饰多位于口沿上,有捺印纹、平行线、折线划纹。与陶片共出的还有剖面为长方形的石锛,其时代相当于新石器时代晚期(公元前1000年),同类的陶器在菲律宾也有发现。印纹陶的年代要晚于这类灰褐陶。

塔劳群岛的史前遗址主要是石灰岩洞穴遗址,经发掘的有三处。其中之一是位于沿海的良图沃梅恩遗址(Leang Tuwo Mane)。遗址的文化层厚1—1.3米,代表着公元前4000年—公元1000年的原始文化。除极个别黑曜岩石器外,主要的石器是燧石细石器,石器类型有较薄的小石叶与石片,并有少量圆柱状与圆锥形石核,这类石器多集中分布于地层的中部。这些石器在技术传统上与整个东南亚东部岛屿区的石器传统一脉相承。陶器多数是素面陶,属于新石器时代的陶器以球形腹、卷沿的罐类为主,还有卷沿、折腹圜底盆、圜底钵,部分器物的外壁上有红陶衣,这些陶器年代的上限可达公元前3000—前2500年。结合在中国台湾、北吕宋、苏禄群岛等地的发现,说明这种陶器风格是东南亚海岛区公元前3000年—前1000年的主要陶器类型,并且有由菲律宾经帝汶岛到苏拉威西等地的时代先后的发展线索。

良北登洞穴遗址(Leang Buidane Cave)是塔劳群岛的另一处经发掘的洞穴遗址。这是一处典型的早期金属时代瓮棺葬地,文化层厚30—40厘米。文化遗物包括二万余片陶片、破碎的人骨、各种质地的装饰品等。陶器以素面陶为主(93%),上红陶衣的仅占4.4%,其他的装饰风格有刻划与拍印纹。用于做葬具的大型陶瓮多为素面,有筒形深腹与鼓腹两种,有一些器物的口缘部为子母口。其他陶器主要有敞口、折沿、折肩的圜底盆、罐、钵,大多有纹饰,刻划纹常与红陶衣同时出现(有的器物内壁也施以陶衣)。纹饰常见成带状分布的刻划曲折纹、圆涡纹、云纹,以及平行线纹、勾连纹等,在一些器物口缘与折肩部还有一周捺窝。此外,矮圈足镂孔豆、穿孔串珠(有的可能为网坠)也有发现,网坠上还有彩绘的纹样。其他文化遗物有贝、骨、牙制成的各种装饰品,以及若干燧石石片石器、青铜碎片等。良北登遗址在总体文化遗存上与菲律宾的卡拉奈文化相近,其开始的时代在公元前500年,并一直持续到公元1000年以后。[1]

苏拉威西的其它主要考古发现还有在苏拉威西西南的乌鲁良遗址(Ulu Leang. I)。该遗址文化的年代介于公元前8000—前1500年,主要发现有打制的厚背石叶、几何形细石器、凹底石镞、石刀、骨制尖状器。陶器的年代为公元前2500年左右,多为素面陶,同时有少量与菲律宾中部马斯巴特岛上的洞穴遗址类似的印有同心圆纹的陶片。在乌鲁良遗址中还发现了各种野生禾本、薹属植物及野生稻,并有原始农业、猪的驯养、有袋动物的猎取等方面的考古学证据,在整个适应方式上与新几内亚的史前文化较为接近。位于苏拉威西中部的加隆邦遗址(GalumPang)出土了磨制的方角石镞、有肩石斧、小提琴形石斧、石刀、石矛、石镞、树皮布打捧及众多的陶片。陶片的纹饰有刻划、压印、剔刺等。[2]

东帝汶也有若干史前遗址的发现,其中的瓦波波二号洞穴遗址(Uai Bobo 2)年代的跨度在距今14000年—2000年前,该遗址的早中期是以石片石器为主要生产工具的,原始农业可能开始于公元前2500年前后。此后,制做精美、烧成温度较高、表面经打磨的红陶开始出现,并有猪、猴、香猫等动物骨骼出土。帝汶岛的其他遗址还出土了包括园腹罐、敞口缸等陶器和蚌锛、蚌珠、蚌环、蚌鱼钩等工具在内的新石器时代遗物。[3]

在东爪哇的瓜拉瓦洞穴遗址的下层出土了距今5000年以前的粗糙石片和石叶、凹底与圆底的琢制石镞、沾有赤铁矿粉末的石磨盘等[4]。爪哇的肯登-伦布遗址(Kendeng Lembu)是印度尼西亚少有的单纯的新石器时代遗址。该遗址首先由维兰德(W. van Wijland)于1936年发现。1941年,希克林(H.R. van Heekeren)对其进行了首次发掘。1969年,印尼考古研究所史前考古组对其进行了再一次的发掘。遗址的上层出土包括中国陶瓷片、钱币在内的

---

[1] Bellword, P. (1976). "Archaeological Research in Minahasa and the Talaud Island, Noetheastern Indonesia," *Asain Perspectives*, pp. 240–288.

[2] 《中国大百科全书·考古学》"印度尼西亚史前文化"条(童恩正撰),中国大百科全书出版社,1986年,第618页。

[3] Glover, I. C. (1980). "Agricultural Origin in East Asian," *The Cambridge Encyclopedia of Archaeology*, Cambridge University Press.

[4] 《中国大百科全书·考古学》"印度尼西亚史前文化"条,第617页。

历史时期遗物，下层为新石器时期文化层，出土了磨光石锛、制作石器的石胚、磨盘和磨棒、细小石片及夹砂红陶陶片。1986年的发掘又收获了一批制作石锛的毛胚、细小石片和红陶片。此遗址的出土物和苏拉威西西部的卡隆庞（Kalumpang）遗址的出土物非常相似。两个遗址中都有手制有拍印纹的陶器，有的施红陶衣，圆球形罐是典型器物，出土有断面矩形的石锛，并有栽培作物存在的证据。肯登-伦布遗址的年代也应当与卡隆庞遗址接近，约为距今3500年前左右。[1]

在苏门答腊的葛林芝湖和占碑地区曾发现打制的石片、石叶及饰有绳纹、划纹的陶片。苏门答腊的中南部还发现有黑曜岩制成的三角形石镞、柳叶形石镞、雕刻器等。此外，属于早期铁器时代的瓮棺葬在爪哇、苏门答腊的沿海地带也有发现，其文化面貌与苏拉威西的瓮棺葬比较一致。苏门答腊、爪哇所发现的细石器在风格上与帕苏、良图沃梅恩、印尼东部岛屿及菲律宾的细石器存在广泛的一致性。

第五节　区域文化特征的研究

从台湾的考古材料来看，中国大陆沿海地区的史前文化从新石器时代早中期时起就已经辐射到台湾地区。在自身的长期发展过程中，台湾的史前文化逐步形成区域性的特点，并且在一些地区这种特点有前后承继关系。由于独特的地理位置，台湾在广大地区的文化交流中扮演着重要角色。在中国大陆沿海文化影响其文化发展的同时，台湾史前文化中也渗入了一些东南亚海岛区等地的文化因素，作为东南亚南岛语族海洋文化的重要组成部分，台湾的史前考古和历史语言学的研究在区域海洋文化的研究中扮演着重要角色。

随着近几十年来考古材料的增多，贝耶主张的移民浪潮的观点受到了

---

[1] Noerwidi, S. (2009). "Archaeological Research at Kendeng Lumbu, East Java, Indonesia," *Bulletin of the Indo-Pacific Prehistory Association*, no. 29, pp. 32.

挑战。新近的研究显示，菲律宾史前文化中的狩猎-采集文化与农业文化长期共存、相互影响，因而这一地区史前文化的面貌比以前想象的更为复杂。[1]吴春明认为，从华南到东南亚的砾石石器文化构成了一个环南中国海最基层的文化共同体，菲律宾的万利、塔邦两支旧石器文化的内涵、工艺没有超出这个文化共同体的特征，而是其重要的组成部分。[2]不少学者通过东亚大陆南部和中南半岛、东南亚海岛区共同存在的一些典型文化遗物，如有段和有肩石器、石拍、绳纹陶、刻划纹陶、有彩和有陶衣的陶器，来分析不同区域的文化交流与互动。就菲律宾本地的新石器文化的主要来源地问题，学者也大致分为北来说与南来说两派。[3]凌纯声等一早就认为，菲律宾民族与我国的百濮、越、僰、苗、瑶、獠等东南夷、西南夷自古已有密切的关系。中国的这些古代族体曾经不断向南发展，与东南亚广大地域的古代民族发生联系。近年来更多地方原南岛语文化因素的确认，使一些学者倾向于将华南地区也视为原南岛语文化的发源地之一。菲律宾正处于"原南岛语族文化圈的一个中间环节。"[4]总之，经过几十年来的考古工作，基本确定菲律宾的史前文化起自旧石器时代中晚期并一直延续到铁器时代，各个时期的文化遗物都有发现，初步解决了这一地区人类文化的进程问题，探明了属于不同渊源的文化层次。对史前人类生产方式，乃至宗教、习俗、艺术的复原都有可观的收获。由于整个菲律宾的史前考古工作仍处在发展阶段，故在文化总体面貌方面仍有不少缺环需要填补。

马来西亚、印度尼西亚是东南亚海岛部分的重心所在，这一地区的史前文化也明显带有海洋文化的特征。由于各地区古代居民的海上交流形成文化发展阶段性的鲜明对比，人类的适应方式也很大程度上反映在他们的

---

[1] Solheim II, W. G. (1979). "A Look at 'L'Art Probounddhique de la Chine at de l'Asie du Snd-Est et Son Influence en Oceanie' Forty Years After," *Asain Perspectives*, XXII (2).

[2] 吴春明：《菲律宾史前文化中的大陆因素》，《厦大史学》第2辑，厦门大学出版社，2006年，第406—419页。

[3] Solheim II, W. G. (1988). "The Nusantao hyposithese: the Origin and Spread of Austronesian Speakers," *Asain Perspectives*, vol. 26, no. 1, pp. 77–88; Bellwood, P. (2005). *First Farmers: the Origins of Agricultural Societies*, Oxford: Blackwell Publishing.

[4] 吴春明：《菲律宾史前文化与华南的关系》，《考古》2008年第9期，第36—50页。

文化上。马来西亚、印度尼西亚史前文化具有下述特征：

1. 文化遗址散布面积广，虽然现在已发掘的遗址还不多，但其分布却几乎包括了这一地区的主要岛屿。遗址的类型可以分为石灰岩洞穴遗址和沿海贝丘遗址，前者往往有较长的文化持续时间。

2. 在文化发展序列上，可以在主要的洞穴遗址中找到旧石器时代—中石器时代—新石器时代，或中石器时代—新石器时代—早期金属时代的连续性的文化发展序列（有的学者还认为可以在中石器时代与新石器时代之间加上前陶新石器这一阶段）。早期是以打制的石片石器为主的文化，石器加工方法比较简单。中石器时代阶段，以黑曜岩与燧石为原料制成的细石器是石器工具的主体，这种以几何形薄片为特征的细石器在东南亚海岛区有广泛的代表性。这一时期还出现了一些骨、角、蚌制成的工具。新石器时代的文化与中石器时代有一定的差别，出现了较多的磨制石器，包括方角石斧、断面呈椭圆形或矩形的石锛、双肩石斧、石刀、凹底石镞等，也有一定数量的细石器。陶器器形主要有罐、瓮、盘、壶、钵、碗等，其中以素面陶为多，装饰方法有上红陶衣、施刻划、拍印、剔刺的各种纹饰，连续性圆涡纹、同心圆纹、由平行线条组成的各种图案较为多见。总体来看，这一地区的旧石器时代开始于大约距今20000年前，中石器时代开始于大约距今8000年前，新石器时代开始于大约距今4000年前，早期金属时代开始于公元前后，但一些区域文化的年代要偏早一个时期。

3. 发现于洞穴遗址中相当于中石器时代的墓葬一般都没有葬具、随葬品，死者多为屈肢葬，有的死者身上压有石板，并广泛存在在骨头上涂赤铁矿粉的习俗。新石器时代晚期出现了瓮棺葬，并成为早期金属时代的主要葬法，土坑墓、石板墓也有较长的流行时间。瓮棺葬的葬俗将东南亚海岛区与东南亚其他地区的文化密切地联系起来。

4. 马来西亚、印度尼西亚的旧石器、中石器时代阶段的人类社会以采集、狩猎、渔捞为主要经济形态，这一地区丰富的动植物资源为人类生存提供了良好条件。这一地区农业的出现是与南岛语民族的南下有关的。虽然除少数遗址外，该地区动植物驯化的直接证据还不很多，但从整个文化面貌来看，当地新石器时代的居民已经能够种植水稻、块茎作物，并能饲养猪狗等家畜。

第四章　大洋洲的史前海洋文化

第一节　大洋洲的基本自然和文化特征

浩瀚的太平洋占据了地球表面积的三分之一。19世纪中叶，法国人迪蒙·迪尔维尔（Dumont d'Urville）将大洋洲分为波利尼西亚（多岛）、密克罗尼西亚（小岛）、美拉尼西亚（黑岛）、马来西亚（马来人的岛）几个部分。除马来西亚外，他的这种划分方式一直沿用至今。

波利尼西亚位于太平洋中部，陆地总面积约27000平方公里，居民主要是波利尼西亚人，主要岛屿有夏威夷群岛、中途岛、威克岛、图瓦卢群岛、汤加、社会群岛、土布艾群岛、土阿莫土群岛、马克萨斯群岛、纽埃岛、萨摩亚、托克劳群岛、库克群岛、莱恩群岛、菲尼克斯群岛、约翰斯顿岛、瓦利斯群岛、富图纳群岛、皮特凯恩群岛等，以火山岛和珊瑚礁为主。赤道附近各岛属热带草原气候，其它各岛属热带雨林气候。波利尼西亚中部是台风源地之一。

密克罗尼西亚位于太平洋中部，绝大部分位于赤道以北，陆地总面积2700平方公里，居民主要是密克罗尼西亚人。主要有马里亚纳群岛、加罗林群岛、马绍尔群岛、瑙鲁岛、吉尔伯特群岛等。群岛分列为两弧，中隔马里亚纳海沟。群岛以珊瑚礁为主，有许多大环礁和礁湖，也有火山岛。

属热带雨林气候，高温多雨。加罗林群岛附近是台风源地之一。

美拉尼西亚位于西太平洋，赤道与南回归线之间。陆地总面积约155000平方公里。居民主要是美拉尼西亚人，讲美拉尼西亚语，主要岛屿有俾斯麦群岛、所罗门群岛、圣克鲁斯群岛、新赫布里底、新喀里多尼亚、斐济等。

对于大洋洲史前文化的研究开始于20世纪。现在人们倾向于认为人类是从东南亚首先到达美拉尼西亚的巴布亚新几内亚，然后逐步向东进入大洋洲其他地区的。人类进入的大洋洲岛屿区的陆地总面积为822800平方公里（包括新西兰和巴布亚新几内亚，不包括澳大利亚），只占这一地区洋面的0.7%。[1] 大洋洲地理的范围有狭义和广义两种说法，狭义的大洋洲仅指波利尼西亚、密克罗尼西亚和美拉尼西亚三大岛群，广义的大洋洲除包含三大岛群外，还包括澳大利亚、新西兰和新几内亚岛。

广义的大洋洲共有约一万多个岛屿，陆地总面积约897万平方公里，约占地球陆地总面积的6%，是世界上面积最小的一个大洲。大洋洲有活火山60多座（不包括海底火山），在夏威夷岛上有几座独特而世界闻名的火山，是大洋洲最活跃的活火山。这一地带也是世界上地震频繁的地带。大洋洲大部分地区处在南、北回归线之间，绝大部分地区处在热带和亚热带，属海洋性气候，高温多雨，年平均气温26℃~28℃，年温差一般不超过5℃。西部的岛群降水较多，年降水量多在2000—4000毫米，东南部岛群年降水量较少，通常不超过1200毫米。在多山的岛屿上，迎风山坡的年降水量可达2000—4000毫米，甚至达到6000毫米，而背风坡的年降水量通常少于1000毫米。夏威夷的考爱岛东北部年平均降水量高达12000多毫米，是世界上降水量最多的地区之一。波利尼西亚的中部和密克罗尼西亚的加罗林群岛附近是台风的起源地。

狭义大洋洲的岛屿均属海洋型岛屿，远离大陆，面积较小，地质时期和大陆没有联系，主要为海底熔岩喷发物构成，基底缺少深厚的沉积岩层。包括美拉尼西亚岛群外侧的新赫布里底、汤加群岛，以及波利尼西亚和密

---

[1] Terrell, J. (1986). *Prehitory in the Pacific Islands*, Cambridge University Press, p.16.

克罗尼西亚岛群的全部岛屿。海洋型岛屿有火山岛，也有珊瑚岛。火山岛在大洋洲分布广泛，如夏威夷群岛、萨摩亚群岛中的萨瓦伊岛和乌波卢岛、社会群岛中的塔希提岛、斐济群岛中的维提岛和瓦努阿岛、汤加群岛中的瓦乌群岛、马里亚纳群岛中的关岛和塞班岛等，均是典型的火山岛。这类岛屿的基本特征是以丘陵、山地为主，海拔较高，山坡陡峻，没有或仅有面积很小的滨海平原。珊瑚岛多数属于珊瑚环礁，面积较小，通常只几平方公里至几十平方公里，地势低平，一般不超过海平面1—2米。世界上的环礁大多数分布在大洋洲。密克罗尼西亚的几乎全部岛屿、波利尼西亚的大部岛屿，以及美拉尼西亚的部分岛屿均属珊瑚环礁。

大洋洲岛屿区共有1600余种语言，其中的940种属于南岛语系（Austronesian）或马来-波利尼西亚语系（Malay-Polynesian）的大洋洲语族，740种属于巴布亚语系（Papuan）。历史语言学的研究证明这两种语言所代表的民族是在不同的历史时期进入大洋洲的，首先是讲巴布亚语的民族来到新几内亚，接着大约在距今5000—6000年前，讲南岛语的民族开始出现在大洋洲，并在此后的岁月中散布到南到新西兰，东到复活节岛、夏威夷的广大地域中。在种族构成上，大洋洲也主要由这两个语系群的民族组成：讲南岛语的海洋蒙古利亚种与讲巴布亚语的尼格罗-澳大利亚种。仅在美拉尼西亚就有约400种南岛语的变种，是已知的南岛语方言中的一半，而在美拉尼西亚也有讲巴布亚语的群体。由于有着黑色皮肤的部分美拉尼西亚居民也讲与波利尼西亚及其他南岛语文化区相同的语言，因此用语言互借来解释似乎难以给人满意的答案。学者们正试图利用各地的材料，重建"原南岛语"（Proto-Austronesian）民族的形成、移动、互动和融合过程。[1]

对大洋洲史前文化的研究虽始于20世纪，但对这个地区的民族志、语言学的资料积累甚至可以追溯到欧洲殖民者最早进入大洋洲的时期。考古学的调查与发掘在20世纪20年代开始展开，到40年代末至50年代初，考古学家在斐济、新喀里多尼亚、马里亚纳群岛等地进行了一些考古发

---

[1] Bellwood, P. et al. (2006). *The Austronesian: The Historical and Comparatives*, The Australian National Uviversity Press, pp.1–16.

掘。50年代至60年代，更有计划的考古发掘在大洋洲展开，碳14断代技术的引进增加了这一区域考古编年的可靠性。这一时期重要的考古发现是在新喀里多尼亚发现的拉皮塔文化（Lapita Culture），这一发现导致了后来大洋洲考古学的突破性进展。70年代，该区域的史前考古除拉皮塔文化遗址的继续发现外，还进一步找到了关于这一文化的一些可靠的地层堆积。与此同时，在巴布亚新几内亚北部海岸的胡昂半岛发现了整个大洋洲最早的文化遗址，出土了砾石石片石器及手斧，使大洋洲的历史可上溯到距今40000年前。大洋洲最早有人居住的岛屿是俾斯麦群岛的新爱尔兰岛（距今33000年前）和所罗门群岛。当前太平洋区域考古所着重研究的问题包括：大洋洲的最古民族与其最初居住地所在，美拉尼西亚早期的农业发展，大洋洲所经历的整体移民过程，由最初移民到人口向不同区域扩散的过程，以及大洋洲史前社会经济体系的构成。[1]下面我们将分区域讨论大洋洲各地的史前文化。

第二节　波利尼西亚的考古发现

20世纪初，在新不列颠岛传教的神父梅耶（Father Otto Mayer）在瓦特姆（Watom）发现了一些陶片，他认为这些遗物可能与南美洲和太平洋群岛的接触有关。他将这些陶片交给法国巴黎的人类博物馆（Musée de l'Homme），但此后的40年中这些遗物沉睡仓库，无人问津。1920年，美国人类学家麦肯（W. C. McKern）在汤加又发现了更多的陶片，但他当时并没有将其与波利尼西亚的史前文化联系在一起。1952年，吉福德（E.W. Gifford）与舒特勒（Richard Shutler）在新喀里多尼亚进行的一系列的考古发掘中首次确立了拉皮塔文化（Lapita Culture）。吉福德在新喀里多尼亚的克耐半岛（Koné Foué Peninsula）被当地人称为拉皮塔的地方发掘出大量有纹

---

[1] Kirch, P. V. (1982). "Advances in Polynesian Prehistory," *Advance in World Archaeology*, Academic Press.

饰的陶片，遗址的碳 14 年代是距今 2800±350BP 和 2435±400BP，他认为这些陶片与荷兰考古学家在印度尼西亚苏拉威西卡拉玛河谷（Karama River）所发现的陶器相似。[1] 从 1955 年开始，格尔森（Jack Gorson）连续六年在汤加、萨摩亚、新喀里多尼亚等地进行拉皮塔文化遗址的发掘工作。1971 年，格林（Roger Green）启动了所罗门群岛东南部的拉皮塔文化研究项目。根据新的更丰富的文化遗存，他认为拉皮塔文化的主人从事着复杂的原始农业和渔猎，他们已经在岛屿的沿海地带有了自己的定居村落，其物质文化遗存中包括了特征鲜明的陶器、石器、骨、贝类制品。[2] 他还根据陶器的形态和装饰风格，将拉皮塔文化分为西部类型和东部类型，并进一步认为西部类型可能是拉皮塔文化的起源地所在。最新的考古材料显示，拉皮塔文化的遗址分布西起新几内亚的穆绍岛，经过圣克鲁斯群岛、新赫布里底、新喀里多尼亚，东到斐济、汤加。年代方面，拉皮塔文化诸遗址中最早的碳 14 年代是斐济的纳图鲁库遗址（Natunvku）的 1590±100BC，最晚的年代是新赫布里底的埃鲁提（Erueti）遗址的公元前 510 年。拉皮塔文化的年代跨度大致在公元前 1600 年—公元前 510 年。

拉皮塔文化的遗址大多分布在比较平坦的地区——靠近岛屿的近海地带或潟湖周围。已发现的遗址有俾斯麦群岛的 13 处，以及圣克鲁斯、新赫布里底、新喀里多尼亚、斐济等地的 30 余处。一般拉皮塔文化遗址的文化层堆积厚度约 0.5—1.5 米，大多遗址的面积为 2000—10000 平方米，较小的为 800—2000 平方米，面积超过一万平方米的遗址不多。[3]

汤加诸遗址有着拉皮塔文化早期阶段的聚落形态，所发现的遗址中有涉及原始居民居住的遗迹，包括红烧土的居住面，勺形灶坑，炭灰与灶石、浅盆状窖穴、柱洞等。在汤加的几个遗址中，曾发现圆形居住面遗迹，在居住面的周围往往铺有一层蚌壳，其内部散布有灰烬、炭屑，以及勺形灶坑。

---

[1] Kirch, P. V. (1997). *The Lapita Peoples: Ancestor of the Oceanic World*, Cambridge, MA: Blackwell Publishers, pp. 5–8.

[2] Green, R. C. (1982). "Models for the Lapita Cultural Complex: An Evaluation of Some Proposals," *New Zealand Journal of Anthropology*, no. 4, pp. 7–20.

[3] Bellwood, P. (1978). *The Polynesians: Prehistory of an Island People*, London: Thames and Hudson, pp. 14–18.

在斐济也发现了类似汤加的勺形灶坑及与建筑有关的柱洞。在纳图鲁库遗址中还发现了屈肢葬。

新喀里多尼亚发现了代表着拉皮塔文化的晚期阶段的文化。在瓦查（Vatcha）遗址中发现了20平方米的炊事遗迹，有周边圈以石块的炉灶遗迹二座。从炭土和木炭及陶片的分布看，可能还有更多的灶址。地面上有不少人工敲碎的海产贝类、龟甲、鱼骨，以及一种已经绝迹的蜗牛（*Placostylus Senilis*）的碎片。从整个形态来看，这是一处露天炊事场所。大礁岛的诺布（Nenumbo）也有这一时期的文化遗迹，从柱洞的排列来看，存在长方形建筑，另一处大深洞则可能与水井有关。

采集在拉皮塔文化的经济中占有重要地位。从汤加、斐济、圣克鲁斯群岛的不少遗址的出土材料看，当时人类的采集对象以潟湖、礁石周围的各种贝类为主，鱼类、海龟、海洋哺乳类也是人类的主要食物来源。与捕捞、采集相比，拉皮塔文化的狩猎不甚发达，猎获物以灌木火鸡、飞狐、鼯鼠等小动物为主。驯化动物有猪、鸡、狗等。在若干遗址中出土有猪骨及猪骨制成的器物。锄耕农业的证据尚无法直接从农作物标本中获得，但通过对聚落形态、规模，各种用于农业的工具，以及烹饪用的陶器和炉灶的使用进行分析，学者们认为当时存在以种植热带块茎作物与木本作物为主的原始农业。有的考古学家认为拉皮塔文化一些遗址中的窖穴是用来贮存香蕉、芋类、面包果等食物的。[1] 波利尼西亚种植业的展开是与对当地野生植物的开发相联系的，生态因素制约了某些来自大陆的热带作物在热带海岛的良好发展。[2]

拉皮塔文化的生产工具可以分为石器、骨器、蚌器等若干大类。石器有磨光的弧刃，两侧边缘斜平、背部起脊、断面呈长方形的石锛，燧石与黑曜岩制成的石片刮削器、石刀等。还有石制与珊瑚石制的石锉、研磨器、石砧、打磨工具，打制石盘状器，带有尖头的投石等。骨器有骨针、骨钻、

---

[1] Green, R. C. (1979). *Lapita: The Prehistory of Polynesia*, Cambridge, MA: Harvard University Press, pp.27–60.

[2] Yen, D. B. (1985). "Wild Plants and Domestication in Pacific Islands," *Recent Advances in Indo-Pacific Prehistory*, Oxford & IBH Publishing, pp.315–326.

骨凿（有一类可能用于文身）、骨矛头、穿孔猪牙等。蚌器有巨蛤制成的蚌锛、蚌制刮削器与剥削器、蚌制简单鱼钩、网坠和浮标。装饰品有蚌指环、蚌手镯、穿孔蚌珠串、穿孔鲨鱼牙等。

陶器是拉皮塔文化中数量最多、最具特色的器物。拉皮塔陶器的陶质大部分是夹砂低温陶，一些器物的表面经打磨，有的还上有浅色陶衣。与当代大洋洲一些土著民族的制陶方法相似，拉皮塔陶器的制作可能是明火烧制。大的器物多采用拼接方法，底部和口颈部与器身在各自成形后接合而成。器表多经拍打，有的经慢轮修整。纹饰方面，常见由细密的篦齿纹组成的各种图案，有的纹饰上还填以石灰和其它白色物质，使其醒目。此外，刻划泥条贴饰与浅雕的装饰方法也被广泛采用。图案的基本主题包括水波纹、鳞状纹、三角填线纹、网格纹、波折纹、复线几何纹等，流行按压的 V 字形、齿形及带状几何图案。值得注意的是拉皮塔陶器的装饰与近代波利尼西亚人的文身图案，及树皮布上的图案有很多相似性。研究者注意到，拉皮塔陶器装饰图案的规律性很强，所用的几何形数量、搭配，及施用在器物上的部位似乎都有特定的安排，并有相应的象征意义。按照米德（Sidney Mead）的分析，拉皮塔陶工似有一个指导他们进行工作的系统，这一系统内包含创造特定图案的技术和工具、一系列可资使用的装饰元素和单位，及在特定原则指导下的装饰创作过程。这一过程涉及将不同的装饰单元组合在一起形成装饰主题，进而表现特定的文化意义。[1]

拉皮塔陶器的典型器物包括各种的折肩圜底罐、釜，敞口瓶、平底盘、盆，以及大小不一、形式简单的钵、碗类，普遍带有装饰图案的半球形罐、壶等。在整个器物群中圜底器占明显优势，没有三足、圈足、器耳等附加部分，器物造型趋于简单实用。总的看来，早期的拉皮塔西部文化与早期、晚期拉皮塔东部文化在器物造型、图案纹饰、风格上代表着三个不同的发展阶段。整个看来，西部区的陶器多精美繁缛的以曲线为主的纹饰，而东部区陶器的装饰风格则趋于简化，且以直线为主要图案。东部拉皮塔文化

---

[1] Mead, S. M. et al. (1975). *The Lapita Pottery Style of Fiji and its Association*, Memoir no. 38, Wellington: Polynesian Society.

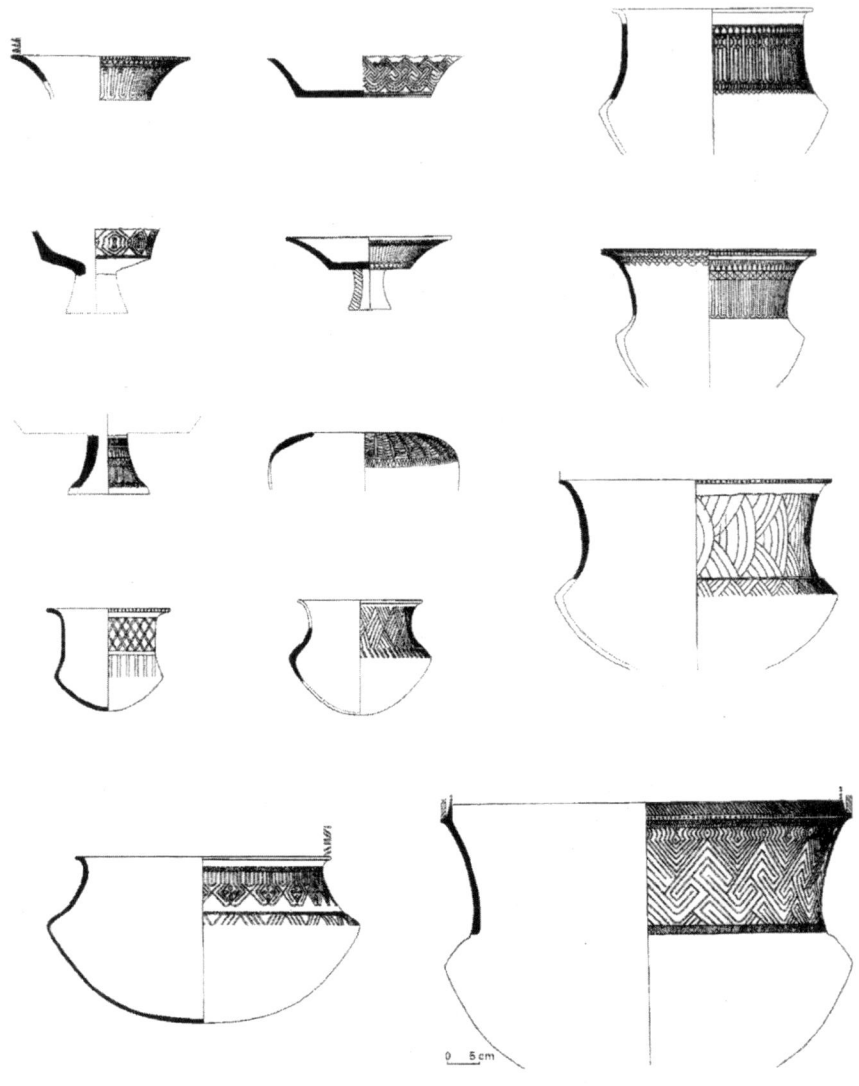

图 4-1：拉皮塔陶器纹饰举例[1]

---

[1] Kirch P. V. (2000). *On the Road of the Winds: An Archaeological History of the Pacific Islands Before European Contact*, Berkeley: University of California Press.

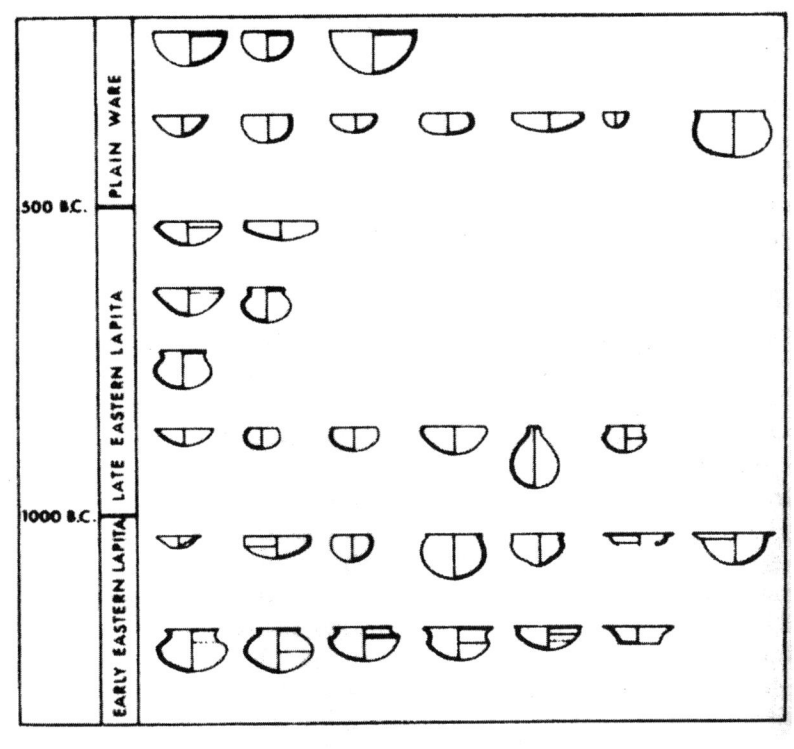

图 4-2：拉皮塔陶器的类型和演变[1]

早期有折肩圜底釜、宽肩圜底罐、鼓腹罐、平底盆、圜底小缸等典型器物，到中期演变出鼓腹束颈罐及大量圜底器，有圜底盆、盘、钵、球腹长颈瓶等，晚期素面陶占优势，多球形罐、缸等。一般认为，拉皮塔文化形成的最初中心在新不列颠、新爱尔兰与圣克鲁斯一带，后逐步向东扩展，构成了波利尼西亚史前文化的主体。

尽管还没有十分充足的证据证明在波利尼西亚、美拉尼西亚的广大地区内除拉皮塔文化外还有其它发展序列完整的史前文化系统，但零星的考古材料还是揭示出这一广大地域内有一种以上史前文化因素的存在。舒特勒等在新赫布里底、新喀里多尼亚、斐济曾发现一种在年代上早于拉皮塔

---

[1] Green, R. C. (1979). Lapita. in *The Prehistory of Polynesia*, edited by J.D.Jennings, Cambridge, MA: Harvard University Press.

图 4-3：拉皮塔陶器复原图[1]

文化的锄耕农业文化。在俾斯麦群岛，情况更复杂一些，这里既有拉皮塔文化的丰富堆积，又含可能早于拉皮塔的前陶器文化，还可能存在时代上早于南岛语系各民族的文化传统。在所罗门群岛相当于拉皮塔文化的阶段内也有一种无陶器的早期海洋文化。

波利尼西亚东部的史前文化按现有的资料可以追溯到公元 300 年。这一地区在语言与文化上与波利尼西亚西部存在一定的差别。直到公元 1000 年，东部还未形成真正的文化中心。石锛与鱼钩是东部各地散见的文化遗物，其中鱼钩的材料、形制较为多样，反映出渔猎的发达。[2]在波利尼西亚东部的社会群岛的塔希提岛和土阿莫土群岛等地都发现了被称为"马拉"（marae）的祭坛，其中的一些可以追溯到史前时代，构成一种区域性的巨石文化传统。一般祭坛都位于聚落的中间，坛体多用石块砌成一个平台，上有立石的神位，祭坛四周往往存在石墙、壕沟等建筑遗迹。在马克萨斯和复活节岛还有属于巨石文化的巨石人像、独石等。[3]

---

［1］ Kirch, P. V. (1997). *The Lapita Peoples: Ancestors of the Oceanic World*, Cambridge, MA: Blackwell.

［2］ Howard, A. (1967). "Polynesian Origins and Migrations: A Review of two centruries of speculation and theory," in *Polynesian Cultural History*, Honolulu: Bishop museum press.

［3］《中国大百科全书·考古学》"波利尼西亚古代文化"条（梁钊韬、张寿祺撰），中国大百科全书出版社，1986年，第50—51页。

根据波利尼西亚各地的考古材料，考古学家们推测斐济、汤加、萨摩亚是讲南岛语的古代民族最早进入波利尼西亚时的居住地。考古学证据显示，以新几内亚为起点，拉皮塔文化在相对较短的时间内就已在上述地区散布开来。之后，以萨摩亚为起点，人类在约公元前600年时开始向波利尼西亚的其他地方扩展。波利尼西亚的史前文化具有鲜明的海洋文化的特征。正如巴克（Sir Peter Buck）所指出的那样："只有他们知晓如何制造能够征服斐济群岛以外的远方太平洋所需要的航海工具，只有他们掌握了必需的航海技术。"[1]

第三节　美拉尼西亚的史前时代

华莱士（Afred R. Wallace）注意到有袋动物在澳大利亚的存在，而不见于东南亚的岛屿区，因而划出了"华莱士线"（Wallace's Line），以区分亚洲和澳大利亚不同的动物群。在更新世晚期海平面最低的时期（约距今60000年前），澳大利亚大陆曾与新几内亚、塔斯马尼亚岛有陆桥相连接，这片陆地被称为萨赫尔大陆架（Sahul）。同一时期东南亚的中南半岛、马来半岛和现今印度尼西亚的许多岛屿也有陆地连接，被称为巽他大陆架。新几内亚与其邻近的新不列颠、新爱尔兰、所罗门群岛的一些岛屿在更新世晚期即有人类活动。在新几内亚莫洛贝省的休恩（Huon）半岛，考古学家发现了60000—40000年前的石器，在科赛坡（Kosipe）又发现了26000年前的石器。两地的石器中有火山岩打制的亚腰形手斧，及明显带有东南亚双肩石斧风格的打制石斧。在东部高原的若干洞穴遗址中发现的石器的年代亦可上溯到10000年前，遗址中出土的猪牙证明在一万年以前某些可能被人类驯化的动物越过了华莱士线。迄今为止，在新几内亚、俾斯麦群岛和所罗门群

---

[1]　Buck, P. H. (1965). "Polynesian Migration, " in *Ancient Hawaiian Civilization*, Rutland, pp. 23-34.

岛所发现的更新世晚期遗址共有 20 余处，多数是洞穴遗址。[1]西部高原省库科（Kuk）遗址，其下层的年代在大约距今 9000 年前，发现了可能是焚烧林地求拓耕地形成的灰土层，及纵横交错的排水沟，其上有一层火山灰。在距今 6000—2500 年前的层面上，都发现了与当时原始农业相联系的用于沼泽排水的渠道、水沟等。除沟渠外，考古学家还在库科遗址的灰土层中发现了柱洞、灰坑等遗迹。在距今 5000 年前的地层中发现了海贝，证明在东南亚农业文明进入这一地区之前，新几内亚就存在着高原与沿海区的某种交流。同时，在新爱尔兰岛的巴洛特（Balot）洞穴遗地中，年代为公元前 5000 年的黑曜石石器源自 600 公里以外的塔拉塞亚，进一步证明当时文化交流的广泛性。库科遗址的各种文化遗迹和遗物证明当时人类可能从事包括种植香蕉、甘蔗在内的各种热带作物的原始农业。

在公元前 1500 年前后，当以拉皮塔文化为代表的讲南岛语的居民进入美拉尼西亚时，整个地区的文化面貌开始发生变化。拥有航海技术的南岛语民族迅速散布美拉尼西亚的大部分海岛。当地文化中开始出现南岛和非南岛的不同文化因素。自 1915 年开始，英国人类学家马林诺夫斯基（Bronislaw Malinowski）在新几内亚以东马希姆群岛（Massim）进行了长时间的人类学田野工作。其主要的工作地点是特罗布里恩岛（Trobriand Island），其最著名的库拉圈（Kula ring）贸易理论就是在这里确立的。按照马林诺夫斯基的分析，这个存在于特罗布里恩岛和其他海岛之间的贸易网络同时以顺时针和逆时针方向进行两种物品的交换，而这两种不具备实质功能的物品，却又是土著愿意冒风险进行长距离循环交换的物品。马林诺夫斯基认为，由于各个岛屿上基本生活物资匮乏，因此交换就是人们获得生活资料的必要手段，而交换本身又必须建立在群体之间互相信任的基础之上。将这种信任推而广之，库拉圈贸易就变成了整合、规范社会行为的重要因素。马林诺夫斯基所观察的土著群体就是讲南岛语的居民。他的深入研究对于我们深入了解美拉尼西亚乃至整个大洋洲的史前文化的诸多层面甚有帮助。20

---

[1] Kirch, P. V. (2000). *On the Road of the Winds: An Archaeological History of the Pacific Islands Before European Contact*, Berkeley: University of California Press, p. 70.

世纪 70 年代，考古工作者在新几内亚最东边的迈鲁（Mailu）地区的色来（Selai）遗址等地发现了一些属于拉皮塔文化晚期的陶器。器物主要有两种罐类和敞口钵，一些器物的口沿部有贝压纹，也有上陶衣的现象，遗址的年代为距今 1900—1600 年前。而在公元 800 年以后，迈鲁已经成为本地区的陶器制造业中心，可以从考古遗物中判别出区域性交易网络的存在。[1] 这一考古发现正好与马林诺夫斯基关于美拉尼西亚海上贸易网络的研究相互印证。

考古工作者在马丹省的万勒（Wanlek）遗址发现了公元前 1500 年的灶址和柱洞。在相当于公元前 1000 年的地层中所发现的红烧土层，很像是土墙的遗迹，在此层还发现了并排的两个灰土灶坑。值得注意的是在公元前 4000 年—公元前 1500 年的文化层中所发现的文化遗物甚少。[2]

大约在距今 3500 年前，陶器制造术由东南亚海岛区传入美拉尼西亚，形成拉皮塔陶器传统，并很快在美拉尼西亚传播。这种文化首先由美拉尼西亚东部传到波利尼西亚的斐济。不少学者都认为拉皮塔文化的陶器与东南亚海岛文化的陶器有一定联系。[3] 在邻近印度尼西亚的西塞皮克省及新爱尔兰省、Reefs 群岛等地都发现了拉皮塔文化的陶器，其中带纹饰的有多行篦点组成的几何形纹饰、波折纹、菱格纹、圆点纹及人面纹。陶片多为褐色低温陶，有少数灰黑陶片。

考古工作者在新不列颠省和马努斯省发现了距今 2000 年前的黑曜岩细石器。在塔拉塞亚发现了单面打击的带铤石矛头、交叉打击弧刃长柄的石斧等。在马努斯省的罗岛（Lou）发现了石叶、有背石刀、矛头等制作精美的石器。在美拉尼西亚史前遗址中常见的文化遗物还有石杵和石臼，这种用来研磨、加工食物的工具可能出现时代较晚，但它至今仍为当地土著所

---

[1] Irwin, G. (1983). "Chieftainship, Kula and Trade in Massim Prehistory," in Leach, J. W. et al. ed., *The Kula: New Perspectives on Massim Exchange*, Cambridge: Cambridge University Press, pp. 29–72.

[2] National Museum and Art Gallery of Papua New Guinea (1970). *Papua New Guinea's Prehistory: An Introduction*.

[3] White, P. J. and O'Connell, J. F. (1982). *A Prehistory of Australia New Guinea and Sahul*, Academic Press.

使用,且形态变化多样。

所罗门群岛的考古工作主要是从20世纪70年代初开始的。在Reefs群岛、圣克鲁斯群岛、都夫(Duff)群岛、提科皮亚岛(Tikopia)等地发现的考古遗址数以百计,包括贝丘遗址、洞穴遗址和墓地。其中的一些属于拉皮塔文化的范畴,另外一些则包含素面陶器、蚌锛、蚌、骨、贝制的鱼钩,及黑曜石、燧石制的刮削器、石刀、尖状器、骨镞、贝制装饰品等文化内涵。[1] 1981年,苏切特(Jim Soecht)在新不列颠岛发现了更新世晚期的遗址,类似的遗址稍后又发现于新爱尔兰,相关的碳14年代是大约距今35000年前。这两个岛屿不属于萨赫尔大陆架的一部分。在所罗门群岛的布卡岛(Buka)和马努斯岛[2](Manus)的洞穴遗址中分别发现了距今29000年前和13000年前的考古遗存,证明更新世晚期的人类有能力穿过宽约200公里的海面到达另一地点。布卡岛的考古遗存并没有随更新世的结束而消失。当地还可以辨别出的文化发展阶段包括:早期到中期全新世文化(距今10000—3000年前),早期拉皮塔文化(距今3200—2500年前),晚期拉皮塔文化(距今2500—2200年前),索哈诺(Sohano)文化阶段(距今2200—1400年前),杭干(Hangan)文化(距今1400—800年前)等。索哈诺文化继承了拉皮塔文化的陶器传统。器物多圜底和平底的盛器。陶器多素面,装饰图案主要有刻划的曲折纹、菱形纹、水波纹、交叉纹等。

俾斯麦群岛也是拉皮塔文化的分布区之一。到公元前最后一个千年时,这里的史前文化开始了一个渐变的过程。首先可以观察到的是区域性亚文化群体的形成和相应的交易网络的出现。这些地方性的群体包括新几内亚北部海岸群体、与新爱尔兰群岛和所罗门群岛相关的美拉尼西亚中部群体、巴布亚顶端群体。这种伴随着拉皮塔文化的逐渐消失而出现的文化变化主要体现在以下几个方面:1. 贸易和交换的收缩和专门化;2. 小区域性的适应方式的出现和语言的方言化;3. 社会政治体系的转变,包括前一期文化

---

[1] Yen, D. E. (1982). "The Southeast Solomon Islands Cultural History Program," *Bulletin of the Indo-Pacific Prehistory Association*, no. 3, Australian National University, pp. 52–66.

[2] 马努斯岛(Manus)是西太平洋阿德默勒尔蒂群岛(Admiralty Islands)的一部分,地理上属俾斯麦群岛,行政上属巴布亚新几内亚的马努斯省,是马努斯省最大的岛屿。

显示身份地位的物品的交换网络的式微；4. 与非南岛语群体之间的互相融合；5. 新一轮的移民浪潮。[1]俾斯麦群岛的马努斯省中的罗岛上的萨斯遗址（Sasi）发现有刻划和压印纹的陶片（反映出其与拉皮塔文化的联系）、燧石小石叶、磨光石锛及长方形青铜片，显示其可能存在与东南亚海岛区青铜时代文化的联系。此遗址的年代在距今2100年前。

瓦努阿图的主要考古发现是20世纪70年代在埃法特岛（Efate）上的曼加西遗址（Mangaasi）所发现的拉皮塔陶器群。这些陶器属于拉皮塔陶器的一种地方类型。陶器多为夹砂陶，器壁较厚，敞口折沿或折肩器比较常见。除了拉皮塔文化中常见的用各种几何形组成的纹饰图案外，用附加堆纹组成的纹饰也较流行。纹饰中主要有篦齿纹、弦纹、折线纹、菱形纹、三角纹、方格纹等。其年代在公元前500—前200年。[2]在厚达3米以上的堆积层中，可以观察到很厚的海相堆积间歇层，表明由于大规模火山喷发所引起的海啸曾对当地造成巨大破坏。在埃罗芒阿岛（Erromango）的珀南拉遗址（Ponamla）和伊夫遗址（Ifo）中有起自距今3000年前的拉皮塔陶器，其传统在当地持续了1000年左右。陶器装饰的变化由素面到刻划纹及指甲捺印纹，再转变到上述的由刻划纹、附加堆纹及捺印纹组成的图案。澳大利亚国立大学的贝德福德（Stuart Bedford）在瓦努阿图埃法特岛（Efate）的图玛（Teouma）遗址发现了时代为距今3200年前的大洋洲最早的墓葬遗存。该遗址共出土了60具人骨架，多数无颅骨，其中的一具中老年男性骨架头部附近摆放着3颗人颅骨，另一个骨架的足部发现3颗颅骨。考古学家们认为，这可能是有某种特殊意义的葬式安排，中老年男性骨架周围多个颅骨的发现可能表示该男子在群体中有特殊地位。图玛遗址墓葬的另一特殊现象是一颗放置在陶瓮中的颅骨（为大洋洲所发现的年代最早的瓮棺葬遗存），其陶瓮的形制和中国台湾地区、东南亚海岛区各地的瓮棺类似。陶瓮上还有一个圈足平底盘的盖。在一些出土骨架周围发现有当地的大型海贝作为陪

---

[1] Springgs, M. (1997). *The Island Melanesians*, Oxford: Blackwell, pp. 152–160.
[2] Garanger, J. (1972). "Archéologie des Nowvelle-Hébrides," *Société des Océanistes*, no. 30.

图 4-4：曼加西遗址所出拉皮塔文化陶器[1]

---

[1] Kirch P. V. (2000). *On the Road of the Winds: An Archaeological History of the Pacific Islands Before European Contact*, Berkeley: University of California Press.

葬品的现象。[1]饰以篦点人面纹的圆柱形器座也是特殊器物。出土牙齿锶和氧的同位素分析结果证明这些史前居民的确与东南亚海岛区、新几内亚的史前居民有联系，他们的食物结构也是杂食性的，可以辨别出的食物包括各种海产鱼类、龟，陆上动物狐蝠、鸡、猪，人工栽培的芋头和香蕉等。

新喀里多尼亚的史前史长期以来并没有被很好的研究。经过20余年来一群法国考古学者的不懈努力，本地区的史前文化的图景才日渐清晰。现在我们知道，公元前1000年前后这一地区出现了拉皮塔陶器，由此可知新喀里多尼亚最早的居民是讲南岛语的群体。这里的拉皮塔陶器普遍出现夹砂圜底盛器，及豆、平底盘、钵等，装饰纹饰见于器物的口缘部以下，以各种篦齿状拍印纹为主。公元前500年前后，当地又出现了一种新的被称为普坦聂（Podtanéan）的陶器传统，其陶器分为素面和有拍印纹饰的两类，器形多是圜底的罐、瓮类。有的通体有拍印的平行线纹，而刻划纹主要是位于口缘部的折线纹和三角划纹。普坦聂陶器传统在新喀里多尼亚的持续时间要比拉皮塔陶器传统长很多，一直持续到公元300年左右。[2]

第四节 密克罗尼西亚的史前考古

由无数珊瑚礁小岛构成的密克罗尼西亚是大洋洲三大群岛中陆地面积最小的一个，这些绵延连环的火山珊瑚礁岛链位于美拉尼西亚的北面，向东一直延伸到波利尼西亚，最西端的帕劳群岛距离菲律宾的棉兰老岛约500海里。语言人类学者对密克罗尼西亚史前移民过程的研究表明，人类从东西两个方向在不同的时间进入密克罗尼西亚。帕劳和马里亚纳群岛的史前居民讲西部类型的南岛语，其语言和东南亚海岛区的南岛语类似，应

---

[1] 童元昭主编《群岛之洋：人类学的大洋洲研究》，台湾商务印书馆，2009年，第42页。

[2] Sand, C. (1999). "Lapita and non-Lapita ware during New Caledonia's first millennium of Austronesian Settlement," *The Pacific from 5000 to 2000 BP: Colonisation and Transformations*, Paris: Editions de IRD, pp. 139–158.

为从印度尼西亚或菲律宾而来的史前居民群体。而在密克罗尼西亚核心地区居住的史前居民则讲东部类型的南岛语，其语言和所罗门群岛东南部及瓦努阿图北部史前居民的语言类似，应为自美拉尼西亚来的史前居民群体。[1]现居住在密克罗尼西亚的人口约30万，人口密度约为每平方公里110人。当地居民面临的最大的两个困难是稀缺的土地和恶劣的气候。密克罗尼西亚的考古工作始于第二次世界大战前日本人的零星发现。进入20世纪70年代后，比较多的考古调查和发掘才真正在这一地区展开。考古遗址在马里亚纳群岛、马绍尔群岛、雅浦群岛、帕劳群岛、特鲁克群岛、波纳佩群岛等地都有发现。其中年代最早的文化遗存发现在塞班岛，年代约为距今3600年前，在帕琉群岛发现的遗址的年代为距今3400年前，马里亚纳群岛的则约为距今3500年前，其余大部分的遗址的年代属于公元后。

马里亚纳群岛的文化遗址发现在塞班岛与罗塔岛。文化遗物中的陶器可以分为两类：早期为素面陶，晚期为红陶。一些钵、罐等器物残片上带有光洁的红陶衣，某些有纹饰的陶片曾在纹饰上填抹过石灰粉末。同样的陶器装饰风格也见于菲律宾及美拉尼西亚的拉皮塔陶器传统，有的学者曾将之称为"填石灰的印纹贸易陶器"[2]，显示了史前文化间的广泛联系。在以红陶为主的文化层中，马里亚纳的若干遗址还出土了少量磨光黑陶，这种黑陶烧成温度较高，制作精美，属于一种新的文化传统。与马里亚纳红陶传统相联系的其他遗物包括蚌与石制的锛，石、珊瑚、贝制的装饰品，珊瑚石制的石杵，贝制单面鱼钩等。在罗塔岛遗址的地层中还发现了狗骨和陶片上的稻壳印痕，但年代还无法确定。在这一阶段的马里亚纳史前文化中，菲律宾文化影响的因素很明显，表现在陶器的造型与器物装饰风格，以及有段石锛、光玉髓制串珠上。但在密克罗尼西亚其他地方及印尼、美拉尼西亚部分地区发现的石、贝制勾形器却不见于马里亚纳群岛。

特鲁克群岛遗址的年代最早可达距今2000年前，文化遗物中陶片很少，从仅有的素面陶看，与马里亚纳群岛的陶器及拉皮塔陶器没有明显相似性。

---

[1] Bellwood, P. (1979). *Man's Conquest of the Pacific*, Oxford University Press, p. 47–52.

[2] Spoehr, A. (1982). "Zamboango and Sulu: An Anthropological Approach to Ethnic Diversity," *Ethnology Monograph*, I, University of Pittsburgh.

主要文化遗物是珊瑚石制成的各种用于加工食物的杵臼。按已有的材料分析，钟形臼的年代晚于钵形臼，而后者与波利尼西亚东部的同类器物相似。发现于距今1000—900年前的巨石文化遗存也是马里亚纳考古的重要发现。用高2—5米的拉提石柱（Latte Stone）建起的巨型塔加（Taga）房屋发现于马里亚纳群岛的提念岛（Tinian）的圣何塞河谷。巨型石柱的顶端立有半球形石块，周围还发现有素面陶片、贝类和兽骨。巨石建筑的周围也发现过人骨。据推测，这类建筑很可能是社会地位较高的人所使用的。巨石的开采、运输，巨石建筑的建造也要投入大量人力，当时的社会应当存在一定程度的社会分层。[1]

在雅浦发现的陶器的年代介于公元前360±80年至公元220±75年，据陶质可分为三类：羼和包括蚌片在内的白色物质的陶器、夹有矿物的陶器、机理呈片状压成的陶器。在加罗林群岛所发现的最早的陶器的年代为距今2500年前，以素面陶为主，所出器物的类型和装饰风格与所罗门群岛东南部的陶器相似，属于拉皮塔文化晚期，共出的贝器和贝制装饰品也呈现同样的风格。在加罗林西部的珊瑚岛发现的文化遗物年代都较晚（约为公元1000—1200年），有类似于雅浦的陶片，猪、鸡、狗的遗骨，及一批蚌器。加罗林东部遗址的碳14年代为公元965—1050年，文化遗物主要是蚌制的链、手镯、鱼钩，也有猪骨与狗骨。马绍尔群岛文化遗存中年代最早的可上溯到距今4000年前，该地的蚌锛与美拉尼西亚北部的遗物类似。各地区的出土物基本上以蚌器为主。[2]

密克罗尼西亚的史前文化是在珊瑚岛这种特殊生态条件下形成与发展起来的，属于一种特殊的海洋文化。在年代序列上，它晚于波利尼西亚与美拉尼西亚的史前文化。密克罗尼西亚的史前文化的特征首先表现在各主要群岛在文化面貌上的差异性比较明显（这一点可能与群岛间较远的空间距离有关），同时其文化遗物与当代居住于这一地区的大洋洲土著民族的物

---

[1] 童元昭主编《群岛之洋：人类学的大洋洲研究》，台湾商务印书馆，2009年，第68页。

[2] Cordy, R. (1982). "A Summery of Archaeological Work in Micronesia Since 1977," *Bulletin of the Indo-Pacific Prehistory Association*, no. 3, pp. 118–128.

质文化也风格迥异。因而在利用民族志类比时需要谨慎从事。其次，在各类文化遗物中蚌器占突出地位，陶器的风格传统往往只限于较小的范围。(但马里亚纳群岛所见的红陶衣、印圆涡纹的陶器与菲律宾、苏拉威西南部遗址的陶器风格基本一致。)再次，在一些文化堆积层比较厚的遗址中发现的灶坑、动物骨骸和植物标本证明，早在欧洲殖民者到来之前，这些珊瑚岛上的居民已经开始了农作物的栽培和动物的驯化。

第五章 中国东南沿岸文化与各海岛区域联系的方式与过程

第一节 区域史前海洋文化联系的自然条件

一、地质与地貌

全新世以来中国沿海地区陆地、海洋的地质构造，滨海地带的自然地理条件，以及与中国沿海可能产生文化联系的地区的总体地理要素都是认识史前时期不同地域之间文化联系的基本前提。中国大陆近海海区的地势大体有自西北向东南倾斜逐渐加大的趋势。在不同地区，海底地貌的形态也不尽相同。渤海在地貌上是大陆架的一个浅海盆地，海底地形基本轮廓是沿岸浅、中央深，坡度平缓。黄海也是全部位于大陆架上的浅海。东海的构成可分为三个单元：东海大陆架、台湾海峡、东海大陆与冲绳海槽，台湾海峡原是古海滨之一部。东海海底可以分大陆架、大陆坡、深海平原等部分，海底地势的基本格局是北面、西面、东面浅，中央深。南海北部、海南岛与台湾一线的北侧，是中国大陆沿海的浅水区。南海海盆是位于西太平洋大陆边缘的一个大型边缘海盆，根据其地质构造又可以分为东部、西北、西南三个次级海盆，平均深度3700—4400米，以西南海盆最深。湄公河口至马来半岛、沙捞越一线以西，有宽广的浅海区，南海南部、加里曼丹岛西北部也有一片浅海区。[1]

南海大陆架主要分布在南中国海的北、西、南三面，是古亚洲大陆沉没在海中的地带。在中生代曾存在的"华南微陆块"把中南半岛、加里曼丹岛、巴拉望岛、吕宋与北部大陆连在一起。至新生代的喜马拉雅运动时，南海陷落盆地带已由玄武岩、花岗岩构成，中央盆地四周陆地也相继下沉，珊瑚岛开始发育。[2]南海北部近海大陆架宽度为200—300公里，南海西南大陆架位于中南半岛、马来半岛与印尼之间，包括全部泰国湾与西沙群岛的一部分，在南海洋面还分布着许多海洋岛。南海东部的巴士海峡、巴林塘海峡和巴布延海峡连通太平洋，南部有卡里马塔海峡和加斯珀海峡通爪哇海，西南有马六甲海峡。菲律宾群岛主要是大陆岛，其生成、演变与亚洲古大陆的地质变化有关。在中生代中、后期的燕山运动中，菲律宾群岛和北部大陆分离。菲律宾群岛岛架十分狭窄。印度尼西亚的主体部分位于太平洋板块与印度-澳大利亚板块之间。

巴布亚新几内亚的地势以西北—东南延伸为主，其现代构造与原始构造的差异，是由太平洋板块与大陆板块相对运动而产生的。大陆架与澳大利亚大陆相连部分比较宽广，而北部陆架较窄。

斐济群岛代表着众多大洋洲群岛的典型地貌。斐济位于美拉尼西亚东南部，由300多个岛屿组成，多数属大洋洲三层岛弧的内层岛弧，是第三纪造山运动形成的火山岛，均无大陆型地壳基底，在弧后地带都是大洋地壳的弧间盆地。群岛中还有数量可观、分布广泛的堡礁与环礁。位于波利尼西亚中心地带的西萨摩亚处于第三纪形成的环太平洋火山带上，岛屿都是由玄武岩（如活火山、死火山）组成。萨摩亚的海洋地貌有珊瑚海岸（一般高于海平面1—3米，宽约数百米）、沉降海岸与断层海岸三种。[3]

总之，东亚大陆（古亚洲大陆）与澳大利亚大陆的较稳定、宽广的大陆架构成中国大陆沿海地区、中南半岛、马来半岛的近海，以及台湾地区、

---

[1] 雷宗友、朱宛中：《中国的内海和邻海》，科学普及出版社，1986年。
[2] 曾昭璇主编《南海诸岛》，广东人民出版社，1986年。
[3] 王建唐、司锡明等主编《大洋洲岛国地理》，河南教育出版社，1985年。

菲律宾、印尼、巴布亚新几内亚等地大陆岛的主要地质要素。广泛散布在大洋中的火山岛、珊瑚岛都位于深海之中，第三纪大规模造山运动形成南太平洋一系列向外凸出的岛弧，其中最内的岛弧是斐济群岛、库克群岛，外层有夏威夷群岛、土阿莫土群岛，岛弧之间大多有弧间盆地。整个区域由大陆、半岛、群岛等单元组成。

二、洋流

大洋表层海水常年大规模的沿一定方向进行的较为稳定的流动被称为洋流。造成洋流的原因除风力外，还有热盐效应造成的海水密度分布的不均匀性。

亚洲主要的季风有近地面层的东亚季风、南亚季风、东南亚季风。东亚季风的覆盖范围大致包括中国东部、朝鲜半岛、日本等地，冬季为偏北风，夏季为偏南风。中国沿海洋流主要受东亚及东南亚季风的影响。中国东南部海区的洋流可分为黑潮暖流与沿岸流两个系统，两个洋流系统构成了渤海、黄海、东海的逆时针旋转的海水循环。黑潮暖流是北太平洋西部的洋流，也是世界上第二大的洋流。其高温、高盐的海水来自太平洋赤道海域，从菲律宾以东海域开始转向，贴近台湾东部进入东海，再沿冲绳海沟流向东北，经日本列岛沿海直达北太平洋。黑潮平均宽100—200公里，深400—500米，流速3—4公里每小时，流量相当全世界河流总流量的20倍。黑潮暖流夏季表层的温度为30℃，冬季亦不低于20℃，因而影响着日本、朝鲜及中国沿海的气候，带来雨水和湿润的空气。除洋流主体外，黑潮暖流还有若干分流，分别是台湾暖流、对马暖流与黄海暖流。黑潮暖流对于中国沿海地区、东北亚和东南亚海岛区的海水区域流动影响巨大。

沿岸流是中国近海的洋流系统之一，主要由黄海沿岸流、东海沿岸流和南海沿岸流组成。黄海沿岸流是沿山东和江苏海岸流动的洋流。起自渤海湾，沿山东半岛北岸东流，绕过成山角后，沿海州湾外缘南下，至长江口北转向东南，其中一部分汇入黄海暖流，另一部分越过长江口浅滩进入东海，流速一般小于25厘米每秒。东海沿岸流是由长江、钱塘江和闽江等入海径流与周围海水混合而成，流速25厘米每秒左右，流向随季节而变：

冬季因盛行东北风而顺岸南下，夏季因东南风和西南风占优势而流向北和东北。南海沿岸流指东经 116° 以西的广东沿岸的洋流，流速较大，在珠江口附近平均流速为 25 厘米每秒，最大流速达 70 厘米每秒，流向亦随季节盛行风而变化：冬季沿广东沿岸向西南流向湛江港，沿雷州半岛南流，分为两支，一支沿海南岛东岸继续向西南流，另一支在海南岛东北转向东北流，形成湛江港环流；夏季则自湛江港起一直流向东北。南海北部大陆架存在一支冬季逆风流——南海暖流。这支洋流起源于海南岛东面，流经南海北部大陆架，通过台湾海峡进入东海大陆架区域。海洋具有的斜压结构和下垫面大陆架地形的耦合作用导致了南海北部大陆架边缘的跨大陆架输运，通过涡度的改变为南海暖流提供了重要的动力来源。而黑潮暖流自吕宋海峡的入侵则在大陆架坡折带形成压力梯度，是南海暖流重要的动力约束。

中国沿海的沿岸流的消长与江河入海径流的多寡及季风的方向、强弱有密切关系。在冬季北风的吹刮下，黄海南部的沿岸流沿江苏海岸南下，可达北纬 30° 附近。东海沿岸流（浙闽沿岸流）主要是由长江与钱塘江冲淡水构成，冬季紧贴浙江、福建近岸向南流动，穿过台湾海峡流向南海。夏季黄海沿岸流变化不大，但东海沿岸流则因西南季风的影响而改变方向，沿闽浙沿岸北上，指向济州岛。南海的冬季存在由东海沿岸流与广东沿岸流、台湾暖流共同构成的西南漂流，它向越南海岸流动，并直趋其他大陆架，最后经斯帕海峡、卡里马塔海峡出爪哇海。在夏季西南季风影响下，本海区的各沿岸流也都转向东北方向流动。

巴布亚新几内亚的表层洋流也深受季风影响，每年 12 月至次年 3 月受西北季风影响，5 月—10 月又受东南信风控制。当西北季风进入南半球时，地转偏向力的作用影响到巴布亚新几内亚附近的洋面。此时在热带辐合带上的表层水流导致新几内亚以北吹西风和北风，而其南面则吹东到东南风。当西南漂流经过爪哇海后，又经苏拉威西、班达海，进入托雷斯海峡。同样，在西北季风影响下，在新几内亚北部也形成了一支东南向的暖流，自苏禄海到西里伯斯海，直趋新不列颠岛。

太平洋洋流大致以北纬 5—10° 为界，分成南北两大环流：北部环流顺时针方向运行，由北赤道暖流、黑潮暖流、北太平洋暖流、加利福尼亚寒流组成；南部环流逆时针方向运行，由南赤道暖流、东澳大利亚暖流、西风漂流、秘鲁寒流组成。两大环流之间为赤道逆流，由西向东运行，流速2000米每小时。在太平洋赤道以北不远的海域，由于终年受东北信风的影响，形成了北赤道流，自东向西流动。当该洋流流经菲律宾以东洋面时，受地形影响转向东北，紧贴台湾东部近海流向东海。北赤道流南面北纬3—9°之间有一条自西向东的赤道逆流，穿过赤道信风区的南赤道流，流向与北赤道流一致，以加拉帕戈斯群岛附近为起点，一支向西达菲律宾，一支向澳大利亚的东部流动，为东澳暖流。东澳暖流再分出的支流，经过新西兰向南，与太平洋西风洋流合并，汇同进入南赤道流的秘鲁洋流，闭合成南太平洋的洋流循环。[1]

三、气候

冬季，中国的沿海地区和近海受亚洲大陆高压控制，渤海、黄海北部区域盛行西北季风，黄海南部和东海盛行偏北季风，台湾海峡和南海盛行东北季风。夏季，中国近海处在北太平洋高压西部边缘，气流呈逆时针方向旋转，南海盛行西南风，东海盛行东南风。

对中国近海环境影响最大的是起源于太平洋西部热带区的赤道暖流及其分支，造成了中国东部海区的远岸部分水温较高。3月份，黄海海域西北风、北风和东南风的平均风速和频率的分布是对称的。到4月份，东南季风的频率占优势。10月至次年4月，东海海域的风从大陆吹向海洋，其他月份风则从海洋吹向陆地。南海的水体与太平洋交换频繁，全年水温差异不大，冬春季由11月到次年3月多东北风，夏秋季6—8月多西南风，4—5月及9—10月为季风转换期。南海的冬季风十分稳定，源源不断的南下冷空气使风浪持续不断。冷高压变性入海后，南海中、南部维持较大的气压梯度，不少东北大风能持续到下一股冷空气影响南海，因此西南部海面的大风大浪持续时间更长。到西南季风季节时，海面上的西南大风经常伴

---

[1] 大连海运学院海洋气象小组编《航海气象》，人民交通出版社，1975年。

随季风云团造成持续阴雨。当西南季风潮促使其北侧热带辐合带上的扰动低压发生发展时，阵风可达 12 级。[1]影响南海的台风和强台风多集中在夏秋季的 7—11 月，一次台风的影响时间平均为 3—10 天。与西太平洋台风相比，南海台风水平范围较小、垂直发展高度较低、强度较弱。它的半径一般为 300—500 公里，最小的不到 100 公里，伸展高度约 6—8 公里，最高可达 10 公里，最大风速数值为 50 米每秒。[2]

大洋洲的岛屿区气候属热带海洋气候，暖热多雨为总特征。同时，大洋洲各个岛屿的小气候差异明显，如巴布亚新几内亚的山地与沿海，以及珊瑚岛的热带海洋气候的差异。由于大洋洲的大陆面积较小，更有马来群岛横亘在北面的海洋中，因此削弱了季风的强度、减少了季风的含水量，于是缩小了季风对大洋洲影响的范围、降低了降水量。因此，大洋洲大陆北部季风区的降水量远低于亚洲。主要受东北信风控制的大洋洲的岛屿有夏威夷群岛和马里亚纳群岛，受东南信风控制的有马克萨斯群岛、弗林特岛、土阿莫土群岛、社会群岛、库克群岛、萨摩亚群岛、汤加群岛、斐济群岛、新赫布里底群岛、新喀里多尼亚群岛等。处于东北信风和东南信风过渡地带的有马绍尔群岛、加罗林群岛、塔布阿埃兰环礁、泰拉伊纳岛等。[3]斐济处于东南信风带中，受太平洋副热带高压的影响，其盛行风为偏东风。与之差不多处于同一纬度的西萨摩亚的东风、东南风也占全年各风向频率的 50%—90%。由赤道而来的西风和西北风在 11 月到翌年 2 月带来了比较集中的降水。汤加群岛有比较明显的雨季与旱季的区分，分别是 12 月至次年 4 月西风、西南风导致的雨季与 5—11 月东南信风导致的旱季。

主要由气候因素控制的洋流的流向是制约史前人类航海活动的方向、范围的一个至关重要的因素。就中国东南沿海的史前居民来说，不同的季节因素可以左右人们利用沿岸流向不同方向的运动。在冬季季候风到来时，人们可以利用西南洋流，由中国的闽粤沿海出发，沿着越南到达泰国湾或

---

[1] 喻世华等:《南海天气与军事气象水文预报》，解放军出版社，1997 年，第 10—13 页。
[2] 李克让主编《中国近海及西北太平洋气候》，海洋出版社，1993 年，第 540—541 页。
[3] 赵书文、段绍伯:《大洋洲自然地理》，商务印书馆，1987 年，第 50—55 页。

直趋马来半岛，并可以继续进入爪哇海向东移动。同时，在冬季可以利用东海沿岸流和台湾暖流实现闽浙沿海与台湾地区、菲律宾等地的沟通。冬季的季风与洋流对实现由西向东的苏禄海—西里伯斯海—摩路加海的航行提供了必要的条件。利用季风和洋流，人类还能从新几内亚北部进入美拉尼西亚。

在东南信风、南赤道与北赤道流、东北信风的控制下，在太平洋广大区域内由东向西的运动比较易于实现（海尔达尔就是利用东南信风实现由秘鲁到土阿莫土群岛的漂行）。而赤道逆流所涉及的范围相对窄小。就波利尼西亚西部而言，只有在雨季才能利用西风与由西向东的洋流，因而对于在太平洋岛屿上生活的史前居民而言，由西向东的移动还需借助其他有利的自然因素才能实现。出生于新西兰的考古学家戴维·刘易斯（David Lewis）注意到整个大洋洲西部地区岛屿的地理分布给史前人类实现东向航行提供了条件。他指出，由印度尼西亚出发，通过密克罗尼西亚到波利尼西亚需要穿过的海面的宽度不多于310海里，只有复活节岛、夏威夷、新西兰在这个距离以外。同时，大多数岛屿间的距离都在185—370海里之间。[1] 欧文（Geoffrey Irwin）还指出，能够航行10海里的史前航海工具也许不太困难就可以将航行距离延长到100海里。事实上，风向和洋流对航行的速度和距离的影响比航海工具本身所产生的影响更大。[2] 根据拉皮塔文化的分布情况，我们大致可以找出人类由美拉尼西亚进入波利尼西亚的路径：可以利用流经巴布亚新几内亚北部东向洋流的人类先进入勒蒂群岛、新爱尔兰群岛与新不列颠群岛，然后跨过所罗门群岛到圣克鲁斯群岛、新赫布里底群岛，并向南到达新喀里多尼亚，向东进入斐济、萨摩亚、汤加。按气象与洋流的资料分析，这些逐岛的东向航行最好选择在11月至翌年2月这段时间内进行。南赤道流的南向支流还可以把人类由汤加带到新西兰的东北部。

---

[1] Lewis, D. (1978). *The Voyaging Stars*, Sydney: William Collins.

[2] Irwin, G. (1992). *The Prehistoric Exploration and Colonization of the Pacific*, London: Cambridge University Press, p. 28.

第二节 史前人类实现交流的手段

一、史前航海的条件和技术

史前人类群体要想实现在海洋上的活动,必须具备多方面的条件。这些条件有自然方面的因素,如风向、风速,洋流的流向、流经地域,与航行目的地的距离等等,也有人类自身的文化因素,如适用的航海工具、一定的航海技术,以及在新环境下的适应能力等。古代文献能够给我们提供一些关于古代中国沿海居民文化的重要线索。

按照凌纯声先生的看法,现今波利尼西亚、密克罗尼西亚的古代民族层次中包含有中国东南沿海的"东夷"民族的文化层,而中国上古传说的太昊氏(伏羲)就是太平洋民族广泛信仰的万能之神 Tangalo。[1]梁钊韬教授也认为 Tangalo 与中国南方在水上生活的"疍民"有联系。[2]由此推测,从上古时代起,中国沿海居民就开始了一系列面向海洋的活动。

关于疍民的历史,宋人周去非在《岭外代答》中记载:"以舟为室,视水如陆,浮生江海者,蜑也。"《太平寰宇记》卷一百五十七《岭南道一》载:"蜑户,县所管,生在江海,居于舟船,随潮往来,捕鱼为业。"《岭外代答》又载:"钦之蜑有三:一为渔蜑,善举网垂纶;二为蚝蜑,善没海取蚝;三为木蜑,善伐山取材。"顾炎武以为,"晋时,广州南岸周旋六千余里,不宾服者五万余户,皆蛮、蜑杂居。"(《天下郡国利病书》)[3]。清人屈大均《广东新语》曰:"诸蜑以艇为家,是曰蛋家……其女大者曰鱼姊,小者曰蚬妹。"道光《肇庆府志》还记载疍人"畏见官,豪右有讼之者,则飘窜不出。其捕鱼之利,惟春末夏初西潦泛溢,稍可博一饱。贫乏者,一叶之蓬不蔽其身,百结之衣难掩其体。岸上豪蠹复从而凌轹之,海滨之叫号无虚日矣"。

---

[1] 凌纯声:《中国古代与海洋洲区的楼船》,载《中国远古与太平印度两洋的帆筏戈船方舟和楼船的研究》(《民族学研究所专刊》第十六号),1970年,第169页。

[2] 梁钊韬:《西瓯族源初探》,《学术研究》1978年第1期,第129—135页。

[3] 广州南岸周旋六千余里。"六千余里"原作"六十余里",按:六十余里恐不足容纳五万户。今据《晋书·陶璜传》改。

从比较宏观的层面上，我们也可以了解古人对海洋和生活在那里的人民的认识。《史记·孟子荀卿列传》记述了当时中国人的畛域观念："中国外如赤县神州者九，乃所谓九州也。于是有裨海环之，人民禽兽莫能相通者，如一区中者，乃为一州。如此者九，乃有大瀛海环其外，天地之际焉。"《索隐》云："裨音脾。裨海，小海也。九州之外，更有大瀛海，故知此裨是小海也。"《越绝书·计倪内经》中更有越王句践对于海上生活的体验描述："吾欲伐吴，恐弗能取。山林幽冥，不知利害所在。西则迫江，东则薄海，水属苍天，下不知所止，交错相过，波涛濬流，沉而复起，因复相还。浩浩之水，朝夕既有时，动作若惊骇，声音若雷霆，波涛援而起，船失不能救，不知命之所维，念楼船之苦，涕泣不可止。"在中国沿海地区，面向大海的人类活动可分为两类。一类是由于近海居民"习于海"，在捕捞等生产活动中逐步掌握航海技术、完善航行工具，在某些特定因素促动下，开始了面向海洋的移动。另一类则是与特定历史事件相联系的，受政治、经济、宗教、军事等因素影响的活动。如《史记·封禅书》所载，秦"始皇南至湘山，遂登会稽，并海上，冀遇海中三神山之奇药，不得，还至沙丘崩"就属于这类的活动。

海上活动的展开，使人类逐步积累了航海的经验，深化了对海洋的认识。航海除必要的航行工具外，洋流的利用、风向的辨别、导航技术都是必不可少的。这几方面在中国的古籍中都能找到有关的记载，民族学方面也有较多的佐证。关于风之作用，在《史记·封禅书》述及秦始皇三神山采药的一段中已有"自威、宣、燕昭使人入海求蓬莱、方丈、瀛州。此三神山者，其传在渤海中，去人不远；患且至，则船风引而去。""船交海中，皆以风为解"的记载。对于风向的测定是利用风力的第一步。《淮南子》云："若倪之见风也，无须臾之间定矣。"许慎注言："倪，候风者也，世人谓之五两。"《文选》又有"觇五两之动静"一说，注云："五两，鸟毛为之。"唐李淳风《乙巳占》曰："凡候风者，必于高迥平原立五丈长竿，以鸡羽八两为葆，属于竿上，以候风。"宋代的航海者已经非常准确地掌握了季风规律，并利用季风的更换规律进行航海。宋人朱彧的《萍洲可谈》在记载往来于中国大陆沿海与东南亚的船只时说道："舶船去以十一月、十二月，就北风；来以五月、六月，就南风。"利用季风进行海上贸易的情景记载在宋王十朋"北风航海南风回，远物来输商贾乐"的诗句中。顾炎武《天下郡国利病书》也提及,由福建"径望东西洋而去,与海岛诸夷相贸易,其出有时,其归有候。"清人郁永河《裨海记游》讲到了航海时风的重要性:"视黄土坡犹未远,以风力弱不胜帆也。始悟海洋汛舟,固畏风,又畏无风。大海无橹摇棹拨理,千里万里,只藉一帆风耳。"关于风帆的发明,《事物绀珠》中有"禹效鲎制"之说。《本草纲目》引《尔雅翼》曰:"鲎者,候也。鲎善候风,故谓之鲎。"宋叶廷珪《海录碎事》言:"鲎壳上有物如角,常偃,高七、八寸,每遇风至即举,扇风而行,俗呼之以为鲎帆",说明古人发明风帆是受了鲎的启示。

在茫茫海洋上航行,航行方向的选择是成败的关键之一。《淮南子·齐俗训》言:"乘船而惑者,不知东西,见斗极则寤矣。"可知在发明指南针之前,海上航行是靠观察日、月、星辰等天体的位置来确定方向的。江苏连云港东磊母和山海岸发现的一块名为太阳石的古代岩刻为我们提供了古人认识天象的实物资料。在这块石上镌刻有太阳、北斗七星等。太阳直径约18厘米,四周有放射线21根,呈向心状,在太阳图下有七个圆坑,虽然其排列有异于今之北斗七星,但仍可看出其代表着北斗七星。[1]根据古天文学家的分析,在距今几千年前时,北极点更接近右枢(天龙座 α 星),北斗七星离北极比现在更近、位置更高、季节回旋更显著,很容易引起古人的注意。关于北斗七星的记载,最早可见于战国时期的《甘石星经》。汉代的《春秋运斗枢》有"北斗又七星,天子有七政也"的记述。《晋书·天文志》云:"北斗七星在太微北……枢为天、璇为地、玑为人。"北极星的记载,有《尔雅·释天》:"北极谓之北辰。"《史记·天官书》云:"中宫天极星,其一明者太一常居也。"古人将观测方向和方位的天文导航方法称为"过洋牵星"。罗盘也叫指南针,中国人很早就懂得磁针指向南北了,《萍洲可谈》曰:"舟师识地理,夜则观星,昼则观日,阴晦观指南针。"《岭外代答》曰:"舟师以海上隐隐有山,辨诸番国皆在空端。若曰往某国,顺风几日望某山,舟当转行某方。或遇急风,虽未足日,已见某山,亦当改方。"可知海中山形物标在古代航海中的重要导航作用。《宣和奉使高丽图经》对航海中所见形物做了更细致的区别:"至

---

[1] 王洪金:《崳夷考》,《东南文化》2008年第1期,第42—43页。

若波流而漩伏,沙土之所凝,山石之所峙,则又各有其形势。如海中之地可以合聚落者,则曰洲,十洲之类是也;小于洲而亦可居者,则曰岛,三岛之类是也;小于岛则曰屿;小于屿而有草木,则曰苫;如苫、屿而其质纯石,则曰焦〔礁〕。"明《郑和航海图》所记里程远达南洋、中亚、东非各地,其中记有山形水势状况、岛礁沙浅分布、庙宇古塔形象,内容丰富,"其图列道里国土,详而不诬"(《武备志》)。这是中国古代航海家的智慧结晶,也是世界上最早的航海图之一。明代还有许多有关航海的著述,如《东西洋考》、《顺风相送》、《指南正法》等。[1] 清《指南正法》云:"历代过洋,知山形水势、知浅深、知礁屿、识湾澳、精通海岛、望斗牵星。"

对于洋流的认识,也是进行远距离航海的必要条件。在上古史料中,我们尚无法找到关于太平洋地区大洋流的记载。但若按一些专家的考证,至迟到元代人们已可以认识黑潮。《元史·外夷传》云:"近瑠求则谓之落漈,漈者水趋下而不回也。凡西岸渔舟到膨湖已下,遇飓风发作,漂流落漈,回者百一。"清徐葆光《二友斋词稿》云琉球"海面西距黑水沟,与闽海界。福建开洋至琉球,必经沧水过黑水,古称沧溟"。《东西洋考》引《漳州志》云"至驾舟洋海,虽凭风力,亦视潮信以定向往",说明航海中观潮流的重要。

民族学的资料,特别是中国沿海、东南亚、大洋洲的"海洋民族学"(Maritime ethnology)为我们认识古代人类的航海技术提供了生动的佐证资料。在中国东南沿海近些年来有针对海岛居民的民族学和民俗学调查的展开,特别是对舟山群岛居民的综合调查,收获了大量关于当地居民文化的资料。首先看舟山群岛的人口变化,据现有的资料,宋政和六年(1116年)当地的人口约为30000余,到元代至正元年(1341年)人口增加到43000左右,到明洪武二十四年(1391年)又减少到8805人,到清末的宣统元年(1909年)当地人口猛增到377000人,1949年为477512人,1988年为955796人。当地渔民早期建造的木板船舢板(三板)由一块底板、两块舷板组合而成。直到近代,当地的造船作坊还是比较简单的"石塘"或"海塘",请被称为"大木"、"小木"的造船工匠来造船。据民国《定海县志》和《岱山镇志》记载,

---

[1] 席龙飞等主编《中国科学技术史·交通卷》,科学出版社,2004年,第350—352页。

当时的渔船有：墨鱼船、张网船、大捕船、溜网船、高钓船、淡菜船、海艳船、可蟹船、小对船、大对船、背对船、冬钓船等。近代当地海岛人的造船仪式分为造船前、建造中和完成后三个阶段。造船前的仪式有：相面（船主和船工）、和生肖、选船料、请师傅、定场地、择开工吉日等。建造中的仪式有：开工取料造船底、上梁头（船横梁）、上大肋（船身两侧最大的横肋）、上斗筋（船头破浪横木）、安船灵、置船眼等。其中安船灵是用长一尺、宽四到五寸的长方形木头中间挖圆孔放入铜钱制成"船灵"，择日放置在新船水舱梁头上，这与当地渔民的木龙信仰有关。放于水舱的木龙等于龙行于水，可以呼风唤雨，往来自如。"置船眼"被认为是舟山地区造船过程中最重要的仪式。这道又被称为"定彩"的仪式是造船大木师傅在吉日用樟木或乌龙木精制一对船眼，钉在船头两侧，然后用红布蒙住，待船下水时将红布揭开"启眼"。[1]在东海岛屿的民间信仰中，海神和妈祖、天后等与海洋有关的神灵占主导地位，同时沿海渔民也信仰其他的神。清康熙《定海县志》载，康熙三十三年（1694年）定海本岛的庙宇计有：天后庙、龙王庙、观音宫庙、关圣殿、文昌祠、城隍庙、马王庙、真武宫、玄坛庙、张公祠、水仙宫、戚家祠、东岳宫等等。

如前所述，疍家或疍民是中国沿海民族、民俗调查涉及比较多的一个群体。罗香林、傅衣凌等认为，疍家与古越族的某些支系有关，在福建者可能与现今的畲族有关。徐松石根据"蜑"字溯源认为疍民与古文献里的"蜑民"有关，"蜑"为僚壮水上人通称。因"蜑"字又为"蛇"字的异体字，故蜑族应为龙蛇族（伏羲女娲的一支）之后裔——掸族。根据清郑祖庚纂《侯官县乡土志》，福州疍民"其人以舟为居，以渔为业，浮家泛宅，遂潮往来，江干海澨，随处栖泊。各分港澳，不相凌躐。间有结庐岸上者，盖亦不业商贾、不事工作，习于卑贱，不齿平民。闽人皆呼之为曲蹄，肖其形也。以其脚多弯曲故也，俗亦谓之为乞黎云云。视之如奴隶，贱其品也。"生活在闽江上的疍家人生活在被称为"连家船"的小船上。船的长度多为五到六米，宽约三米，首尾翘尖，中间平阔，并有竹篷遮蔽作为船舱。连家船既

---

[1] 姜斌主编《东海岛屿文化与民俗》，上海文艺出版社，2005年，第143页。

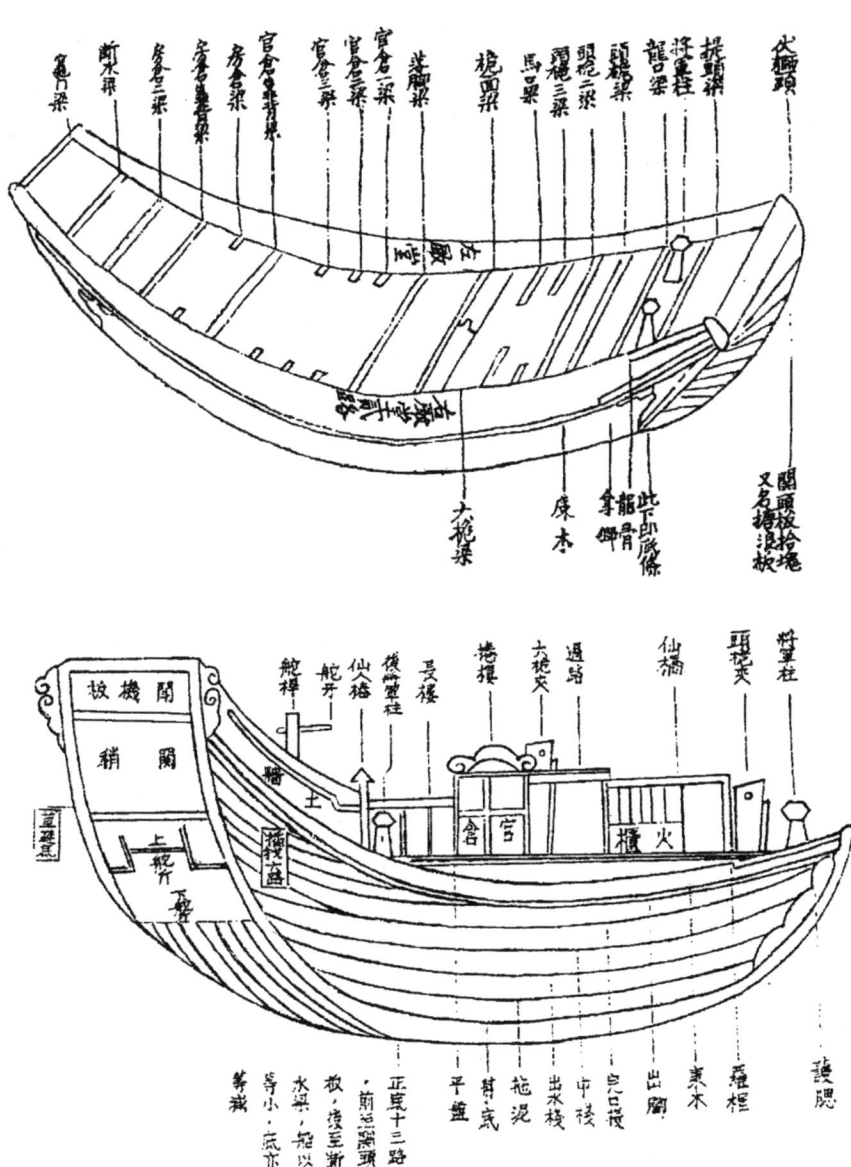

图 5-1：舟山渔船结构示意图[1]

---

[1] 姜彬主编《东海岛屿文化与民俗》，上海文艺出版社，2005年。

是疍民工作的场所，又是他们生活的空间。福州疍民多信奉融合了道教的福建本土宗教，其崇拜的神祇包括了闽越王无诸、蛇神、蛙神、龙神，还信仰或崇拜妈祖、拿公、白马王、开闽尊王、威武尊王、五福王爷、临水夫人、陈文龙、戚奶、螺女和各种本地神祇或历史人物。由于疍民常年行船的缘故，妈祖在疍民的信仰中占有重要地位，并随着疍民的迁徙而兴盛于闽江上游的内陆地区。福州疍民还将白马王信仰传播到了马祖列岛，将拿公信仰传播到了琉球。另外也有部分疍民信仰佛教。[1]在粤东地区疍家的调查中，研究者发现汕尾疍家对风波难测的江河大海有敬畏心理，对神佛的崇拜比陆上居民更为虔诚，早晚必烧香礼拜，每逢神诞必杀牲祭拜。图腾崇拜是疍民最原始最古老的信仰习俗。明清以前，凡船舶停泊处的岸边均建有蛇神宫。明邝露《赤雅》载："蜑人神宫，画蛇以祭，自云龙种。浮家泛宅，或住水浒，或住水栏，捕鱼而食，不事耕种。"张士涟《海阳国志》载："潮州蛋人神宫皆作蛇象。"海陆丰庙宇神宫大都晒龙和塑龙像。这种延续千年的蛇神图腾在清末已经式微。至今，当地渔民全都不知道先辈有蛇神图腾崇拜的风俗。但渔船或船屋中的祖宗神龛，尚有其崇拜的余风，如神龛的形状为龙殿，髹朱红色，殿口有两条金龙盘柱，内设祖宗牌位，并在船屋内设神座祀天后圣母、玄天上帝等。[2]疍家亦是香港四大民系之一，已在香港生活多个世纪，他们主要是以捕鱼维生，只在船上生活并说自己的语言——疍家话。香港的疍家人把船又称为艇，其种类包括有：住家艇、渔艇、艇仔、艇户。生活在珠江三角洲的疍民的起源已无可考，可能是古越族或古黎族等南方水上民族受陆上民族排斥，多年来漂泊于海上而形成的一种特殊群体。至20世纪30年代，仅在广州一段珠江水面上生活的疍民就有10万余众。1932年的人口调查显示，当时广州全市人口有104万左右，其中疍家人口有10—15万，仅疍艇就超过2万艘，疍民至少占据了广州市人口的1/10。据陈序经估计，同一时期活动在珠江流域沿海一带的疍民不

---

[1] 杨济亮：《福州疍民的精神文化生活》，载《闽都文化研究》，海峡文艺出版社，2006年，第794—808页。
[2] 叶良方：《汕尾市疍民风俗文化史考》，载《汕尾文史》第14辑"民俗文化专辑"，2005年，第54—55页。

下100万人。仅珠江三角洲一带就有深圳、香港、中山、珠海、台山、新会、顺德、番禺、东莞9个地段分布有疍民。其文化中典型的"咸水歌"道出了他们的生活处境。其中关于妇女生活的有这样一首:"挠一桨,娶新娘。捧茶夹张香,洗揩船板有我份,斟茶装饭奉爸娘。一早起身做到晚,清茶冇啖落肚肠。一更二更手不停,三更四更撑入涌,欲想五更撑到去,谁知撑到日头红。"根据香港1966年的一项统计,当时仍常年在水上生活的居民人数达55350人。[1]

台湾少数民族长于使用竹制排筏进行航海,他们巧妙地将划桨、风帆、舵桨、插板四者巧妙配合,虽遇顶风,亦可使帆航行。在风浪大时,则使用划桨推进。通过改变筏的方向,可以使作用于帆的顺风、偏风的风向与航向平行或接近。航海帆筏多是二人驾驶,一人负责拖帆,一人负责桨舵帆索及反板,司筏的方位及船的航向确定。竹筏在台湾沿海居民水上活动中扮演着重要角色。据1954年《台湾农业年报》的统计,在无动力渔船中,竹筏占2/3。[2]

台湾少数民族还善于使用独木舟,清《诸罗县志·番俗考·器物》中有:"蟒甲以独木为之,大者可容十三、四人,小者三、四人,划双桨以济,稍欹侧即覆矣。番善水,故虽风涛汹涌,如同儿戏,汉人鲜不惊怖者。"又清黄叔璥《台海使槎录·番俗六考》云:"蟒甲,独木挖空,两边翼以木板,用藤缚之,无油灰可舱,水易流入,番以杓不时挹之。"经过拟建,在古南岛语中共有6个词语与舟船有关,分别是:*paraqu(船),*beResay(船桨),*baŋka[h](船、独木舟),*t'ampan(船),*waŋkaŋ(独木舟),*layaR(帆)。按照李壬癸先生的研究,住在台北盆地的巴赛族就用*baηka来称呼独木舟。他们也保存了古南岛语的*layaR>rayar(帆)一词。泰雅人称台北为mnka?,称独木舟为bnka?或mnka?,其意思是将整根木柴劈成两半,再挖空而成的器物。这一研究推翻了以前研究者认为的台湾少数民族语言的词

[1] [日]可儿弘明:《香港の水上居民:中国社会史の断面》,岩波书店,1970年,第21页。
[2] 凌纯声:《台湾的航海帆筏及其起源》,载《中国远古与太平印度两洋的帆筏戈船方舟和楼船的研究》(《民族学研究所专刊》第十六号),1970年。

汇中没有关于舟船的词汇的论点。[1]

捕鱼业在马来西亚的经济结构中占有重要地位。根据统计资料，1931年人口普查时的从事渔业的人口为36000人，到1947年这个数字增加到41000人。1963年的渔业人口稍有减少，为36200人。以吉兰丹、丁加奴两个州为例，马来西亚渔民所用的传统渔船一般较小，最大的约为15米长，一般渔船的长度约为9米。船身也比较窄，吃水深度较浅，大船的吃水深度也只有1米。船舱的容积有限，9米长的船的最长横梁的长度为1.5米左右，深度0.8米。渔船的种类颇多，常见的有10余种，根据船头、船尾的形状能够将他们区分出来。渔船均用平铺法打造，通常使用木楔将船板拼合在一起，很少使用铁钉。新造好的渔船通常会在表面髹漆。船只的类型和使用的网具有明显的关联，但有些种类的船又有通用性。渔民所用的网具包括有围网、漂网、刺网、敷网，比较大的网具的长度可达180米。网捕在沿岸捕捞中也被广泛采用。渔汛、渔场、风向、气候等因素是制约渔民海上捕捞活动的决定性因素。在吉兰丹与丁加奴，季候风影响的高峰期是11月到次年的1月底，这段时间当地渔民基本无法出海捕鱼。5月和6月，由于有经济价值的鱼类还未长成，出海的次数也相对较少。[2]马来西亚的渔业资源比较丰富，渔获大部分可以在近海区域获得，其中又以马来半岛的西海区渔业资源最丰富。

托尔·海尔达尔在描述波利尼西亚的航海时说："古代波利尼西亚人是伟大的航海家。他们白昼靠太阳夜间靠星斗来测定方位。他们对天体的认识十分令人惊讶。他们知道地球是圆的，他们给赤道、南回归线、北回归线这些深奥的概念定了名称。在夏威夷岛上，他们在圆葫芦的皮上刻着海图；在另一些岛上，他们把树枝编结起来上面挂上贝壳代表岛屿，小树枝代表某些急流。波利尼西亚人认识五颗行星，管它们叫游走星，以区别于固定星，他们给大约两千颗固定星定了名称。古代波利尼西亚的航海老手非常

---

[1] 李壬癸：《台湾南岛民族的族群与迁徙》（增订新版），前卫出版社，2011年，第141—153页。

[2] Firth, R. (1966). *Malay Fishermen: Their Peasant Economy*, New York: W. W. Norton & Co. Inc., pp. 41—48.

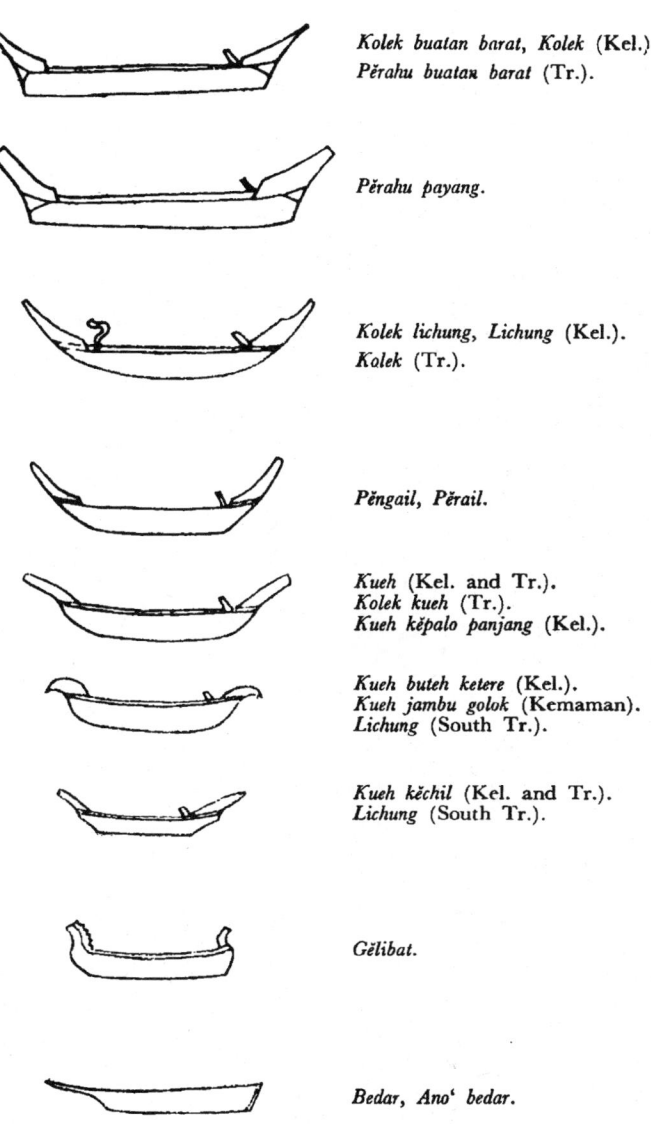

图 5-2：马来西亚在吉兰丹与丁加奴州渔船的类型[1]

[1] Firth, R. (1966). *Malay Fishermen: Their Peasant Economy*, New York: W. W. Norton & Co. Inc.

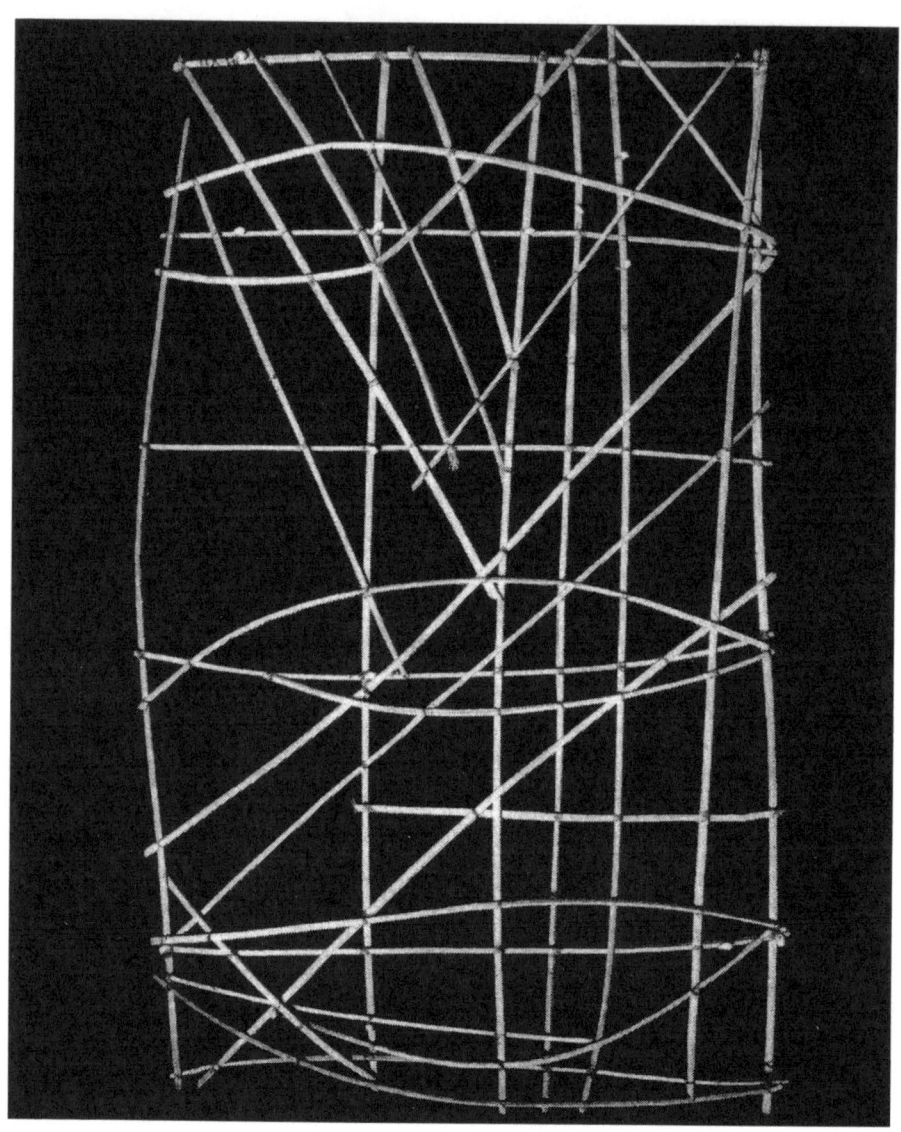

图 5-3：19 世纪中叶马绍尔群岛土著居民所用的海图[1]

---

[1] Kaeppler, A. L. (2008). *The Pacific Arts of Polynesia & Micronesia*, Oxford University Press.

清楚各个星斗应该从天空的哪一部分升起。每夜不同时分各个星斗应该处于什么位置,一年四季又应该在什么位置。"[1]图5-3所示为马绍尔群岛土著居民用树枝编制的海图,反映了当地居民对海洋的丰富知识。他们能够清楚地辨别出在航行中接近目的地岛屿时的浪涌,以及近岸浪涌的形式和特点,进而可以顺利登岸。他们也可以通过光线折射、阴影等了解海浪运动的其他规律。[2]

早期欧洲人在记述他们在波利尼西亚所见所闻时讲到,波利尼西亚古代航海者在升起纤维编织的帆后,一天可航行 87—130 海里。同时,波利尼西亚人还具备在海上贮存食物的技术,这样他们有可能不停顿地航行超过 4000 海里。[3]一个高明的航海者会在脑海中存贮着天象图,他们还有观察陆地上空云、鸟的活动区域,以及各种海浪形式的丰富知识,而这些对于航海者来说也是必不可少的。[4]洋流知识和确知风向的能力,是在海洋上辨别方向的重要手段。波利尼西亚人严格地使船头永远与海浪保持一定角度,因海浪受固定季风影响,总朝向着一个不变的方向。波利尼西亚人还可以用小棍或石头绘制出他们周围的海图,标示出海岛、海路、潮汐和风向等。[5]

二、原始的航海工具

这里所记载的航海工具,包括中国东南沿海地区及其他地区的考古发现,中国古代史籍中对古代航海工具的记载,有关地区民族志提供的关于航海工具的材料。下面分别述之:

---

[1] [挪]托尔·海尔达尔:《"太阳神号"海上历险记——探险故事》,麻乔志译,地质出版社,1981年,第146—147页。

[2] Kaeppler, A. L. (2008). *The Pacific Arts of Polynesia & Micronesia*, Oxford University Press, p. 139.

[3] [苏]C. A. 托卡列夫等:《澳大利亚和大洋洲各族人民》,李毅夫等译,生活·读书·新知三联书店,1980年。

[4] Lewis, D. (1974). "Wind, Wave, Star and Bird," *National Geographic*, vol. 146, no. 6.

[5] 杨堃:《民族学概论》,中国社会科学出版社,1984年。

（一）中国沿海地区的考古发现

在河姆渡遗址第四层曾出土过 6 支木制船桨。保存较好的两支，一支残长 92 厘米，一支残长 63 厘米、叶部宽 12.2 厘米、厚 2.1 厘米。桨的柄部、叶部均采用一块木制成，有的还在桨柄、叶连接处刻有阴线弦纹和斜纹。另外，在河姆渡下层的大量木制建筑构件中发现了直径 60 厘米、中空、另一头尖圆的木件，疑为废弃小舟的再利用。同时，在该遗址中还采集到长 7.7 厘米、高 3 厘米、宽 2.8 厘米，两头尖、尾部微翘、首有一穿孔小錾的夹炭灰陶陶艇模型。[1]另有一件木桨属河姆渡二层出土的，在 T34—T37 四个探方中部发现的一个木构水井中发现。此件木桨原发掘报告定名木耜，后经专家讨论，应为木桨。其平面近似长方形，单面平刃，刃部较宽，桨面中间有一浅槽，两侧各有一个长方形孔，后端柄部已残。1958—1959 年在浙江吴兴钱山漾遗址出土了青冈木制成的长条形桨翼、短柄木桨。杭州水田畈出土了宽翼、狭翼两种木桨，前者桨宽而扁平，端部削成尖形，另作柄捆绑其上，狭翼式为一木削成。[2]与河姆渡遗址年代相当的桐乡罗家角遗址还出土了类似船底"拖泥板"（插板）的木制件。[3]属于马家浜文化的圩墩遗址出土了木桨二件，均为整木加工而成，分桨身、桨叶两部分，长度接近一米，还有一带榫卯结构的木构件疑为木橹。[4]1983 年在山东庙岛群岛大黑山岛大浩村龙山文化地层中发现了残木船尾及残断木桨各一件，从残船木碎片看，当时可能已经出现木板船，板厚约 5 厘米，板与板之间有榫卯结构。[5]

近几十年来在沿海各地区还出土了一批属于不同时期的独木舟，其中

---

[1] 河姆渡遗址考古队：《浙江河姆渡遗址第二期发掘的主要收获》，《文物》1980 年第 5 期，第 1—15 页。

[2] 《吴兴钱山漾遗址第一、二次发掘报告》《杭州水田畈遗址发掘报告》，《考古学报》1960 年第 2 期。

[3] 《桐乡罗家角遗址》，载《浙江省文物考古所学刊》，文物出版社，1981 年。

[4] 常州市博物馆：《1985 年江苏常州圩墩遗址的发掘》，《考古学报》2001 年第 1 期，第 92—93 页。

[5] 宋承均：《庙岛群岛史前文化概论》，载中国太平洋历史学会编《中国太平洋暨海外交通史学术讨论会论文集》，1985 年。

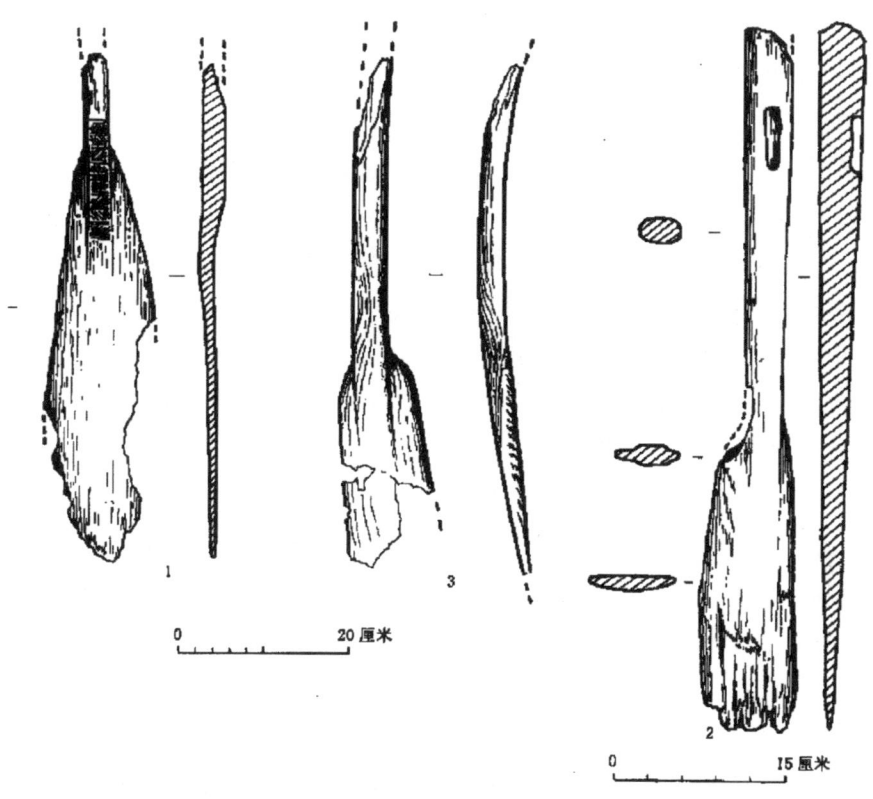

图 5-4：河姆渡遗址发现的木桨[1]

1984年在山东荣成市的松郭家村距地表4米深处发现了一只保存完好的独木舟。未脱水时舟长3.9米，中间宽0.7米，两头宽0.6米，舟两弦竿高0.15米，外表保持原木弦形，舟内底部加工平整，舱深30—40厘米，舱中有原木刻成的两道隔梁，舟上还遗有一长木棍，有的研究者认为它与风向标有关。[2]50年代在江苏常州市武进淹城曾出土了三只春秋时期的独木舟，均为整木刨成，长10余米。[3]福建的连江与浙江的温岭先后发现过西汉时期的独木舟，

---

[1] 浙江省文物考古研究所：《河姆渡：新石器时代遗址考古发掘报告》，文物出版社，2003年。

[2] 曲石、袁野：《试论我国古代莱州的造船与航海技术》，中国太平洋历史学会第二次年会论文（油印本），1986年。

[3] 谢春祝：《淹城发现战国时期的独木船》，《文物参考资料》1958年第11期，第80页。

其制作方法是整木加工，并在舟上留有火烧的痕迹。[1]广东化州也出土过六只东汉时期的独木舟。[2]山东平度出土的一只隋代独木舟是用两只独木舟合成的"双身船"。每个舟体用三段树木刨制、衔接而成，约有20根横梁把两只舟体连接在一起，上铺甲板，设有上层建筑，舟长约23米、宽2.8米，可载重23吨左右。[3]此外，江苏扬州还出土过时代更晚的唐代独木舟二、宋代独木舟一。按一些研究者的看法，独木舟大致可分为三类：用整木刨成，形如梭形；用二、三段树刨好拼接而成；连接处作子母面上下交接，底板与船弦榫接。[4]结合各地的船棺葬材料，独木舟的船型有方头方尾、尖头方尾和尖头尖尾之分，船底有平底和尖底之分。木板船以及相应的制造技术自秦汉时代开始就在我国沿海地区发展起来，由于它们代表着一种先进的技术，故本研究将不涉及。

近几十年来，在各地区发现的文物与岩画上也多有船的图形出现，为我们研究史前航海交通工具提供了又一批资料。属于春秋战国时代的一些青铜鉴、壶上常刻有水陆攻战的图形。其中河北汲县山彪镇、四川成都百花潭所出铜壶，故宫藏燕乐狩猎铜壶上都有相似的水战图。其上之船为长身，首尾翘起，如后世龙舟。船分上下层，无舵无帆，靠人力划桨。其中汲县铜壶上图案的交战双方中，右方人皆有头帻，左方人皆露颈短发。郭宝钧认为：这些图像似有中原部族与吴越部族交绥的故事隐于其中。[5]在湖南出土的战国时期越式錞于的顶盖上，常刻有船纹图案，其中一种船纹中立有一扇形图形，很像风帆，也有的船纹头、尾有桨，中立一物，亦似风帆。[6]

铜鼓是带有较多船纹的古代铜器之一。已知的带船纹的铜鼓分别发现

---

　　[1]　福建省博物馆、连江县文化馆：《福建连江发掘西汉独木舟》，《文物》1979年第2期，第95页。

　　[2]　湛江地区博物馆、化州县文化馆：《广东省化州县石宁村发现六艘东汉独木舟》，《文物》1979年第12期，第29—31页。

　　[3]　金秋鹏：《中国古代的造船和航海》，中国青年出版社，1985年。

　　[4]　车广锦：《浅谈独木舟》，《南京博物院集刊》第七辑，1984年。

　　[5]　徐英范：《浙江古代航海木帆船的研究——兼谈宁波宋代海船复原》，载《宁波港海外交通史论文选集》，1983年，第198—226页。

　　[6]　林华东：《中国风帆探源》，《海交史研究》1986年第2期，第85—88页。

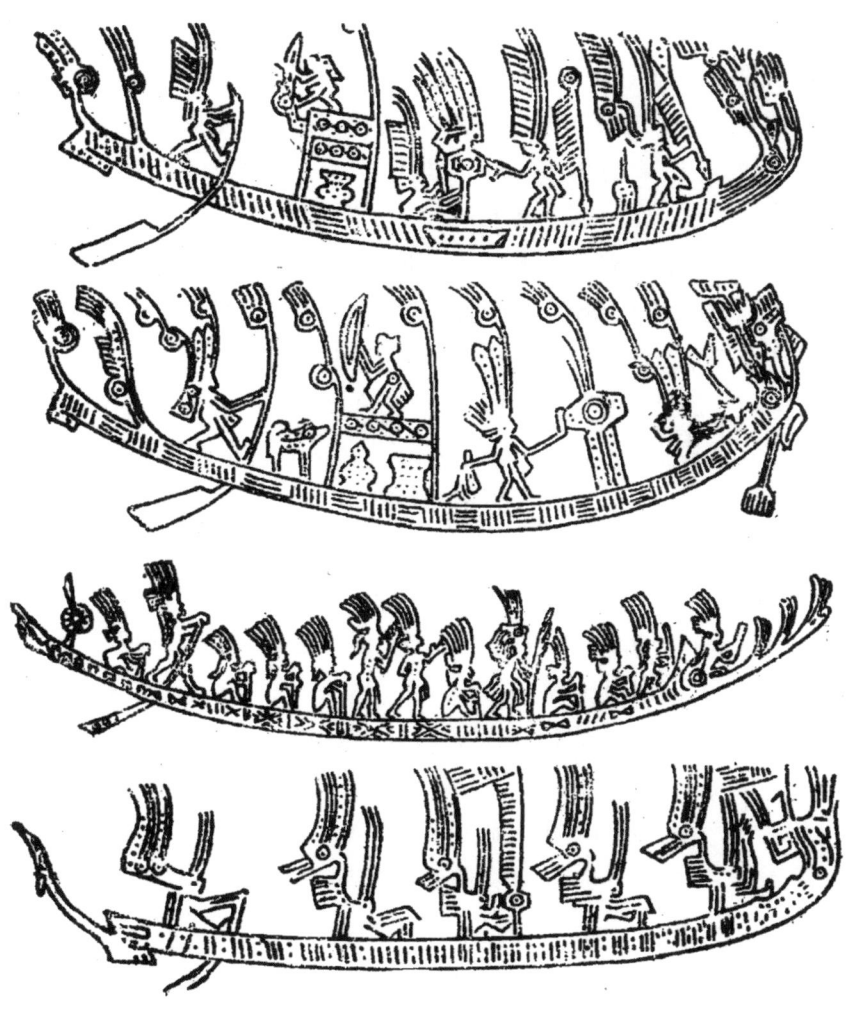

图 5-5：铜鼓上的船纹[1]

---

[1] 凌纯声:《中国古代与太平洋区的方舟与楼船》,载《"中央研究院"民族学研究所集刊》第二十八期,1969年,第233—272页。

于云南、广西、四川、贵州及越南北部地区,其流行的时代上起战国、下至西汉末年。这些船纹反映出的文化内容得到了学术界的普遍重视。早期的研究者戈路波(Victor Goloubew)等认为早期的铜鼓船纹与"海葬船"有关,船上人物装饰与船的装饰具图腾意义。[1]梁钊韬、石钟健、陶维英等认为铜鼓的船纹相当一部分属于"过海船"。[2]还有一部分学者将铜鼓船纹与中国南方的"龙舟竞渡"风俗联系在一起。[3]黄德荣、李昆声等则主要根据船纹的不同对船的性质进行具体分析。他们认为从铜鼓的船纹上至少可以辨别出渔船、交通船、战船、祭祀船、竞渡船、游戏船、海船等不同类别的船舶。[4]至于铜鼓涉及的古代民族群体,李伟卿认为应当包括滇濮、哀牢、夜郎、句町、进桑、西瓯、雒越,及稍晚的乌浒。[5]

从已发现的船纹来看,大致可以分出早晚两段。早期的船纹比较简单,船体较小、平底、首尾不分,船身装饰较少,船上人物一般3至7人,多为用短桨划船者。人物的发式有椎髻、项髻、披发等,且常戴有羽冠。晚期船身加长,首尾分别饰以鸟首、鸟尾状,两端翘起,船体均有以平行直线、圆圈、圆涡及各种几何形为主的装饰纹饰,船上乘员增多,最多者达15人以上,推进工具增加了长桨与桨舵,船上人物除划船者外还有从事其他活动的,在船的前后或下方常绘有鸟类和鱼类。被许多研究者确认为渡海船的广西贵港市罗泊湾M1:10号墓中出土铜鼓上的船纹,为船身较大、双身双尾的造型,船首为鸟首状,船尾亦为鹬鸟尾状,船上有6人划桨,近船头者手秉杖,水中有游鱼。[6]类似于此鼓的双身船纹还见于广西玉林、云南

---

[1] [德]鲍克兰:《读〈东南亚洲铜鼓考〉》,成恩元译,载《铜鼓研究资料选译》第1辑,第1—19页。

[2] 石钟健:《铜鼓船纹中有没有过海船》,载《古代铜鼓学术讨论会论文集》,文物出版社,1982年,第175—185页。

[3] 冯汉骥:《云南晋宁出土铜鼓研究》,《文物》1974年第1期,第56—58页。

[4] 黄德荣、李昆声:《铜鼓船纹考》,载《中国铜鼓研究会第二次学术讨论会论文集》,文物出版社,1986年。

[5] 李伟卿:《铜鼓船纹的再探索》,载《中国铜鼓研究会第二次学术讨论会论文集》,文物出版社,1986年,第235页。

[6] 广西壮族自治区文物队:《广西贵县罗泊湾一号墓发掘简报》,《文物》1978年第9期,25—42页、第54页。

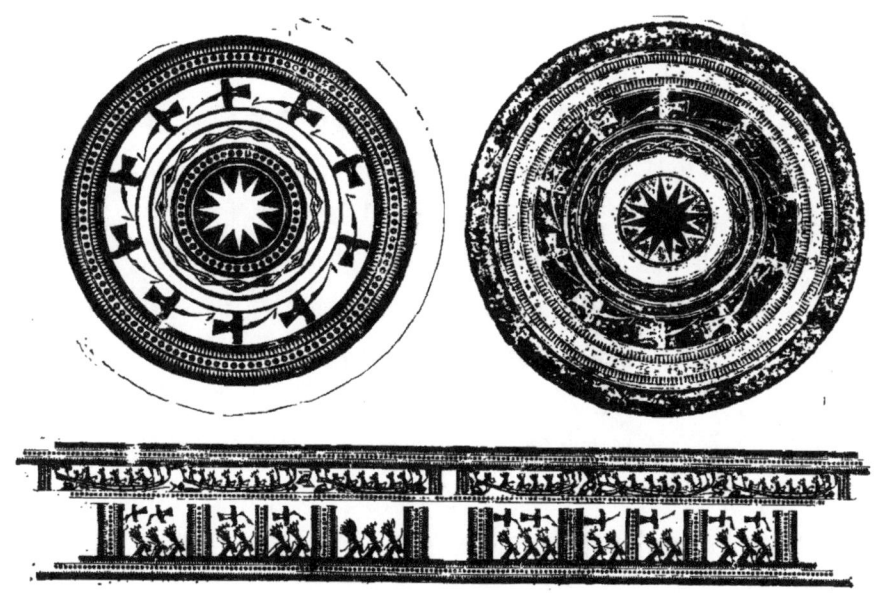

图 5-6：广西贵港市罗泊湾 M1:10 铜鼓上的船纹[1]

晋宁石寨山、江川李家山，以及越南、老挝等地发现的若干铜鼓上。

广西南宁明花山等地的早期岩画中也有由人物、马匹、铜鼓、刀剑、礼器、太阳、船等组合而成的图像。其中人像头部的装饰包括插羽、椎髻、披发等多种形式，船形亦为首尾翘起的弧形船。[2]表示出铜鼓纹与岩画的文化对应关系。在百越文化传播区之内，除滇、桂铜鼓外，在浙江鄞县出土的一件青铜器上也有四羽人划船纹，这一方面显示这类航渡活动与青铜文化的联系，同时也使中国东南沿海区与西南地区的文化关系有更多的线索联系在一起。

（二）中国古籍中关于各种原始水上工具的记载

中国最早的水上交通工具是筏与独木舟。《说文》有"俞,空中木为舟也"

---

[1] 广西壮族自治区文物队：《广西贵县罗泊湾一号墓发掘简报》，《文物》1978年第9期。

[2] 王克荣、邱钟仑等：《巫术文化的遗迹——广西左江岩画剖析》，《学术论坛》1984年第3期，第64—73页。

的记载。《易传·系辞》中可见"刳木为舟,剡木为楫"之说。《淮南子·说山训》中言"见窾木浮而知为舟"。

到唐宋以后,对于独木舟的记载多与边疆地区有关。周去非《岭外代答》中有"广西江行小舟,皆刳木为之,有面阔六七尺者,虽全成无罅,免儒袽之劳,钉灰之费,然质厚迟钝,忽遇大风浪,则不能翔,多至沉弱。要不若板船,虽善不能为矣。钦州竞渡兽舟,亦刳全木为之,则其地之所产可知矣。海外蕃船亦有刳木者,则其为木,何止合抱而已哉"的记载。排筏多为竹木为之。《论语·公冶长》记载,"子曰:道不行,乘桴浮于海。"马融曰:"桴,编竹木也,大者曰筏,小者曰桴。"《后汉书·岑彭传》曰:"将数万人乘枋箄下江关。"李贤等注云:"枋箄,以木竹为之,浮于水上。"

除简单的竹木筏与独木舟外,文献中对于近代仍广泛存在于东南亚海岛、大洋洲的边架船、双身船在中国的使用也提供了一些佐证。凌纯声先生认为桦木筏、独木舟、方舟、楼船是讲南岛语的太平洋区域各民族所共有的航海工具。[1]边架船是在独木舟(现代为木板船)的一边或两边绑以木架,架之外有与船身平行的"防倾木"。这种船的特点是有较强的抗浪能力。凌纯声认为中国史籍中的戈船可能就是这种边架船,但吴春明倾向于否认这一观点。[2]《越绝书》卷八记载:"勾践伐吴霸关东……死士八千人,戈船三百艘。"《史记·南越列传》中有"戈船、下厉将军"之称。《国语·齐语》曰:"方舟设泭,乘桴济河。"韦昭注云:"方,并也。编木曰泭,小泭曰桴。济,渡也。"此之设桴之舟就是边架船,在舟之两旁形成戈形。[3]又甲骨文中之"方"字有作 ᛉ、ᛐ 形者,凌纯声氏亦认为与边架船的造型有关。近代台湾少数民族仍有使用边架船者。咸丰《噶玛兰厅志》卷五下云:"番渡水小舟名曰蟒甲,即艋舺也,一作蟒葛。其制以独木挖空,两边翼以木板,用藤系之。又无油灰可艌,水易溢入,彼则以杓时时挹之,恰受两三人而已。"清黄叔璥《台

---

[1] 凌纯声:《中国古代与南美西岸水运工具的比较研究》,载《中国远古与太平印度两洋的帆筏戈船方舟和楼船的研究》(《民族学研究所专刊》第十六号),1970年。

[2] 吴春明:《从百越土著到南岛海洋文化》,文物出版社,2012年,第250—251页。

[3] 凌纯声:《中国古代与印度太平两洋的戈船》,载《中国远古与太平印度两洋的帆筏戈船方舟和楼船的研究》(《民族学研究所专刊》第十六号),1970年。

海使槎录·番俗六考》曰："蟒甲，独木挖空，两边翼以木板，用藤缚之。"

双身船是由两条独木舟平行合并而成的航海工具。直到现在仍在波利尼西亚许多地方使用。有关双身船的记载亦见于历代文献之中。《淮南子·主术训》曰："大者以为舟航柱梁。"高诱注云："舟，船也。方两小船并与共济为航。"《说文》："方，并船也。"又"舫，方舟也。"[1]《尔雅正义》注"大夫方舟"时引李巡云："并两船曰方舟。"《后汉书·班固传》："方舟并骛，俛仰极乐。"李贤等注云："方舟，并两舟也。"文献对方舟的形式都有比较清楚的描写，确指两条船并起来的双身船。

除竹木桴筏、独木舟、戈船、方舟等外，在古代文献中还有不少对于各类船只的记载。比较典型的有《吴越春秋》、《越绝书》中的各类船只，它们包括：艅艎大舟、楼船、大船、戈船、大翼、中翼、小翼、桥舡、舲、突冒、下濑船等，除戈船、翼船等船的形式较明确外，其他不少船的形式还有待继续探索。

（三）原始航海工具的民族学资料

台湾的航海竹筏是用9—21根台湾产麻竹或刺竹，以藤葜扎绑而成。桅杆用长5—6米、直径30—35厘米的杉木制成，帆用白粗布缝制而成，呈长方形，间以竹制纬杆，每筏配整根杉木制成的划桨四支、舵桨二支。其他设施包括樟木制成的长方形插板与天然卵石制成的石锚。除台湾地区外，在越南沿海、波利尼西亚的一些岛屿、南美太平洋沿岸都有航海帆筏，但筏的用材、帆、桨、插扳的形态则因地区而异。[2]林惠祥在20世纪20年代在台湾日月潭见到少数民族的独木舟形甚狭长，长度约5米、宽约61厘米，舱深不及30厘米，用樟木树干刨成，底无龙骨，前尾不削尖，无帆橹等物，只有手提小木桨。[3]这一标本代表着独木舟中比较原始的一类，

---

[1]《说文解字·方部》："方，并船也。象两舟省总头形。"又"舫，方舟也。从方亢声。"徐锴《说文解字系传》："方，并也。方舟，今之舫，并两船也。"

[2] 凌纯声：《台湾的航海帆筏及其起源》，载《中国远古与太平印度两洋的帆筏戈船方舟和楼船的研究》(《民族学研究所专刊》第十六号)，1970年。

[3] 林惠祥：《台湾番族之原始文化》，国立中央研究院社会科学研究所专刊第三号，1930年。

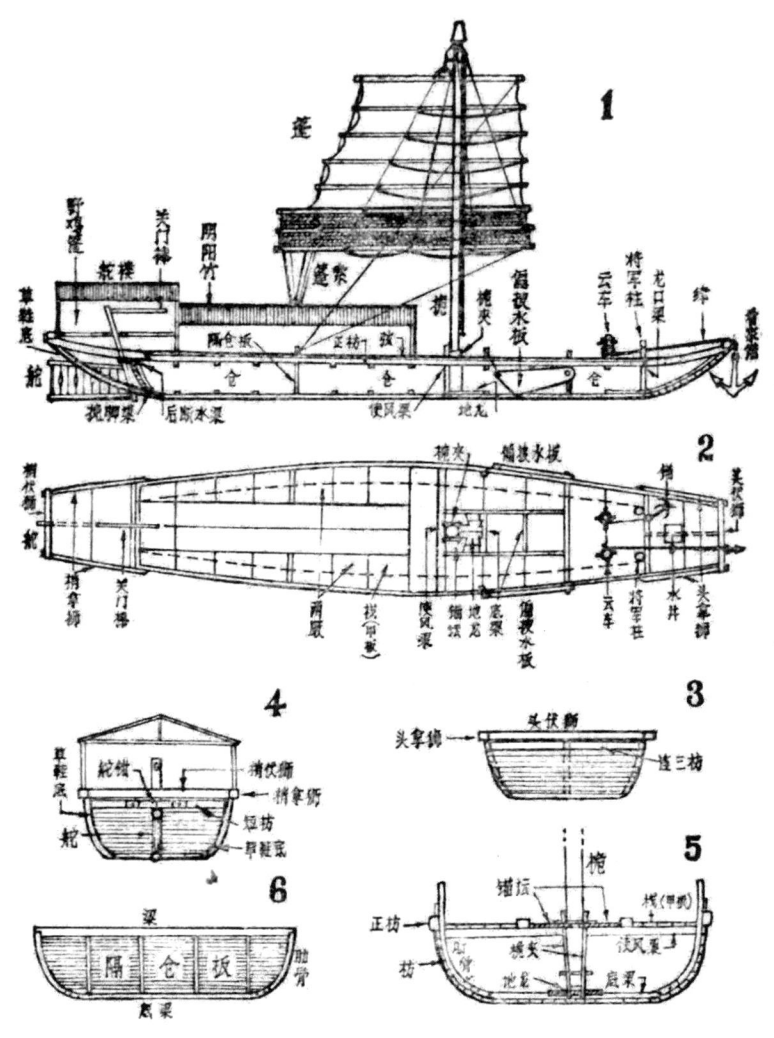

图 5-7：中国古船结构图[1]

除日月潭外，台湾地区的台北、宜兰等地也都有类似的独木舟发现。

在菲律宾、马来西亚、印度尼西亚、巴布亚新几内亚的一些民族中，独木舟是广泛使用的水上交通工具。南美印第安人的独木舟更可按其船头

[1] 王冠倬：《中国古船图谱》，生活·读书·新知三联书店，2011年。

的形式分为四种类型。[1]独木舟的制造,林惠祥在其《文化人类学》中指出,是将一大块树干在横面剜成一大空洞,常先用火烧焦所要刨的部分,然后用石锛、石凿刮去焦炭。[2]另一种使用带柄石器加工独木舟的方法是:先在树干小于直径的两条纵线上间隔楔入两排石器,然后在日光下曝晒,使水质突然收缩,树干就会裂成大小不等的两片,然后再用带柄的石斧、锛、凿等在大片剖面上砍凿,并将外面加工成梭形。[3]

独木舟在航海过程中的进一步发展、完善便是边架船与双身船。菲律宾民都洛岛的摩洛人的边架船被称为Vintas,这种船的船体是独木或拼板而成的窄长形,船头船尾都呈垂直方向的开叉形,两边船弦外各有一木架悬出,发挥着防倾倒的功能。船的长度与船身相当,并与船身保持平行。在印尼的巴厘岛与西里伯斯北部也存在类似的双边架渔船。在菲律宾马尼拉湾和其他地方,以及印尼一些地方还有一类边架船,这种船的头尾不分歧,平面呈梭形,也呈双边架式,但防倾木的一头紧靠船身,故复式船身与防倾木构成了一个等边三角形。

单边架船在大洋洲波利尼西亚、密克罗尼西亚、所罗门群岛和巴布亚新几内亚,以及美拉尼西亚都有存在。土阿莫土群岛的单边架船为双横梁外架一与船身等长的防倾木的简单形式。按某些人类学家的研究,边架船起源与发展的中心区域在印尼的中心岛屿区,也就是在西起苏门答腊,东到新几内亚西部一带。其分布范围北到马来西亚、菲律宾,南到大洋洲各地。在斯里兰卡、印度、马达加斯加以至南美海岸也能见到这类边架船。[4]

双身船是波利尼西亚人的主要航海工具,广泛分布于汤加、萨摩亚、斐济、塔希提、夏威夷及新西兰等地。它是用两条或更多的横木把两只独木舟并排连接起来的船形。在波利尼西亚,双身船的基本形态有两种:一

---

[1] Edward, C. R. (1965). *Aboriginal Watercraft on the Pacific Coast of South America*, University of California press.

[2] 林惠祥:《文化人类学》,商务印书馆,1934年。

[3] 杨堃:《民族学概论》,中国社会科学出版社,1984年。

[4] Hornell, J. (1946). *Water Transport: Origins and Early Evolution*, Cambridge University Press.

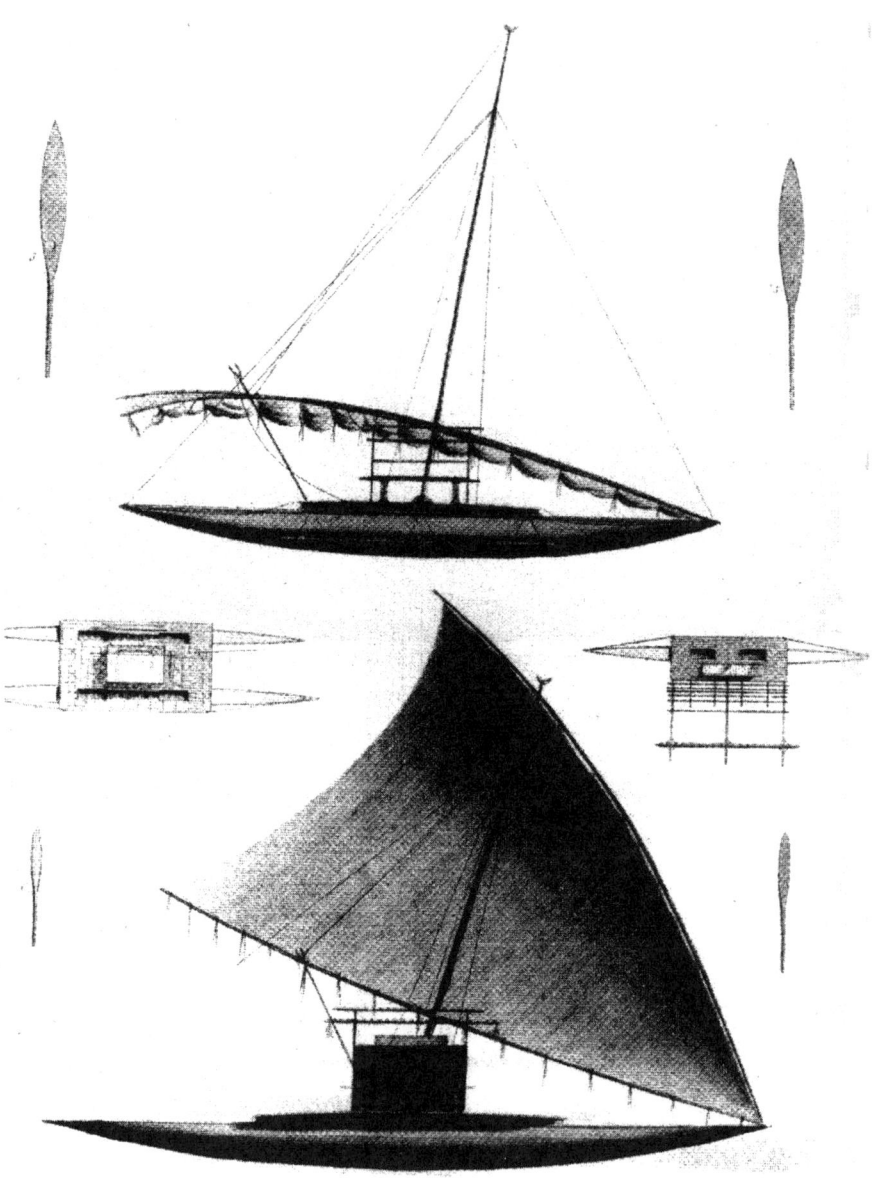

图 5-8：19 世纪汤加所见之边架船与双身船[1]

[1] Irwin, G. (1992). *The Prehistoric Exploration and Colonization of the Pacific*, Cambridge University Press.

种是两舟的大小相等或近似,桅杆一般置于两船中央的前部,具有固定的船头、船尾;一种是船的大小形式不一,桅杆置于大舟的中央,船可以两个方向行驶。第一种双身船主要见于土阿莫土群岛、社会群岛、马克萨斯群岛、库克群岛以及夏威夷、新西兰、萨摩亚、汤加等地。这种大小相同的双舟是用多条横木连结在一起的,船首、尾均做尖状,横木上铺有一层木板,形成人们活动的平台,这类船中较大者可长达40—50米,载100—150人。桅杆常见于波利尼西中部的双身船上,人们用由植物编织而成的席子作为风帆布,帆形有三角形、长方形。波利尼西亚的第二类双身船是由斐济群岛传播而来的。这类船中的第二舟体的两端更细更尖,其功能只相当于浮木。桅杆装置在大舟舟体中央,帆形为大三角形。[1]

总之,从考古发现、历史文献和民族志三方面来看,在从中国沿海地区到东南亚海岛区一直进入大洋洲的广大区域内,独木舟以及其演变发展而成的边架船、双身船是史前先民主要的航海工具。而各种木、竹制的排筏,特别是帆筏也是史前的一种交通工具。原始工具愈简单,其活动的半径也就愈窄小,因此最早期的人类航海活动是在近海岛屿以及群岛之间进行的。正是这种较近距离的岛与岛之间的交流构成了史前东南亚与中国沿海地区的广泛交流网络。而独特的地理条件是这种交流能够实现的重要因素。随着交往的增多,航海技术和工具的改进,在某些因素(人口压力、贸易)的促动下,向太平洋广泛海区的长程航行就成为可能。

第三节 区域间文化交流过程的分析

一、基本的理论构架

20世纪60年代开始的对传统考古学的一系列思考的核心是将考古学

---

[1] 凌纯声:《中国古代与海洋洲区的楼船》,载《中国远古与太平印度两洋的帆筏戈船方舟和楼船的研究》(《民族学研究所专刊》第十六号),1970年,第169页。

建立在某种科学的基础上，一些科学哲学家的加入更促使人们对考古学的一系列根本目的与方法论进行重新评价。[1]在讨论对文化变化的解释时，考古学家沃森（Patty Jo Watson）指出，研究者需要对研究的整个过程建立逻辑结构，这样我们就可以通过对有规律的资料的概括寻求对特殊现象的解释，这些现象包括物质文化的传播、社会变化的性质、特定的人口演变过程，以及特定的社会组织形式。[2]考古学家奥姆（Bryony Orme）进一步指出民族志与考古学材料简单类比的局限性，从而认为需要建立一种系统性的观察框架。她指出，用于交换和贸易的物品可以在比日常用品更广大的时空内流动。[3]劳斯（Irving Rouse）在其讨论史前人类移动的著作中认为，对于史前的移民过程的研究应该是跨学科的，考古学、语言学、体质人类学三方面综合起来能够得出的研究结论大于其中任何一个学科的独立研究结果。他指出，对于波利尼西亚史前居民的研究为我们提供了一个非常特别的个案，在这一独特的环境下（互相隔绝的岛屿和群岛，并且没有长期沉淀的考古材料或历史资料），对当地史前文化的研究还是要借助地理学和民族学在相关领域取得的成果。[4]罗荣渠先生也指出，对于文化传播的研究，要注意这种传播的不同具体条件，愈是远古，文明发展的相对性愈大，文化传播只能在邻近地区之间进行，形成区域性的文明中心及影响区，距离较远的地区的文化传播一般是间接的、多层次的、长期缓慢的渗透。[5]

正像邓恩（F.L. Dunn）指出的，东南亚的史前史大致可以分为两个主要阶段。第一阶段是距今10000年前至公元前3000年，这个时斯东南亚总的文化面貌是保守的地方传统。这种传统的特征表现在绳纹陶、粗陋的砍砸

---

[1] Martin, P. S. (1971). "The Revolution in Archaeology," *American Antiquity*, no. 36, pp.1–3.

[2] Watson, P. J. (1973). "Explanations and Models: The Prehistorian as Philosopher of Science and the Prehistorian as Excavator of the Past," *The Explanation of Cultural Changes: Models in Prehistory*, University of Pittsburgh Press.

[3] Orme, B. (1981). *Archeology: Anthropology for Archaeologists: An Introduction*, Cornell University Press.

[4] Rouse, I. (1986). *Migration in Prehistory: Inferring Population Movement from Cultural Remains*, New Heaven: Yale University Press, pp. 19–23.

[5] 罗荣渠：《扶桑国猜想与美洲的发现——兼论文化传播问题》，《历史研究》1983年第2期。

工具占统治地位,渔猎、采集和早期农业构成主体经济。他的这种论点可以从20世纪60年代以来在泰国仙人洞、能诺他,加里曼丹尼阿洞穴,以及中国台湾、中南半岛的一系列考古发现中得到证实。这一可能包括中国南方沿海地区的广泛文化传统形成了一个重要的区域性文化层次。正像张光直在20世纪50至60年代过分强调华北新石器文化对这一地区的传播影响一样,索尔海姆将包括稻作技术在内的农业文化视为主要是从中南半岛某些地区扩展开来的论点也失之武断。关于东南亚一些遗址中发现的与植物栽培有关的遗物的碳14年代问题的争论,以及在中国河姆渡文化发现的公元前5000年确凿的稻作文化证据,使得索尔海姆的部分论断看起来比较苍白。东南亚文明发展的第二个重要阶段是以形成发达的航海,从而建立起东南亚各个地区(包括岛屿地区)之间的联系为标志的,时代是公元前3000—前1000年。[1]也许讨论中国沿海与东南亚乃至大洋洲史前文化的交流时,所涉及的基本上属于这个阶段的问题,因而在研究出发点上,就不能认为这一时期的东南亚是一个文化上的空白点,而应该认识到这一地区至少存在一个层次以上的史前文化。新的文化特点表现在磨制工具及新型的类龙山式陶器的出现,以及稻作农业的流行、铜器的出现等等。美拉尼西亚以至波利尼西亚西部的情况也是一样,不少体质人类学家认为在蒙古人种由印尼进入这一地区之前,当地广泛存在着尼格利陀与原马来人等狩猎采集文化。[2]因此海洋蒙古利亚人在这一地区只是形成了更高一级的文化层次。至于波利尼西亚东部地区的文化面貌倒似乎要单纯一些。

根据贝尔伍德(Peter Bellwood)所复原的南岛语族的起源史来看,与南岛语的形成、演变、发展、扩散相关联的民族过程是一个由西向东经历了3000年的文化移动过程。他认为,原南岛语的起源可能与中国大陆的东南地区及台湾地区有关,时间是距今5000年前。距今5000—4000年前时这种语言出现在菲律宾、马来西亚及印尼的苏拉威西,到距今4000—3000年前时进一步扩展到马来半岛、苏门答腊、新几内亚,以及密克罗尼西亚、

---

[1] Dunn, F. L. (1970). "Cultural Evolution in the Late Pleistocene and Holocene of Southeast Asia," *American Anthropologist*, New Series, vol. 72, no. 5, pp. 1041–1054.

[2] Howell, W. W. (1944). *Mankind So Far*, New York: Doubleday Doran.

波利尼西亚的西部,到距今 3000—2000 年前时出现在密克罗尼西亚全境,距今 2000—1000 年前时到达波利尼西亚中部及东部。贝尔伍德并没有试图将这种语言移动的复原与长距离的移民浪潮联系在一起。[1]他还指出,热带、温带的主要语系文化扩散的基础是稳定的农业经济的确立和在农业起源地人口密度的不断增加。这种人口密度增加的结果是产生某种程度的人口离心式运动,这种运动是无可避免和无法阻止的。这种假设适用于汉藏语系、南亚语系、孟-高棉(苗瑶)语系、台-卡岱语系(Tai-Kadai 或壮侗语族)及南岛语系。[2]所以,在研究中国沿海地区与东南亚史前文化、大洋洲史前文化的关系时,一个重要的出发点就是当中国东南沿海文化中的一些因素明显出现于东南亚和大洋洲时,这种文化移动所涉及的区域往往不是一个文化的空白点。正像许多学者指出的那样,包括某些动植物驯化在内的文明因素,至少已在新文化因素到来之前的东南亚一些地区存在了若干千年。因而在这一广大地域内的文化关系就不是简单的单向传播,即在一系列的文化空白点建立起一种初始文化,而是在原有的文化层次上再注入新的文化因素,形成新一层的文化沉积。同时,在一定范围内文化间可能采用双向交流的形式,从而建立起某种长程或短程的交易网络。一种文化因素(即便是很明显强势的文化因素)所波及的范围不应该与某种长距离的移民运动联系起来。而间接的、多层次的文化传播可能是一种通常的模式。这种传播有不断在新的地区发生变化,注入某些新的文化因素的可能性。对于文化间某些相似甚至相同因素作分析时,要注意以下区分:1. 各自独立发明的可能性;2. 间接渗透和影响而导致的变化;3. 直接文化传播的产物。这样就可以避免一味以传播论的观点来解释文化的移动,忽视对整体文化形态进行综合研究的倾向,更不会以文化沙文主义的态度对待历史上的文化移动问题。

---

[1] Bellwood, P. (1984). "The Great Pacific Migration," *Yearbook of Science and the Future*, Encyclopedia Britannica.

[2] Bellwood, P. (2005). "Examining the Farming/Language Dispersal Hypothesis in the East Asian Context," in Sagart, L. et al. ed. *The Peopling of East Asia: Putting Together Archaeology, Linguistics and Genetics*, London: Routledge Curzon, pp. 17-30.

二、区域文化交流的实际过程

智人阶段以来，在东南亚岛屿世界就普遍存在着由旧石器时代发展而来的文化。[1]这一地区最早的居民与澳大利亚土著人（Austroloid）及尼格利陀人（Nigrito）有关，之后又在距今约4000年前开始融入了海洋蒙古人种的因素。人类学家乔卡诺（F. Landa Jocano）认为，东南亚海岛区的最早现代人类群体是该地区古人类演化的继承者，而后来由不同地方进入这一地区的人类与原有土著混血，逐步形成种族形态的多样性。索尔海姆认为，东南亚的人类运动显示出一种多途径的复杂网络，这些运动不是一种很明确、很单纯的通常可以在地图上画出的移民路线。[2]在研究东南亚史前史的学者中，有两种观点具有代表性。一种观点认为，这一地区的人类移入过程，实际上是这一地区原有更新世人类进化向不同方向散布的连续过程。在这个过程中，由于人们要面临不同的生态系统，所以其文化也就要做相应的调适。另一种观点则认为，这一地区的人类文化的演变与不同时期人类群体性的"移民"运动相关。而这种运动是以亚洲大陆为起点的。事实上，原区域内文化自身的演变发展过程（即我们称之为第一层次的文化，也是一个人类群体混合而成的文化层，尚没有证据显示尼格利陀人早于其他群体进入东南亚海岛区）与掌握先进航海技术的人类运动过程，在区域史前史上并不是二者必居其一的，后一个文化层很可能会与前一个文化层发生"相互作用"，从而构成了地区文化动态与静态的统一。同时，在岛屿区内人类的生存技术能够在作用于自然的过程中迅速的反馈出其效能。以大洋洲波利尼西亚的文化由中心区向外围移动为例，由一个岛屿（群岛）传播到另一个岛屿（群岛）的文化（特别是远距离的文化传播），通常不一定是由一个群体的连续运动带来的，而是由许多利用信风和洋流由斐济、汤加、

---

[1] 如在菲律宾，有人类活动的时间最晚也可追溯到距今十万年前。菲律宾现有的砍砸器旧石器传统与中国大陆、马来西亚（Tampan）、越南（Hoa Binh）、老挝（Phuloi）、泰国（Fingnoe）、加里曼丹（Niah）以及中国台湾地区的更新世石器相类似。

[2] Patanne, E. P. (1977). *Asian Odyssey: Pilipino Heritage*, vol. 1, Manila: Lahing Pilipino Publishing Inc.

萨摩亚的一些岛屿向新赫布里底、圣克鲁斯和所罗门群岛移动的人类群体所带来的。

  动物群物种的共有证据显示,由于在更新世最后冰期的高潮阶段有"陆桥"的沟通,古人类因此实现了在东南亚的广泛散布,这种散布是在没有水上交通工具的条件下实现的。到全新世海平面上升至与今海平面相当的水平时,在东南亚海岛区之间、岛屿与大陆之间的沟通就全赖航海工具了。而此时航海技术、航海工具的发展与完善,新的食物生产技术的出现对于人类实现与岛屿以外的交流就是必不可少的。而被海水相互隔离起来的各早期狩猎-采集群体的文化基本上处于停滞状态。新的文化因素的普通出现,是以地区间的交流为前提的。

  仅以自然条件而论,宽广的中国沿海大陆架使沿海地区的航行较少遭遇复杂的洋流、气象等因素的干扰。在不同季节季风的作用下,大部分沿海地带可以凭借独木舟、竹木筏、边架船、双身船一类的原始航海工具实现区域间的交流,以及史前人类向邻近大陆的岛屿的迁移(在第二章我们分析了这种交流在考古学上留下的证据)。一系列的沿海岛屿也为早期的人类航行到更远方的岛屿提供了必要的中转站。在一些区域,如山东半岛、杭州湾及浙东沿海,新石器时代的文化已波及周围的岛屿。这样沿海岛屿与大陆沿海乃至内陆某些地区首先建立起一些交易的网络。张光直曾对这种交易加以限定:他认为贸易在考古学上加以辨认的一种方法是由开发原料的地点或货物制造的地点或两者一起的寻认而将这项移动加以追踪。[1]假如我们进行一下历史的考察就不难发现,在整个东亚和东南亚区域的文化演进过程中,交易网络得到不断的强化,而且这种交易愈来愈鲜明地反映出区域间文化发展的不平衡,以及不同地区经济、社会的结构与变化的情况。商代文明中心对于海贝、海龟板的大量需求生动的反映出这种交易特定物品的需求与流向情况。在青铜时代和其后的历史时期,区域间贸易与交换的性质也与因不同地区文化发展的不平衡而产生的供求关系有关。

---

  [1] 张光直:《古代贸易研究是经济学还是生态学?》,载《中国青铜时代》,生活·读书·新知三联书店,1983年,第122页。

随着种植业在沿海一些地区成为经济结构中举足轻重的部分，中国东南沿海几个重要的河口三角洲形成了具有文化扩张力的"河口文化带"。在这些地带内人们逐步创造出稳定多元的滨海生态适应模式。主导性的作物栽培以发达的狩猎、捕捞、采集为辅助，强化了人类对于生态系统变化的适应能力。多元结构中的采集与渔捞使人们得以在生产活动中逐步完善航海技术和航海工具，从而使向海洋其他地方的运动成为可能。而人口压力应当是导致人类群体由文化中心区向其他地区（包括外海）扩散的重要因素之一。

在人类学文献中，已有人类学家把海洋适应的起源与发展作为人类文化发展过程的一个重要部分。[1]这种研究的两个焦点是：1. 怎样确认人类对于沿海区域的最早利用的时间和相关的文化遗存；2. 如何区别滨海地带的生存与真正的海洋适应之间的区别。民族学的资料提示我们，居住在沿海地区的居民不一定要采纳海洋性的生存策略。在不少沿海的社区，农民及从事其他行业的居民和渔民共同生活在同样的生态系统之中。不少学者认为对于海洋资源的认识和利用是人类所谓更新世"广谱"生存进化的一环，但发生较晚，一些近海水产资源（特别是洄游产卵的鱼类）有很高的回返率，这种在一定时空上的资源的有效性使沿海区域可以承受一定的人口增长压力，所以人类乐于通过技术手段的改进来获取这些资源。对于海产资源的开发有助于人类部分摆脱对陆地季节性食物资源的依赖，而当沿海资源的开发再无法满足人口增长的需求时，人们的眼光就自然会转向海岛及其他周围地区。

利用冬季季候风从广东沿海南下的航路，在明清两代的航海针路中已经有多条记载。这其中有由福建至吕宋（菲律宾）、交趾（越南）、柬埔寨、暹罗（泰国）、大泥吉兰丹（马来西亚）、爪哇（印度尼西亚），以及由广东往马六甲（马来西亚）、旧港（苏门答腊）、浡泥（加里曼丹）等地的针路。[2]《四夷广记·海国广记》记载了广东至安南的水路："广东海道，自廉州乌雷

---

[1] Yesner, D. R. (1984). "Population Pressure in Costal Environments: an Archaeological Test," *World Archaeology*, vol. 16, no. 1.

[2] 向达校注《两种海道针经》，中华书局，1982年。

山发舟,北风顺利一二日可抵安南之海东府。若沿海岸以行,则乌雷山一日至永安州白龙尾。白龙尾二日至玉山门,又一日至万宁州。万宁州一日至庙山,庙山一日至屯卒巡司,又二日至安南海东府。自海东府,二日至经熟社,又石堤,陈氏所筑以御元兵者。又一日至白藤海口,过天寮巡司,南至安阳海口。又南至塗山海口。又南至多渔海口。各有支港以入交州……交州之东有海阳、荆门、南策、上洪、下洪、顺安、快府等府,去海颇远,各有支港穿达,迤逦数百里,大舰不能入。故交人多平底浅舟,以便入港云。"又广州至爪哇的针路有这样的描述:"南亭门开洋,用坤位未针,五更船,平乌猪洋。用坤未针,十三更船,取七洲洋。用坤未针七更船及未针二十更船,取外罗山。用丙午针,七更船,取校杙屿及羊屿。用丙午针,五更船,取大佛山。用丙午针,十三更船,取东董山。用丙午针十五更船,用单五针三更船,取陀龙山。东南边大山是铜鼓山。入门打水准十五托,近看都是坤申。门中西边有小屿,名叫沙潮皮。东边过船正路。用单丁针,七更船,取大屿,一小屿生开在外,西边过船正路。用丁午针,四更船,取鸡笼屿。用午针,十更船,取美兰山。东边高大,北边看有一個小屿,是鸡笼屿样,西边抵长,北长抛尾。门中一小屿,东有泥浅,西边过船正路。用丙午针,十三更船,取吉里闷山。用单午针及丙午针,五行更船,取椰椒山。用丙巳及单巽针,十更船,取是爪哇。"这些历史时期的海上交通路线可以启发我们对史前海上交通的范围估计。岛屿区域独特的生态系统和资源条件促使人类群体在达到一定人口水平时要建立起某种岛与岛之间、岛与陆地之间的交易网。而在文化发展的一定阶段上这种联系和交往是资源性的,通过它人们可以实现生产资料、生活资料的相互补充。不同规模与形式的交易网的发展势必造成许多文化特质的广泛散布。下一节的分析就是基于文化特质在不同人类群体中散布所反映出的交流情况,来进行语言学、体质人类学的比较分析的。

第四节 中国东南沿海与东南亚、大洋洲文化联系的证据

在讨论人类学、考古学基本理论构架时,有两点是特别需要再加以强调的:一是对于区域间文化交流所反映出的种种特质进行综合性的比较,二是在本研究涉及的大多数地区存在着不同时期由不同人类共同体形成的文化层次,以及区域交流的间接性与相互性。因此本节对于文化联系的分析将采取一类性质相同的因素的成组分析。这样,就有对于语言学、体质人类学、民族学几方面的综合特质的流动分析。至于对总的文化结构进行区域间的比较将留待下章讨论。

一、语言学

一些语言学者认为,远古时期的汉藏语系、孟-高棉语系,以及马来-波利尼西亚语系都属于二个统一的太平洋语言主体。[1]在马来-波利尼西亚语系的四个语族中,印度尼西亚语族是发生较早的。而对于整个南岛语系起源问题的研究是可以循三条线索进行的:1.语系分群以及语群的层位关系的确定;2.词汇统计年代学的研究;3.原南岛语的追溯。前两条线索的研究所得出的结论都倾向于认为南岛语起源于东南亚及附近地区,即这一语系中最早的语族是印度尼西亚语族。根据司瓦迪士词汇(Swadesh list)统计年代学的标准会计来计算,台湾少数民族的语言至少在公元前2500年时就已经开始分化,而在波利尼西亚语族中最早发生的语言是萨摩亚语或原萨摩亚语(Proto-Samoan)。这种早期的波利尼西亚语继续向北、向东、向南扩散,构成了波利尼西亚的其他语支。表5-1是林惠祥先生所做的台湾少数民族与东南亚若干民族语言的比较,从中可以看出台湾阿美人的语言与菲律宾巴坦群岛(Batan Island)土著的语言类似,而菲律宾塔加洛语(Tagalog)

---

[1] [苏]P.Ф.伊茨:《东亚南部民族史》,冯思刚译,四川民族出版社,1981年。

与台湾少数民族语言的类似点亦较马来语为多。[1]

表5-1：中国台湾少数民族与东南亚民族对数字的称谓比较[2]

数字 民族	1	2	3	4	5	6	7	8	9	10
马来亚	sata	dua	tiga	ampat	lima	anam	tujch pitt	dilapan	sembian	sa'plob
菲律宾	isa	dalawa	tatlo	apat	lima	anim	pitto	walo	siam	siampo
巴坦人	sa	do	lo	pat	lima	nom	pitt	wa	shiei	pou
达悟人	ssa	do'ua	tulu	pat	lima	nom	pitt	wao	shiba	pou
排湾人	ita	lusa	tialo	spat	lima	unum	piechu	ol	shiba	tapoloka
普尤马人	tasa	luwa	telu	bats	lima	nun	pito	wal	shiwa	pul
阿美人	chittsai	taso	tolu	sibbatt	lima	anum	pito	walo	shiwa	pol muktop
朱欧人	tani	yuso	toyu	sipt	yeimo	nom	pit	boyu	shio	mask
布农人	tasha	lusha	toyu	pat	phinma	nom	pitto	wau	shiva	masan
赛夏人	aha	lusa	tolo	shupat	lasbu	seibushi	pitto	shipat	mucaelo	mapo
泰雅人	kouto	shijin	teyugal	payat	magal	mateyn	pitt	wa	shiei	pou

至于从第三条线索的研究，近几十年来大洋洲及东南亚海岛区考古学

---

[1] 林惠祥：《南洋马来族与华南民族的关系》，《厦门大学学报》（社会科学版），1958年第1期。

[2] 李壬癸：《台湾南岛民族的族群与迁徙》，前卫出版社，2011年。

成果的印证，使语言学家有信心根据现代语言中词汇的分布将南岛语系的祖语重新建立起来，并进而研究这些词汇包含的文化及环境内容。戴安（Isidore Dyen）通过对属于南岛语的近七万个词汇的相关要素的研究指出可归于原南岛语的许多词都与"水"或"海"有关。它们包括：船、大蚌、鳄鱼、鳗鱼、青鱼药、捕鱼陷机、章鱼、牡蛎、桨、鳐鱼、鲨鱼、虾、蝶蛎鱼、海龟等。另有若干词与热带植物有关，如海芋、竹、香蕉、椰子、姜、木槿、红树、露兜树、甘蔗、芋、榄仁、红薯等。他最后得出的结论是：大量的与海洋和特殊的热带植物有关的原南岛语词汇说明他们的老家位于热带岛屿地区或大陆的海岸地带。[1]白乐思（Robert A. Blust）的研究进一步强调了原南岛语族已经有相当发达的航海技术，并且培植了许多块茎作物、可食用木本类植物、稻米和小米，谷物用木臼、木杵去壳。[2]比格斯（Bruce Biggs）注意到，波利尼西亚的语言与美拉尼西亚东部的语言关系很密切，语言学的证据无法证明波利尼西亚语与其他更西部的语言有直接关系，因而波利尼西亚语被认为是美拉尼西亚语的一个分支。[3]鲍雷等对于南岛语词汇的综合分析得出的结论是原南岛语族群有混合式的经济，以农业和渔捞为基础，并以狩猎和采集为补充。人工栽培的作物有芋头、红薯、香蕉、甘蔗、面包树、椰子、海芋、西谷米，可能还有稻，并存在猪的驯化，会制造陶器，并利用海岸资源从事渔捞，会驾驶边架船，工具用石、木、贝制成。[4]

对于南岛语系起源问题研究的另一个核心内容是语言谱系树的建立。有关的谱系树有贝尔伍德拟建的由中国台湾、菲律宾北部、中国大陆某些地方为起源地的原南岛语的线性扩散而构成的干枝系统。有戴安以美拉尼西亚（包括斐济）为核心向四周扩展的谱系，以及鲍雷、格林的由原南岛语

---

[1] Dyen, I. (1971). "The Austronesian Language and Proto Austronesian Linguistics in Oceania," *Current Trend in Linguistics*, no. 8.

[2] Blust, R. (1976). "Austronesian Cultural History: Some Linguistic Inference and Their Relation to the Archaeological Record," *World Archaeology*, no. 8.

[3] Biggs, B. (1965). "Comparative Linguistic Research in the Pacific," *Council for Old World Archaeology: Survey and Bibliographies*, Area 21, no. 3.

[4] 张光直：《中国东南海岸考古与南岛语族起源问题》，载四川大学博物馆、中国古代铜鼓研究学会编《南方民族考古》第一辑，四川大学出版社，1987年。

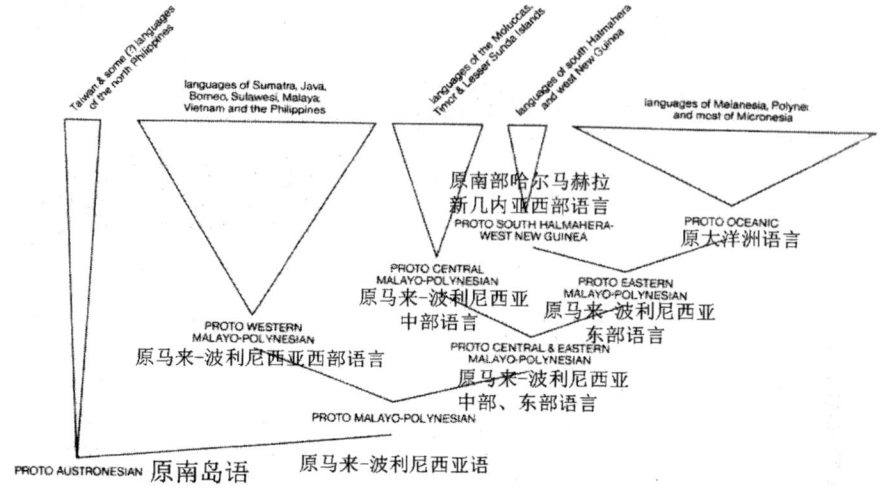

图 5-9：鲍雷所拟建的原南岛语系谱系树[1]

起源诸地区域语言分枝的相互联系、平行发展。鲍雷等的谱系中强调了地理区域相邻与语言分枝的关系。特雷尔还根据语言在不同地区的实际分布情况建立了南岛语系语言发展分化的模式，他将整个南岛语涉及的地区分为四个部分：东南亚海岛区，这个区域有较多的人口生活在岛屿上，岛与岛之间的距离较短；美拉尼西亚内陆区，指大岛屿（如新几内亚）的内陆部分，这里的人类群体通常是规模较小的、分散的、相互隔绝的；美拉尼西亚岛屿区，包括大岛的滨海地带与其它小的岛屿，由于具有一定的航海工具，这些群体之间比之内陆群体有较多的往来；远方大洋洲区，包括密克罗尼西亚、波利尼西亚，及美拉尼西亚所罗门群岛以东地方，这些地区的人类群体通常被广阔的海面相互隔绝开来。[2] 从这个模型中我们可以看出东南亚海岛区的居民向外扩散的速度最快，其内部语言的支系分化较少，而内陆美拉尼西亚人类群体扩散的速度最慢，其语言分化出的支系也较多。进一步的比较还可以发现东南亚海岛区与美拉尼西亚海岛区在语言分化过程上的相似性，而内陆美拉尼西亚则与远方大洋洲趋于一致，因而群体之间

---

[1] Terrell, J. (1986). *Prehistory in the Pacific Islands*, Cambridge University Press.
[2] Terrell, J. (1986). *Prehistory in the Pacific Islands*, Cambridge University Press.

的地理分布与语言的分化直接有关。

不少研究者还注意到语言学资料和考古发现、体质人类学研究成果的相互印证。鲍雷与格林认为讲南岛语的民族由新几内亚向东的运动是一个相对较晚的、迅速的移动过程，这一过程大约开始在距今3600年前，在时间上是与拉皮塔陶器在波利尼西亚的散布相吻合的。[1]切博克萨罗夫（Н. Н. Чебоксаров）的研究把体质人类学的事实与语言学联系在一起，他认为东亚和东南亚可以划分出三个人种起源地带，其中中部地带差不多包括整个中国，是形成太平洋蒙古人种的地方，史前人类从秦岭向南迁移，和尼格罗-澳大利亚人种交互作用，在该地区形成了汉藏语系和与其有联系的（也许在起源上）马来-波利尼西亚语和孟-高棉语。[2]

贝尔伍德列举了具有稳定、成熟农业经济的语族群体具有向外文化伸展能力的几个理由：1. 早期农业发展成熟的群体相对其周围狩猎-采集群体在人口上有优势，因而能够将其语言、文化和基因向外扩散；2. 初始性的语言传播和扩散要比已知的语言在历史时期的扩散开始的早得多，语言会随着早期的农业群体小规模地扩散到其他地区；3. 只要人口压力的离心力继续存在，这种农业民族从其文化中心区的向外移动就会持续。先前居住在农业民族到达地方的狩猎-采集群体有可能接受农业栽培知识和农业民族的语言。如在美拉尼西亚低地居住的讲巴布亚语的群体后来接受了南岛语。他进一步发展了自己先前的假设，不仅将原南岛语，而且将中国东南部的语言纳入对东南亚及其他地区产生影响的区域，其中包括汉藏语系、孟-高棉语系、泰语系、南亚语系和南岛语系，及他们的原形态语言。也许我们无需再用更多的文字来强调农业对于早期人类文化和文明进程的重要性。农业在为人类提供稳定的食物来源的同时也为人口的增长创造了必要的条件。最新的考古材料表明，中国中南部是亚洲东部地区农业起源的核心地带。已知中国关于稻作农业的考古证据可以追溯到湖南道县玉蟾岩（距

---

[1] Pawley, A. K., Green, R. C. (1984). "The Proto-Oceanic Language Community," *Journal of Pacific History*, no. 19.

[2] [苏]尼·切博克萨罗夫，伊·切博克萨罗娃：《民族·种族·文化》，赵俊智等译，东方出版社，1989年。

今10000年前)、江西万年仙人洞(距今10000年前)、湖南澧县彭头山(距今9000—7000年前)、浙江余姚河姆渡(距今7000—6500年前)、湖北天门石家河(距今4000年前)等一系列遗址稻类标本的发现。稻作农业的主人和他们的语言逐步向东、向南、向西南扩散到亚洲东部的其他地区。李壬癸先生致力于原南岛语的重建工作,通过对台湾少数民族语言的深入研究、不同南岛语民族的语言词汇比较,以及考古学材料的引入来分析原南岛语的发生和变化过程。他指出,使用语言学的方法来复原古语需要满足至少两个条件:1.规律的对应关系;2.语言的现象或特征要在这个语族的至少两个大分枝中同时保存。[1] 找寻同源词是否见于几个大的语言分枝是复原原南岛语的一个重要研究步骤。根据现在研究的成果,原南岛语约在距今5500年前时开始分化为四个分支,其中三个分枝是台湾南岛语,第四个分枝是台湾以外的西部和东部南岛语。在今天,南岛语中的共有同源词涉及人类生活的多方面,如日月星辰、云雨水火等。"季节风"、"下雨风"、"向内陆"、"向海洋"、"随波漂流",对一些海产鱼类和捕鱼方法的称呼都反映出南岛语民族海洋文化的特性。然而拟建出的原南岛语的一些关于海洋文化的词汇,如"船"、"船桨"、"独木舟"、"帆"等基本不见于当代台湾少数民族的词汇之中,仅在凯达格兰族中尚有"独木舟"一词。这也许和他们后来离开海边进入山林,从而形成了不同的生产、生活方式有关。关于农耕、野生和驯养动物、日常生活、意识形态等方面的一些词汇也同时存在于南岛语的各分支之中,显示其文化方面的相互联系。

二、体质人类学

体质人类学家能够复原的东南亚海岛区的民族层次是这样的:美拉尼西亚人—印度尼西亚人—南方蒙古利亚人(与之平行存在的可能还有尼格利陀人)—古代东南亚诸族。体质人类学家还根据属于不同时代的东北亚、东南亚、澳大利亚的人类材料构建了上述地区人类发展演变的不同模式。

---

[1] 李壬癸:《台湾南岛民族的族群与迁徙》,前卫出版社,2011年,第141—153页。

魏敦瑞（F. Weidenreich）根据他对北京直立人化石的研究结果认为，环太平洋区域的现代蒙古利亚种的祖先应是北京猿人，而今天澳大利亚土著的祖先则是爪哇直立人。他同时认为北京山顶洞人兼有原蒙古利亚种和美拉尼西亚种的特征。库恩（Carleton Coon）继承了魏敦瑞的想法，提出在中更新世同时出现了北京人、爪哇人，北京人在东北亚有自己的发展序列，山顶洞人与早期的周口店直立人有直接的前后传承的关系。他不同意魏敦瑞关于山顶洞人与美拉尼西亚人的有关看法，而是认为爪哇人直接影响到东南亚晚更新世的瓦贾克人（Wajak）。这一支古人类一直发展出后来的澳大利亚土著人、美拉尼西亚人和东南亚的尼格利陀人。某些东南亚居民（如马来人）则是原澳大利亚种（Australoid）与蒙古利亚种混血而成。进入全新世，由于有农业的起源和发展，蒙古利亚种的居民像高加索人一样，能够迅速的扩大其活动范围，涵盖欧洲和亚洲东部的广大地区。[1]雅各布（T. Jacob）、索恩（A.G. Thorne）的模式也都指出，更新世存在的东北亚对东南亚、东南亚对澳大利亚人类种族形成所产生的影响（图5-10）。从这几个模式中我们可以看出，体质人类学家普遍倾向于一种古代东亚、东南亚、澳大利亚之间在人类种族形成过程中存在联系的观点。[2]新石器时代已经在东南亚定居下来的印度尼西亚人（亦可称"马来人"，是在人种上有广泛涵意的概念）构成了这一地区古代民族的基础。霍尔曾指出，在整个的民族形成与演变过程中所发生的民族迁移，是一个非常缓慢的、时间拖得很长的人口移动过程，在此期间征服者与被征服者之间发生大量的融合与同化。较早的居民采用了移民的语言和风俗，消灭或驱逐（较早居民）的事情很少发生，大群人口的强制迁移也属罕见。[3]体质人类学的资料还证明，在更新世晚期陆桥广泛联结的时代，分属吠陀系的黑色人种与尼格利陀系的黑色人种进入东南亚海岛区，构成东南亚的一个文化层次。其中吠陀系混血

---

[1] Coon, C. (1962). *The Origin of Races*, Alfred A. Knopf, Inc.

[2] Bullbeck, D. (1982). "A Re-evaluation of Possible Evolutionary Processes in Southeast Asia since the Late Pleistocene," *Bulletin of the Indo-Pacific Prehistory Association*, no. 3.

[3] ［英］D. G. E. 霍尔：《东南亚史》，中山大学东南亚历史研究所译，商务印书馆，1982年。

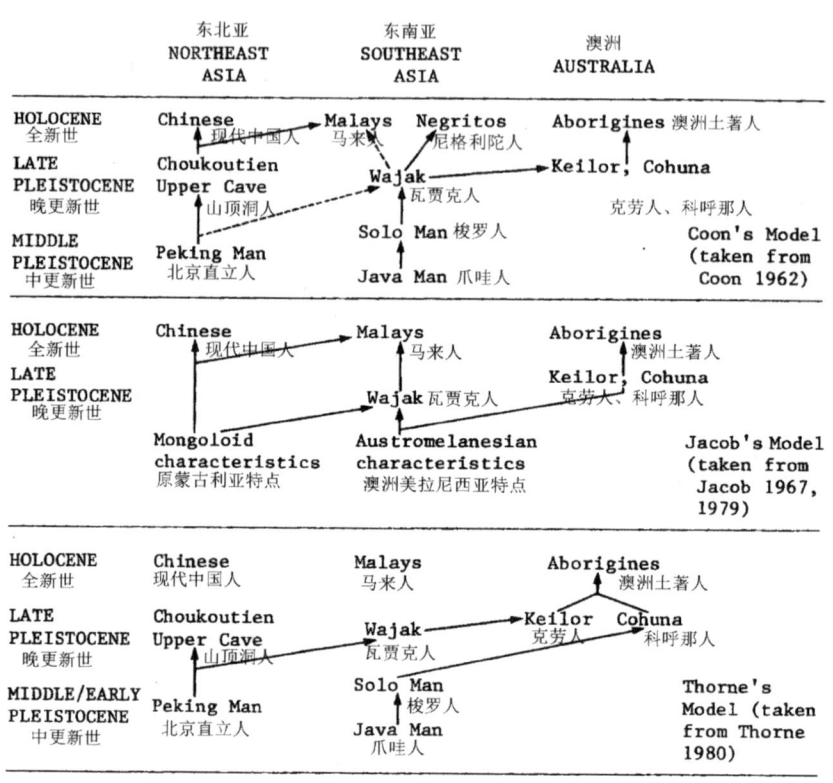

图 5-10：东亚、东南亚、澳大利亚早期人类的起源与分化[1]

种黑人主要散布在马六甲、苏门答腊、西里伯斯、婆罗洲等地，尼格利陀系黑人分布在马来半岛、安达曼群岛以及菲律宾的若干地方。

张振标通过一系列的颅骨测量资料的分折指出，中国的柳江人的体质特质与中南半岛、印度尼西亚新石器时代人类的体质特征最相近，同时与近代在南亚和菲律宾发现的颅骨也很相似，特别是与新西兰毛利人更接近。他的结论是，中国古人类可能沿着两条路线来影响太平洋区的种族构成：一条从中国台湾经菲律宾进入印度尼西亚，另一条沿中南半岛、马来半岛越过大陆架进入印尼，一些群体在到达印尼后与当地居民混杂，另一些继

---

[1] Bullbeck, D. (1982). "A Re-evaluation of Possible Evolutionary Processes in Southeast Asia since the Late Pleistocene," *Bulletin of the Indo-Pacific Prehistory Association*, no. 3.

续向东南方和东方迁移，进入波利尼西亚。[1]中国沿海地带与东南亚地区、大洋洲的古今人类颅骨测量数据及相关的指数显示：颅长宽指数中，中颅型占优势；颅长高指数中，高颅型占优势；颅骨宽高指数中，中颅型较多；眶指数、鼻指数方面，中眶型、中鼻型较多。而上述特征总体出现率较高的群体有：柳江人、华南人、大汶口人、佛山河宕人、印度支那人、菲律宾人、马来亚人、印度尼西亚人、波利尼西亚人、黎族人、壮族人。具有长颅、正颅、狭颅、低眶、阔鼻特征的群体有昙石山人、美拉尼西亚人等。瓦贾克人具有低颅、阔颅、特阔鼻型的特征，与其他群体的差异较大。根据张振标的研究，瓦贾克人与澳大利亚的晚期智人凯洛人（Keilor）在体质特征上有较多相似性，因而瓦贾克人是较早与东南亚族群分离的群体。中国南方沿海居民与菲律宾、印度尼西亚、波利尼西亚居民在体质特征上的相似性正好可以和南岛语谱系中显示的语系内语族的分化对应起来。张振标对福建明清时期东山组颅骨的聚类和主成分分析也显示，东山标本与台湾少数民族、福建现代组、日本鹿儿岛、江户、冲绳的居民最为接近，与华南各地的标本的关系也比较密切。[2]

20世纪50年代开始的对于东南亚、大洋洲不同时代族群的血清学研究，为解释人类在广大海岛区域内的分布过程提供了新的资料。早期的研究者西蒙斯（R.T. Simmons）和格雷顿（J.J. Graydon）等通过研究 ABO，MN，Rh. 等血型系统在不同人类群体中的分布情况，指出波利尼西亚人与美洲印第安人的关系较之与密克罗尼西亚人、美拉尼西亚更密切。[3]西蒙斯（Simmons）进一步认为，波利尼西亚现代人群的构成至少有来自三个方面的种族成份，即来自西部的汤加、萨摩亚，西北部的印度尼西亚和东部的南美土著，从而形成共同的基因库，但体质特征则不同。波利尼西亚人的

---

［1］ 张振标：《中国古代居民与南亚和澳洲居民的关系》，《太平洋》1987年第1期，第85—93页。

［2］ 张振标：《福建历史时期人骨的种族特征》，《人类学学报》1996年第4期，第324—331页。

［3］ Simmons, R. T., Graydon, J. J., et al. (1955). "A Blood Group Genetical Survey in Cook Islanders, Polynesia, and Comparisons with American Indians," *American Journal of Physical Anthropology*, vol. 13, issue 4, pp. 667–690.

血型构成与美洲印第安人有三项相同因素（都没有 B 型血，有 M-R2 的高出现率，中等的 FY2），与澳大利亚土著有两项相同因素（没有 B 型血，A 型高出现率），与印尼人有一项相同因素（高 M 型出现率），而与美拉尼西亚人、密克罗尼西亚人则没有相似因素。[1]新近对于血液的遗传控制特点的研究进一步揭示了区域群体分化的情况。在群体特征上，所有的蒙古人种群体与澳大利亚土著、新几内亚高原土著有明显的差异。在蒙古人种内，南方蒙古利亚种与东亚的蒙古人及美洲印第安人有密切联系。将蒙古人种联系在一起的特别遗传标记包括某些血清蛋白系统（如 GM 免疫球蛋白、转铁蛋白等），以及 Diego 血型红细胞、人类白细胞抗原等。基因水平上的研究还显示，澳大利亚土著与新几内亚的原澳大利亚种人（Australoid）没有可能进化发展到与南方蒙古利亚种在基因上相似的阶段，因而证明两者分化的时间较早。一种观点认为，约在 40000 年前巽他大陆架上生存的古人类，分别形成后来的南方蒙古利亚种与澳大利亚种，但现在还没有化石证据证实这一假设。大多数学者倾向于认为蒙古人种的南部支系是在较晚的时期由北方移入的。[2]尼阿洞穴遗址人骨的血清学研究证明该地古人类中 O 型与 A 型血有较高出现率，这一点与现在居住在整个婆罗洲的少数民族群体中的一些群体的血型构成颇为相似，尤其与加里曼丹的穆拉特人（Murats）及海上达雅克人相似。美拉尼西亚一些地区语言与种族成份的复杂关系，对于复原人类在广泛的海岛区域的分化、发展的过程具有特殊的意义。研究者注意到通过人类血液的遗传组织或单倍体类型的研究，通过发现免疫球蛋白的同分异构标记——GM 标记系统，可以追寻不同人类群体分化、变异的情况。但在美拉尼西亚与波利尼西亚西部，这种 GM 单倍体类型的出现率往往无法明确地显示出群体之间在空间上的分布区，同时 GM 单倍体类型所区分出的群体与语言学所区别出的群体并不吻合。[3]布雷斯（C.L.

---

［1］ Howard, A. (1967). "Polynesian Origins and Migrations: A Review of Two Centuries of Speculation and Theory," in *Polynesian Cultural History*, Honolulu: Bishop Museum Press.

［2］ 林惠祥：《文化人类学》，商务印书馆，1934年。

［3］ Kirk, R. L. (1982). "Linguistic, Ecological and Generic Differentiation in New Guinea and the Western Pacific," *Current Development in Anthropologicla Genetics*, vol. 2, New York: Planum Press.

Brace）与欣顿（R.J. Hinton）对于大洋洲人类牙齿指数的研究进一步说明讲南岛语的民族进入大洋洲是相对较晚的事。他们发现现在在巴布亚新几内亚等地讲巴布亚语言的人类群体的牙齿比讲南岛语的淡肤色、毛发微卷的群体的牙齿要粗大一些。这一点说明前者的牙齿在食物摄取上有更重要的作用，食物不是在烹煮后食用的，而是主要靠牙齿的研磨加工。这种由于适应而导致的器官特征目前仍出现在群体中，表明上述生存手段的消失时间相对较晚。[1]新近线粒体DNA9-bp缺失频率分析的结果也不支持美拉尼西亚土著居民是波利尼西亚居民祖先的假设。白细胞抗原和Y染色体等分子遗传变量研究还发现了美拉尼西亚岛屿居民的群体基因异质性。[2]

通过采取多元颅骨分析方法，分析大量的东亚、东南亚和大洋洲的颅骨数据资料，彼得卢塞斯基（Michael Pietrusewsky）指出，东亚和太平洋的人类可以从颅骨分析指标上分出两个大的群体：一个是以澳大利亚、塔斯马尼亚、巴布亚新几内亚、美拉尼西亚东部和西部岛屿原住民为代表的群体；一个是以东亚、东北亚、东南亚（包括东南亚海岛区）、波利尼西亚居民为代表的群体。从其颅骨形态的巨大差异来看，两者的古人类来源应是不同的。大洋洲的颅骨数据的新近研究结果也显示，从体质特征上看，波利尼西亚居民最接近东南亚海岛区的人类群体而与地理距离上接近的美拉尼西亚原住民关系较远。[3]采用聚类分析得出的树状图也证明两个大的聚类可以被区分出来：一是所有东亚、东北亚、东南亚、波利尼西亚的聚类，一是澳大利亚土著、塔斯马尼亚、新几内亚和美拉尼西亚的聚类（图5-11）。也有研究者注意到环境因素在导致人类体质的形态学变化方面的作用，这一点在菲律宾的尼格利陀人和澳大利亚土著的颅骨形态差异上表现得相当

---

［1］ Brace, C. L., Hinton, R. J. (1981). "Oceanic Tooth-Size Variation as a Reflection of Biological and Cutural Mixing," *Current Anthropology*, vol. 22, no. 5, p. 549.

［2］ Merriwether, D. A. et al. (1999). "Mitochondrial NDA variation in an indicator of Austronesian influence in Island Melanesia," *American Journal of Physical Anthropology*, vol. 110, no. 3, pp. 243-270.

［3］ Pietrusewsky, M. (2005). "The Physical Anthropology of the Pacific, East Asia and Southeast Asia: A Multivariate Craniometric Analysis," in Sagart, L. et al. ed. *The Peopling of East Asia: Putting together Archaeology, Linguistics and Genetics*, London: Rutledge Curzon, pp. 201-229.

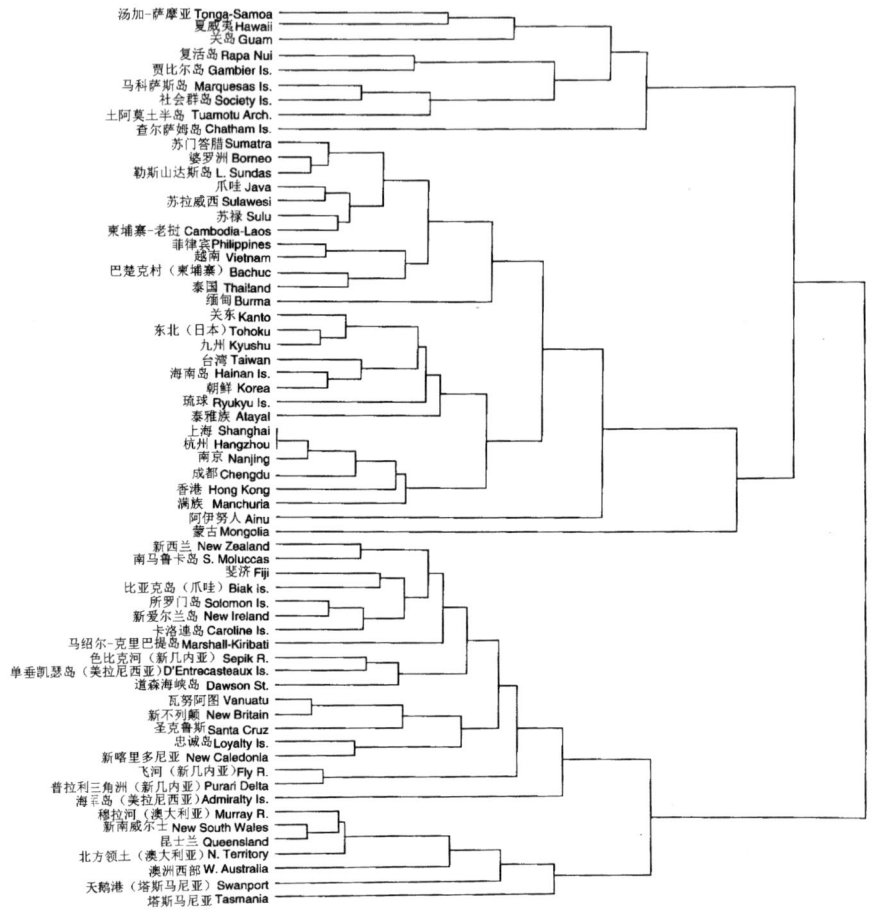

图 5-11：东亚、东南亚、太平洋颅骨聚类分析树状图[1]

---

[1] Pietrusewsky, M. (2005). "The Physical Anthropology of the Pacific, East Asia and Southeast Asia: A Multivariate Craniometric Analysis," in Sagart, L. et al. ed. *The Peopling of East Asia: Putting together Archaeology, Linguistics and Genetics*, London: Rutledge Curzon.

明显。[1]

在总体上，中国沿海的人类群体在体质特征上与东南亚海岛区的人类群体存在比较广泛的相似因素。而大洋洲人类群体的形成、变化、发展却经历了比较复杂的演变过程。体质人类学，特别是血液研究，强调广大区域内人类的长期混血形成的总体发展的复杂性。

三、民族学

学界曾经一度广泛流行关于东南亚文化是落后的热带大杂烩的观点，即把史前东南亚描述成由内斯奥特人、帕里奥安人、原始马来人、衍生马来人、南岛人、美拉尼西亚人、原始蒙古人、圆斧、方斧、水稻、金属等等构成的混乱汇合。[2]这种认识在很大程度上造成了对东南亚古代族体形成和发展研究中的混乱现象，因而使人们对整个东南亚的民族问题无法理出无论是历时还是共时层面上的有条理的发展序列，不能真正把握这一广大地域的古代文化的演变规律。经过分析近年来积累的材料，饭岛茂认为在东南亚大陆上确有从北方向南方的民族移动的痕迹。但是在现存民族长期的历史过程中，由于邻近民族相互往来、相互影响，才形成了今天各民族的轮廓。他强调某种整体性存在于东南亚民族之中，这种整体性最初的核心是对祖先的信仰，以及以血缘关系为基础而凝成的一个社会。若把考古学的材料加以生态学地分析，就不难发现最初的东南亚文化起源于未成为文明中心的许多河流的上游山地，今天的山地民族是这种最初文化的延续，以单系社会为特征。而在平原、沿海地区发展起来的文化则建立起一种与神赋论相结合的非单系亲族集团。[3]

---

[1] Hinihara, T. (1993). "Population Prehistory of East Asia and the Pacific as Viewed from Craniofacial Morphology: The Basic Populations in East Asia, VII," *American Journal of Physical Anthropology*, vol. 91, pp. 173–187.

[2] 张光直:《古代贸易研究是经济学还是生态学？》，载《中国青铜时代》，生活·读书·新知三联书店，1983年，第122页。

[3] [日]饭岛茂:《东南亚社会的原型》，载《东南亚历史译丛》第2集，中山大学东南亚历史研究所，1982年，第91—108页。

凌纯声主张南洋土著中的印度尼西安人源于中国大陆。在中国史前时代，东南有百越、西南有百濮，后来百越民族受华夏系统的压力而南退入海，形成今日南洋土著中的印度尼西安民族。[1]关于整个东南亚的民族文化特质，克娄伯（Alfred L. Kroeber）认为在今菲律宾、东印度群岛、阿萨姆及中南半岛等地的土著民族中保存着彼此相同的文化特质，这些特质包括：刀耕火种、梯田、祭祀和牺牲、嚼槟榔、高顶草屋、巢居、树皮布、种棉、织彩线布、无边帽、戴梳、凿齿、文身、火绳、取火管、独柄风箱、贵重铜锣、竹弓、吹箭、少女房、猎头、人祭、竹祭坛、祖先崇拜、多灵魂等。凌纯声又在克娄伯的基础上加入了24种特质：铜鼓、龙船、毒箭、毒矢、梭镖、长盾、涅齿、穿耳、穿鼻、鼻饮、口琴、鼻笛、贯头衣、衣着尾、坐月、父子连名、犬图腾、蛇图腾、长杵、楼居、点腊印花布、岩葬、罐葬、石板木等。[2]这些文化特质很大部分和美拉尼西亚、波利尼西亚、密克罗尼西亚诸民族的文化特质相一致。大洋洲民族的主要文化特质有：园圃种植、灌溉农业、梯田、以加工石骨木贝为原料的手工业制品、造船、航海、干栏式建筑、木架草屋、巨石建筑、地坑灶烘烤食物、祭司、巫术、禁忌祖先崇拜、图腾崇拜、崇拜首领、长子继承、妇女地位高、秘密结社、民间神话、摩擦取火、嚼槟榔、染齿、文身、饮卡瓦酒等。这种文化特质上的一致性反映出地区性生存适应策略的共同取向，同时作为一种深层的文化特质沉淀在整个地区各个民族的语言词汇之中。对于种种文化特质开单式的罗列，在早期民族志工作者那里就已经是乐此不疲了，然而直到马林诺夫斯基、本尼迪克特公布经过深入工作的切身体会时，人们才真正注意到对于文化特质的了解，目的在于认识文化在整体上的整合，发现不同文化因素是如何彼此联系并发挥功能的。正如本尼迪克特所阐述的，文化作为一个整体出现，超过了它们的特质的总和，人们从周围地区可能的特质中选择出可利用的部分，放弃不可用的部分，人们还把其他的特质加以重新铸造，使它们符合自己的需要，这一点是我们分析人类行为模式时所不

---

[1] 凌纯声：《南洋土著与中国古代百越民族》，马宁译，载《中国边疆民族与环太平洋文化》，联经出版事业公司，1979年，第389—408页。

[2] Terrell, J. (1986). *Prehistory in the Pacific Islands*, Cambridge University Press.

能忽视的。[1]正因为这样,对于文化特质的分析就不是简单地为了了解不同的单个事物在不同文化中的存在,而是要知晓整个文化的适应模式,及受这种模式制约的社会组织结构和人们的意识层面,这也是哈里斯(Marvin Harris)文化唯物论希望达到的目的。

20世纪以来,大洋洲成为民族学的重要实践园地。不仅因为有若干名声显赫的人类学家曾涉足这一地区,而且大洋洲也的确为人类学家证实和构建人类文化发展的蓝图提供了实验场。一些人类学家对于大洋洲社会的进化发展阐述了这样的见解:由平等的"头人"(Big Man)制度演进到更复杂的美拉尼西亚社会等级制,再到高度等级分化的酋长国,最后是波利尼西亚一些地方的"准国家"(quasi-states)。[2]萨林斯将大洋洲的社会结构分为以酋长(chief)为最大的波利尼西亚人金字塔式的社会结构和以头人领导的相对平权、有许多以亲属关系为基础的独立共居共同体。前者是世袭继承而来的先赋地位,后者则是需要展示个人特质和能力方能获得的成就地位。波利尼西亚建立的分层社会可能是由讲南岛语的居民在短时期内迅速分布在本地区而造成的,因此其内部社会结构的差异性相对而言并不明显。岛屿的大小、岛上环境和资源的差异可能是区分酋长权力和影响权力大小的决定因素。[3]新近的研究显示,早期的波利尼西亚社会存在某种集中交换的形式,这种形式又往往和某些特定的礼仪物品联系在一起。同时,美拉尼西亚早期以长程贸易为特征的文化与晚期波利尼西亚、密克罗尼西亚发生的情况一样。总体来看,这些贸易有向更分散、更特殊的短程贸易发展的趋势。这种由礼仪物品交易所影响的整个区域的文化结构,具有鲜明的来自社会组织与意识层面的动力。

马林诺夫斯基发现特罗布里恩岛民的生产、交易与消费是由社会组织和社会风俗规范的,同时有一特殊的传统经济价值体系支配着他们的活动,

---

[1] [美]露丝·本尼迪克特:《文化模式》,王炜译,社会科学文献出版社,2009年。

[2] Sahlins, M. (1958). *Social Stratification in Polynesia*, Seattle: University of Washington Press.

[3] Kirch, P. V. (1984). *The Evolution of Polynesian Chiefdom*, Cambridge: Cambridge University Press.

并鞭策他们奋发努力。[1]然而这仅是事物的一个方面,如果我们再深入分析一下这些经济价值体系与社会意识形成和存在的背景,就会发现基本的生存问题——在海岛独特的生态系统中的生存——要求人们尽可能多的实现与其邻近地区在资源、技术上的相互交换,并最终通过礼仪的力量使这种交换完全人为地纳入文化的整体结构之中。推而广之,这种交换的需要不仅限于大洋洲,还可以适用于东南亚海岛区以及其他同样生态环境下的文化。这种由适应模式决定的区域间文化交流的动力是一种属于海洋文化的重要文化特征。

礼仪物品交换系统的存在与发展,影响到大洋洲社会发展下述特征的形成:1.大范围的总体性交换;2.婚姻及其他关键性交易以及地区性亲族群体的演变促成了对输入礼仪物品的垄断;3.亲族结构中不对称的双系继嗣集团的形成;4.不对称的政治二元性(宗教/政治首领,原有居民/外来者)。[2]同时,大洋洲(尤其是西部)社会组织与观念形态的演变与先后到达这一地区的不同居民的文化面貌有很大的关系。地理位置上的相互隔离使得群体之间的联系只能保持在一定频率上,而当具有较先进生产手段的居民到达一个新的岛屿,并试图成为那里的主人时,必然会产生与原居民群体的冲突。这种交往形式的长期作用将导致群体内聚力日益强化,群体之间由物品交易、婚姻等联系在一起的纽带有着明显的自我群体认同的趋向。从社会整合的角度来看,这种群体凝聚力的维持最终需要利用巫术这种超自然的力量。本尼迪克特对于美拉尼西亚多布人通婚集团间紧张关系的描述,以及在人们日常生活中无所不在的巫术的分析说明了这点。在对大洋洲土著居民物质文化的深入研究中,新西兰毛利人所使用的软玉给我们提供了民族学和考古学结合研究的绝好例子。在毛利人看来,石头本身具有与生命起源有关的神奇意义。软玉被用来做武器、装饰品和礼物。被视为宝物(taonga)的软玉被用作在特殊的礼仪性场合(命名、穿耳、婚姻、死亡等)拿出来展

---

[1] [美]赫屈:《人与文化的理论》,黄应贵、郑美能编译,桂冠图书公司,1981年,第307页。

[2] Friedman, J. (1982). "Catastrophe and Continuity in Social Evolution," *Theory and Explanation in Archaeology*, New York: Academic Press.

示的物品。最珍贵的软玉宝物（如玉斧）往往会有其自身流传的故事，从而成为携带祖先力量、能与祖先交通的宝物。它们同时也与身份和地位相关联。在考古材料中，距今 1300—1500 年前出现了软玉制的装饰品和武器。而在此之前，类似的器物是用人骨、鲸鱼牙制成的。贝尔伍德等认为，这一时期墓葬中不见头骨，也许和这些骨头被用来做成给亡者亲人的饰品，而用于祖先崇拜的仪式中有关。转变成饰物的头骨具有在其亲人中世代相传的特性，可以永久地保存下来。这种特殊的价值后来被软玉继承，实现了物的价值转换。[1]

同样的超自然力量也存在于东南亚与中国南方的少数民族之中。马来西亚的伊班人（Iban）在耕作季节到来时要给鸟的精灵和土地的精灵准备供品，并根据梦的吉凶来决定自己要干什么。这种与神的交通是为了获得神的帮助，因而占卜和巫术完全融入生产领域，变成为经济活动中必不可少的一个组成部分。在讲南岛语的中南半岛巴拿人那里，人们普遍相信巫是受某种特殊守护神庇护的人，人们向巫请教，并把巫的话奉为神喻。[2]中国云南的景颇族在开垦一块土地时也要通过梦的吉凶来判断是否可行。在景颇族中，人们相信自然界和人类社会背后都有"拿"（鬼魂）在起作用，它支配着人们的生老病死、生产的丰歉、人丁的繁衍等等，具有支配一切的权力。在西双版纳的傣族农村，农作物的生长过程正是宗教祭祀的基础，农业劳动的周期性则直接反映为宗教祭祀的周期性。[3]巫术力量无孔不入的渗透性早在春秋的于越族群中就有体现："荆人畏鬼而越人信机"（《吕氏春秋·异宝》），"越人俗鬼……祠天神上帝百鬼"（《史记·封禅书》），"越人之俗……溪徼而轻绝，俗好诅而倍盟"（《新书·耳痹》），"（汉）武帝时迷于鬼神，尤信越巫"（《风俗通义·径神篇》）。由于生存环境与社会组织的独特发展途径，巫术以及与之相关的一系列上层建筑形态在海洋文化中

---

[1] [美]韦纳：《不可异化的财富》，张帆如译，载《群岛之洋：人类学的大洋洲研究》，台湾商务印书馆，2009年，第115—148页。

[2] [日]松本信广：《印度支那的民族》，载云南民族研究所编《民族考古译丛》第三辑，1983年。

[3] 云南省编辑组编《云南民族民俗和宗教调查》，云南民族出版社，1985年。

得到了不断的强化。岩田治庆注意到，沙捞越的诸种族与东南亚大陆上的诸种族相比，巫术与占卜的比重更大些。[1]而从本节中历史语言的追溯及文化特质的构成来看，巫术在整个区域的文化史研究中是一个不能忽视的重要因素。据分析，海南岛的黎族至少有九种前述东南亚民族的文化特质，它们包括：1.刀耕火种，清光绪《昌化县志》载："黎岐以刀耕火种，为名曰砍山，积山木而焚之，播草麻子、吉贝二种于积灰之上，昌民之利，尽于是矣。阅三年即弃去。"；2.嚼槟榔，又光绪《昌化县志》："槟榔合夹荖叶即蒌及灰茶食之，避腥、消食、除瘴，土俗珍重此物。交接以为先，婚姻以为定。"；3.干栏式建筑，《诸番志》卷下曰："黎，海南四郡，岛上蛮也……屋宇以竹为棚，下居牧畜，人处其上。"；4.树皮布，清张庆长《黎岐纪闻》载："生黎隆冬时取树皮捶软，用以蔽体，夜间即以代被。其树名加布皮，黎产也。"；5.织彩线布，南宋方勺《泊宅编》卷中载："今所货木绵，将其细紧尔，当以花多为胜，横数之得一百二十花，此最上品。海南蛮人织以为巾，上作细字，杂花卉，尤工巧，即古所谓白叠巾也。"；6.文身，《后汉书·明帝纪》注引东汉杨孚《异物志》曰："儋耳，南方夷，生则镂其颊，皮连耳匡，分为数支，状如鸡肠，累累下垂至肩。"；7.灵魂崇拜，分为自然崇拜、祖先崇拜、禁忌巫术等；8.鼻饮，《汉书》卷六十四载："骆越之人，父子同川而浴，相习以鼻饮。"；9.铜鼓，《舆地纪胜·琼州》曰："铜鼓岭，在文昌县。俗传民得铜鼓者，验之，乃诸葛武侯征蛮之钲，因以名之。"[2]最近也有中国学者指出，中国国内民族史学者在探索东南亚土著民族的起源和关系时，几乎都站在百越民族的视角上，持华南大陆向海洋单线传播、扩散的观点。而西方人文学者的南岛视野同样局限于"今南岛"族群，仅从中国台湾地区、东南亚群岛、大洋洲的民族志调查入手来研究"原南岛"的起源。打破这种局限的方法是进行华南地区、东南亚、大洋洲考古文化的系统比较、民族

---

［1］［日］岩田庆治：《马来西亚的稻作礼仪》，载云南民族研究所编《民族考古译丛》第三辑，1983年。

［2］王献军：《试论黎族古代文化与东南亚古代文化的共性》，《贵州民族研究》2011年第3期，第125—130页。

志的比较,以及华南百越后裔与今南岛民族文化关系的研究。[1]

通过语言学、体质人类学、民族学所提供的区域文化交流的证据进行分析,我们不难发现海洋文化具有文化适应上的整体性,也有自身发展的阶段性及发展方向的复杂性,本书的第六章将对海洋文化作综合的解释。

---

[1] 吴春明、曹峻:《南岛语族起源研究中的四个误区》,《厦门大学学报》(哲学社会科学版)2005年第3期,第85—93页。

第六章 海洋文化——一个相互联系系统的综合解释

在以上的章节中，我们讨论了中国东南沿海、东南亚海岛区及大洋洲史前文化的实际面貌和基本结构，分析了地区间交流的途径与过程。作为一个总的结论，本章将全面比较分析各地区的资料，在理论上解释海洋文化这种独特的人类适应方式在亚洲东部地区和大洋洲的发生、发展和变化。

对于海洋文化，早期的研究者都倾向于给予传播论的解释。如海涅·格尔登、贝耶、海尔达尔、凌纯声等都主张文化因素单方面的从一个地区传播到其他地区。按照传播论的观点，大洋洲出现过大约来自印度尼西亚的几次相互交替的文化迁入浪潮，在居民文化的各个组成部分呈现了这些浪潮的痕迹。这种浪潮的结果是形成具有早晚关系的文化圈，这种文化圈的内容也包括类似于文化特质的"文化因素"。然而依照传播论者格雷布内尔的看法，凡是相同的文化现象，不论在什么地方都属于某一个文化圈，因而也源于某一中心。[1]在比较新近的一些研究中，我们还可以看到传播论的影子。

---

[1] [苏]C. A. 托卡列夫：《外国民族学史》，汤正方译，中国社会科学出版社，1983年，第152页。

如果把注意力从单纯的文化因素的关注转移到整个的人类生存方式的演变过程的分析，我们便不难发现海洋文化是包括人口压力在内的多种因素促成的人类独特的适应方式。而只有对这种文化赖以存在的生态系统及人们生存方式所决定的交往形式、社会构成有了深切认识后，我们才有可能把握海洋文化的发展规律，从而真正客观地解释太平洋区域大陆与海岛、海岛与海岛之间史前文化的联系。

第一节　海洋文化的基本技术构成与生存模式

有研究者注意到，在东南亚滨海地区，水产资源的开发对于文化发展具有特殊的重要性。单纯的稻米食物结构将导致人们营养不良，以及某些特殊的疾病的产生，而水产资源则可以向人们提供诸多的营养成分，如脂肪、各种氨基酸（特别是赖氨酸、组氨酸、精氨酸等）、维生素（主要有维生素A、维生素D、烟碱酸）、电解质、碘、氟等。正因为这种资源对于人类的重要性，当前人类学文献中讨论的重要主题之一就是关于海洋适应的起源与发展问题，并把它作为人类文化进化大过程中的一个组成部分。[1]而对于海洋文化的研究又当包括捕捞技术（及水上航行工具制造技术）、食物加工方法、分配方法的研究。[2]托马斯·哈定指出，一种文化种系发生演变的原物质来源于周围文化的特点、那些文化自身和那些在其超机体环境中可资利用或借鉴的因素。演变的进化过程便是对攫取自然资源，协调外来文化影响这些特点的适应过程。[3]海洋文化之所以演变发生的基本模式，我们已经在前面章节涉及过。在将人类引向滨海地带的资源制约因素中，增加对于那些必须支出大量劳动才能获得的资源的使用，增加对于某些特定物

---

[1]　Yesner, D. R. (1984). "Population Pressure in Costal Environment," *World Archaeology*, vol. 16, no. 1.

[2]　Chesnov, Y. V. (1979). "Ethnocultural History of Southeast Asia as Based on the Materials of the 14th Pacific Science Congress," *Asian Perspectives*, XXⅡ (2).

[3]　[美]托马斯·哈定等合著《文化与进化》，韩建军等译，浙江人民出版社，1987年，第20页。

种的长期依赖,以及增加对于低产(如多年生动物)物种的使用都将导致人类必须向具有新的更可靠的资源环境移动。

图6-1是根据生态学的原理拟建的地域系统内有两个相互联系的人类群体生存其间的地域系统模型。整个大的地域系统可以分为地区人口与地理区域这样人与自然环境组成的两个部分。每一个地方群体都与其居住地发生资源摄取与自然条件的制约的双向作用关系。同时,人类的地方群体之间还会有社会的、经济的与生物的彼此联系。而不同群体所居住的不同地域也存在生物、地理及地貌的相似性。从这个模型中我们可以发现,就海洋适应这种特殊的生存适应方式而言,假设不同的人类群体分别生存在内陆地带及滨海地带,整个地理区域所代表的就是两个不同的生态系统,由此也影响到人类所摄取的资源内容的区别。对于一些内陆地带而言,前述的高支出资源及个别物种的强化开发可能是不可避免的,而其后果是产生人类群体人口规模与资源限制的矛盾。滨海生态区是人类摆脱困境的选择之一。在滨海与海岛环镜中,由于有与内陆群体联系起来的各种社会、经济、生物关系,对于自然植物与动物资源的驯化技术就会作为一种固有的文化成分,在新生态系统的开发策略中占有其特殊地位。同时,在大陆上由内陆向沿海地区的移动不会跨越广大空间也是合乎逻辑的解释。因此,生态系统本身也是彼此毗邻的区域,在总的气候条件、动物群、植物群上构成一个大的地域系统。本文前面章节中也曾讨论过在滨海适应模式中植物栽培、动物驯养与捕捞、采集在相当长的时期内得到相同的重视。除了河口三角洲这类优良环境外,一般的海洋性适应中难于形成对某几类农作物的完全依赖。同时,由于海洋文化涉及的范围广大,对不同地区各自的资源的开发也是海洋文化生存模式的重要特点。在这个过程中,某些技术手段可能在新的环境中失去作用,但一些最基本的技术则继续存在下来,形成一种广谱的适应策略,这也是海洋文化的优势之一。同时,作为一种能非常有效地应付广博环境的一般文化共性,在文化的彼此交往中易于实现广泛的技术辐射,在不同地区形成文化基质上的共通因素。这一点是我们在海洋文化的相互比较中可以找到的。以下通过资源分布、技术构成等方面对此进行进一步地分析。

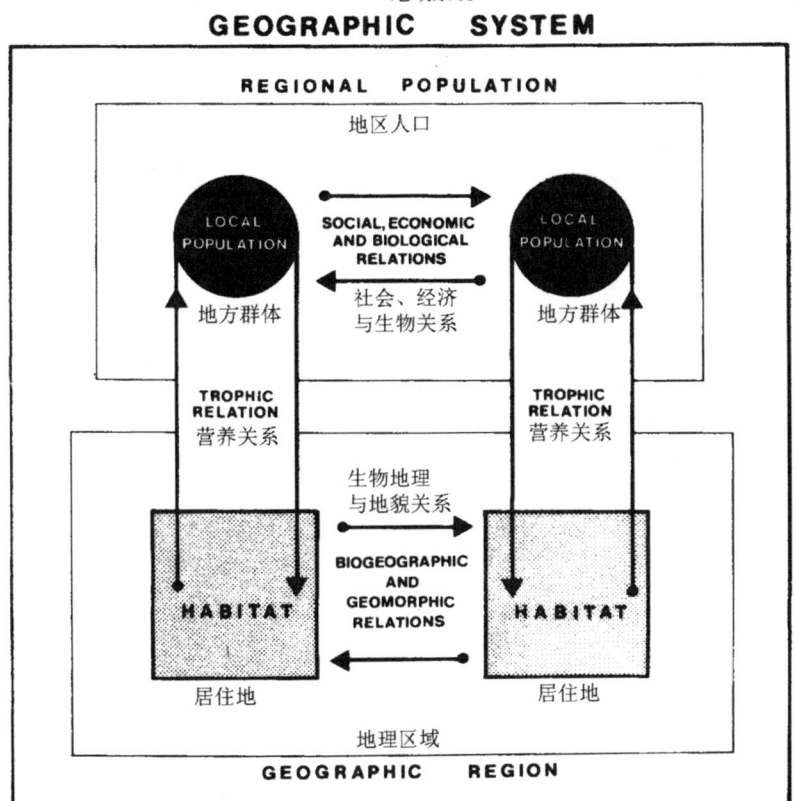

图 6-1：两个互相关联的群体在地理系统中的互动模式[1]

一、资源分布

在海洋文化中，植物的采集技术（后来的栽培技术）与渔猎技术、狩猎技术不同程度上与自然的土壤条件、动植物资源相互整合，从而形成一个完整的生存体系。对于东南亚、大洋洲广泛地区的孢粉分析表明，在大多数地区至少存在着两个比较明显的文化发展阶段。第一阶段的年代在距今8000年前以上，这阶段的资料显示，木本植物的孢粉相对或绝对占多数，

[1] Terrell, J. (1986). *Prehistory in the Pacific Islands*, Cambridge University Press.

同时，一些木本植物属于烧荒拓地后生长起来的次生林。这种早期的种植业和原生生态系统相互吻合，所以整个的森林环境没有明显的改变。第二阶段大约开始于距今5000年前，生活在这一阶段的人们更多的在平原低地活动。孢粉中禾本科、草木植物显著增加，并且出现了属于驯化谷物的孢粉。[1]第一阶段原始种植业存在的证据可以从新几内亚库科遗址的一系列有关遗存中找到。除了在本文第三章中提到的有关灰土层、排水、灌溉简单设施的遗存外，植物学家还确认了新几内亚种植业中可能驯化的植物，其中包括：澳大利亚种香蕉（*Australimusa*）、小种的薯蓣、某种露兜树、甘蔗（*Saccharum officinarum*），及若干可食用草本植物与绿叶蔬菜，如狗尾草（*Setaria palmifolia*）、黄蜀葵（*Abelmoschus manihot*）等。有关这些植物是新几内亚本地驯化还是引进的品种，在学术界有不同的意见。但是传统上认为早期的砍倒烧光种植一定在山地展开的看法已为考古学材料证明是片面的。从新几内亚库科及其他遗址的材料来看，人类可能首先是在低地开始种植业，然后才扩展到山地。[2]泰国的仙人洞遗址也属于这一阶段的遗址。仙人洞发现了可能属于人工栽培的豆类、菱角、葫芦和瓜，并有橄榄、槟榔、油桐子等一批植物遗存，显示出地区性植物资源得到了人们的广泛利用。大多数学者主张这一时期的"和平文化"仍是以狩猎-采集为主的，有人还称之为"前稻作阶段"。[3]对于东南亚海岛区在讲南岛语的民族进入之前是否存在植物驯化的问题，人们一直持否定态度。但最近马洛尼（B.K.Maloney）在苏门答腊北部多巴高原的工作表明这一地区农业开始的时间要比人们估计的早得多。苏门答腊的孢粉资料中，在距今4000年前这一阶段，与再生林有关的木本植物山黄麻（*Trema*）的数量显著增加，距今3000年前时又开始出现大量草本植物，以及山棕属植物（*Arenga*）、棕榈科植物。至于人

---

[1] Flenley, J. R. (1985). "Man's Impact on the Vegetation of Southeast Asia: The Pollen Evidence," *Recent Advances in Indo-Pacific Prehistory*, New Delhi: Oxford & IBH Publishing, Co.

[2] Golson, J. (1971). "Agricultural Origins in Southeast Asia: A View from the East," *Recent Advances in Indo-Pacific Prehistory*, New Delhi: Oxford & IBH Publishing, Co.

[3] Gorman, C. F. (1971). "The Hoabinhian and after: Subsistence Patterns in Southeast Asia during the late Pleistocene and Early Recent Periods," *World Archaeology*, no. 2.

类最早进入森林的时间甚至可以早到距今7000年前。[1]台湾西部积潭（Jih Tam）遗址孢粉材料证明早在距今一万年前，这里就可能存在对于某些根块植物与水果的人工培植。在积潭遗址中大量出现一万年以来的次生的森林、灌木、草本和蕨类植物的孢粉，如枫香树（*Liquidambar formosana*）、山黄麻等（*Trema*），而由大陆传入的稻米和粟米类的种植开始于距今4000年前，这一点也反映在这个时期出现谷物孢粉上。

根据现有的考古材料推测，中国东南沿海和华南地区是栽培稻的起源地。湖南道县玉蟾岩、江西万年仙人洞发现了野生稻类或驯化稻类的标本。玉蟾岩采得的稻谷标本的粒长分别为8.67mm和9.33mm，平均为9.0mm，超过粳稻的上限，处于普通野稻和籼稻的变域内，但从平均值看，出土稻谷则更近于普通野稻。[2]伴生的文化遗物有打制石器、骨器、角器、牙器、蚌器和陶器。仙人洞和其附近的吊桶环所采集的孢粉和植硅石的分析结果表明，两个地点均有野生稻和栽培稻存在，吊桶环中层有大量野生稻植硅石，两遗址的上层均发现人工栽培稻的植硅石。仙人洞下层和吊桶环中层的年代为距今20000—15000年前，上层为距今14000—9000年前。早期的文化遗存以大型砾石石器和小型石片石器为主，晚期有大型砾石石器、穿孔石器，并出现磨制石器和骨角蚌器。[3]最近在广东英德牛栏洞采得的植物样本中也发现水稻硅酸体，其年代在距今12000—8000年前。在7个标本中，共发现24粒水稻硅酸体，其中双峰硅酸体7粒，扇形硅酸体17粒，属于非籼非粳类型。与之伴出的文化遗物包括有局部磨光的石刀、骨铲、骨锥、蚌刀、石磨盘、石杵等。[4]长江下游发现的最早的有稻谷的考古遗存是浙江上山遗址陶片及红烧土中所夹的炭化稻壳和叶片。该遗址的年代

---

[1] Maloney, B. K. (1980). "Pollen Analysis Evidence for Early Forest Clearance in North Sumatra," *Nature*, no. 287, pp. 324–326.

[2] 张文绪、袁家荣：《湖南道县玉蟾岩古栽培稻的初步研究》，《作物学报》1998年第4期，第416页。

[3] 彭适凡、周广明：《江西万年仙人洞与吊桶环遗址》，载《华南及东南亚地区史前考古——纪念甑皮岩遗址发掘30周年国际学术研讨会论文集》，文物出版社，2006年，第102—115页；张之恒：《农业和陶器的起源》，载《岭南考古研究2》，岭南美术出版社，2002年，第115页。

[4] 黄伟宗、司徒尚纪主编《中国珠江文化史》，广东教育出版社，2010年，第205页。

被定在距今11000—8600年前。针对有学者认为此发现和其他长江下游早期的水稻驯化的标本可能皆属野生稻,而真正的栽培稻在本地区的出现要到公元前4000年左右的观点,若干学者提出不同意见,他们认为上山遗址的水稻极有可能是使用刀具带稻秆收割的。这种连根拔起或是用手镰割稻秆的收获方式都会促使人工选择带有坚韧小穗轴性状的稻粒,而淘汰晚熟以及带有易脱落小穗轴性状的稻粒,从而最终导致包括水稻等谷物的成功驯化。对另一处长江下游新石器时代遗址跨湖桥遗址(距今8200—7200年前)120例稻谷的显微镜观察显示,有42%的样品具有类粳稻的小穗轴,而58%的样品则是代表野生稻特征的圆滑脱落疤的小穗轴。用扫描电镜观察河姆渡的25个稻谷样品,其中一半是无芒的,这是栽培稻的特征之一,另一半有芒,大致上归类于野生稻水稻。这些详尽的研究证明,经过了长期且非线性的驯化过程,在全新世早期(距今9000—8000年前),中国南方和北方的人群可能已在收获野生稻并开始种植水稻。[1]

有学者认为,现代栽培籼稻与粳稻种植的纬度分布以北纬30°左右为这些品种的变异区,以北地区是粳稻,以南是籼稻。一般认为,粳稻应是籼稻在从南向北的传播过程中由于进入温带以后适应气温较低的生态环境而出现的变异型。很难想象正好位于变异区域的长江流域恰好是中国水稻起源的最早地区,并由此往北传播形成粳稻分布区,向南扩张形成籼稻分布区。虽然华南地区至今尚无七千年以前的农业证据,但不能排除华南也是早期栽培稻起源的中心之一。[2]接下来在长江中游的湖南澧县彭头山、湖北宜都城背溪、石门皂市,长江下游的浙江余姚河姆渡、侗乡罗家角、江苏吴县草鞋山都发现了早期水稻栽培的证据,年代介于距今8000—6000年前。根据华南洞穴遗址和早期新石器时代遗址普遍发现螺壳堆积的事实,及甑皮岩等遗址浮选分析的结果,有研究者指出,至少在距今12000年前左右,淡水贝类和根茎类植物已经成为当地史前居民的主要食物来源。这

---

[1] 刘莉等:《关于中国稻作起源证据的讨论与商榷》,《南方文物》2009年第3期,第25—37页。
[2] 裴安平:《彭头山文化的稻作遗存与中国史前稻作农业》,《农业考古》1989年第2期,第102—108页。

种广谱的食物结构提供了人类生存所必需的营养成分。即使在距今6000年前左右稻作农业出现在本地之后，上述两类食物仍是这里人们的重要食物原料。[1]实验表明，种籽植物的种植可能在一开始并不需要人类投入太多的劳动。将狗尾草的种籽播撒在田间，在不需太多的照看的情况下，经过4个月，收获量可以是播种量的15倍。这里的前提条件之一是在栽培的初始阶段人类不能完全依赖种植谷物为其食物来源。稻作农业发明后的最初扩散，向北于距今7000—6000年前左右到达黄河流域的李家村和下王岗遗址，向东于距今4800—3700年前到达长江下游，向南于距今6000年前时到达华南地区。其向大陆以外的扩散例子有距今3000年前到达日本列岛，距今4500年前到达中国台湾。[2]结合近年来发现的长江流域和华南关于稻作农业起源的资料，以及属于大坌坑文化的台湾台南南关里和南关里东炭化稻和炭化小米的同时出现（距今4700—4200年前），贝尔伍德提出，在公元前6000年左右，长江中游的南部地区出现了最早的讲孟-高棉语的居民。与此同时，南岛语生成在上述地区的西南，泰语生成于更南的地方，与中国大陆东南沿海有关的史前居民出现在台湾，其语言是原南岛语。这种假设并不是说所有讲南岛语和南亚语的居民均来自华南地区，而是描绘了与农业起源有关的早期新石器时代的人类移动，以及上述两种语言的原形态。[3]桂北地区的晓锦遗址的浮选法植物遗存分析为我们提供了早期稻作农业扩散的另一个绝好证据。该遗址的第一期文化（距今6500—6000年前）没有发现任何稻作农业的证据（甑皮岩遗址的浮选法分析也没有发现相关证据），然而第二期（距今6000—4000年前）、第三期（距今4000—3000年前）的浮选标本中则发现了上万粒的炭化稻谷。虽然桂林周围有普通野

[1] 吕烈丹：《自然资源和食物原料：岭南地区史前饮食文化刍议》，载《岭南考古研究4》，香港考古学会，2004年，第207—213页。

[2] Lu, L. D. (2005). "The Origin and Dispersal of Agriculture and Human Diaspora in East Asia," in Sagart, L. et al. ed. *The Peopling of East Asia: Putting together Archaeology, Linguistics and Genetics*, London: Routledge Curzon, pp. 51–62.

[3] Bellwood, P. (2005). "Examining the Farming/Language Dispersal Hypothesis in the East Asian Context," in *The Peopling of East Asia : Putting together Archaeology, Linguistics and Genetics*, Routledge Curzon, pp. 17–30.

生稻（Oryza rufipogan）的存在，但当地新石器时代早中期的居民似乎没有驯化谷物的动力。[1]

总之，从新几内亚、泰国北部及中国长江中游、华南、台湾等早期种植业的材料来看，这一阶段的种植是对特定小范围内自然资源的利用，具有分散、多中心的特点。同时这种种植业也不是人类生存所主要依赖的食物来源。早期种植业的存在表明东南亚和大洋洲西部最下层文化所具有的多重适应策略的特点。早在20世纪50年代，索尔（Carl O. Sauer）就曾指出，全世界的农业可能都起源于东南亚（包括华南）。他的理由是，东南亚沿海的渔民有稳定的食物来源，其周围环境中又有丰富的野生植物资源，定居深化了人们对这些资源的认识，并逐步学会以栽培的方法来利用这些食物资源。[2]而这些植物的用途是多方面的，随着认识的加深、利用的广泛，人们就养成了对植物的依赖性。然而这种早期的种植业只是全盘产业中的一小部分，属于"园圃式农业"（Garden agriculture）。[3]虽然长期以来他的这种看法并没有引起人们的重视，但东南亚早期种植业的出现不能不引起我们的重新思考。早期小规模种植中心的出现与区域间的人口流动也有很大关系。宾福德曾指出，可能是人口增长对野生资源的压力刺激了由采集向食物生产的转化。人们从野生资源的中心地区向更边缘地区扩散，便有可能努力从事植物栽培和动物驯化，以重新获得过去在最佳条件下已经习惯了的生产水平，这就有利于向畜养和栽培转化。[4]与此同时，这种导向栽培的动力具有一定的连续性，从而促成了人口在一定空间上的流动，对于海洋文化来说更是如此。

稻作农业的出现与发展形成了东南亚史前史的一个新的阶段。稻作农业的起源问题已在学者们中间讨论了多年。张德慈认为稻的真正驯化过程

---

[1] 赵志军：《对华南地区原始农业的再认识》，载《华南及东南亚地区史前考古——纪念甑皮岩遗址发掘30周年国际学术研讨会论文集》，文物出版社，2006年，第148—149页。

[2] Sauer, C. O. (1952). *Agricultural Origins and Dispersals*, New York: American Geographical Society.

[3] 张光直：《考古学专题六讲》，文物出版社，1986年，第27—28页。

[4] [美] C. 伯恩、M. 伯恩：《文化的变异——现代文化人类学通论》，杜杉杉译、刘钦审校，辽宁人民出版社，1988年，第174页。

可能首先发生在中国，因为较凉爽的气候和较短的作物生长季节共同施加了对早期栽培的选拔压力，并且使它们较相似的热带性栽培更受制于人类的照顾得以久传。[1]河姆渡稻作遗存的发现有力地证明了这点。格洛弗（Ian C. Glover）在解释东南亚稻作农业的起源时指出，东南亚的早期狩猎-采集者在其活动中逐步强化了对某几种高产的资源的认识。当人们实现在沿海地带定居时，人类社会愈来愈依赖稻资源，并根据不同的环境条件培育出高产、有较强适应性的不同水稻品种。这一过程开始于公元前5000—前4000年。[2]戈曼（Chester Gorman）曾建立了一个东南亚农业起源的模式，他认为水稻与芋类是姐妹的驯化种，因为两者可能都是从沼泽环境中培育出来的品种，其最早的驯化大约开始于公元前7000年东南亚大陆的某些山前地带。[3]语言学的研究也显示出稻作农业起源于包括中国广西西南、云南南部，越南北部、泰国北部和缅甸掸邦等地区。《说文》云："秏，稻属。从禾，毛声。伊尹曰'饭之美者，玄山之禾、南海之秏'。"秏之古音可能是xau，与今德宏傣族词义为"稻"的词同音，而傣语古读Khao，广西壮族的壮语读Khau。总括起来，东南亚大陆北部应是栽培稻的早期发展中心之一。以稻作农业为特征的文化在东南亚各地广泛散布。

长江流域中游地区一系列最早的稻米种植的考古证据不仅改变了学界先前一度认为的长江下游地区是驯化稻最早起源地的看法，也改变了关于东南亚大陆某些地区是驯化稻起源地的假设。中国东南沿海各地普遍有驯化稻谷的新石器时代中期遗存发现，其中比较典型的遗址有：浙江杭州水田畈、吴兴钱山漾、舟山定海，江苏吴县草鞋山、无锡仙蠡墩、常州圩墩、苏州越城、海安青墩、连云港二涧村，福建永春九兜山、福清东张、南安狮子山，广东曲江石峡、泥岭等处。在新的考古证据重新改写稻米种植的起源和早期发展图景的可能性出现之前，我们必须依照现有的考古材料来

---

[1] 张德慈、王庆一：《谷类及食用豆类之起源与早期栽培》，《农业考古》1987年第1期，第276页。

[2] Glover, I. C. (1985). "Some Problems Relating to the Domestication of Rice in Asia," *Recent Advances in Indo-Pacific Prehistory*, New Delhi: Oxford & IBH Publishing, Co.

[3] Gorman, C. F. (1977). "A Prior Models and Thai Prehistory: A Reconsideration of the Beginnings of Agriculture in Southeast Asia," *The Origin of Agriculture*, Hague & Paris: Mouton.

构建东南亚地区史前稻作农业的发展史。海厄姆（Charles Higham）最近指出，本地充足的野生动植物资源和相对人口数量较小的狩猎-采集群体也许是东南亚大陆区缺乏禾谷类植物驯化动力的原因之一。而驯化稻可能依循彭头山—马坝石峡—华南沿海，最后到东南亚大陆区的路线移动。[1]在泰国的能诺他遗址和班清遗址相当于公元前 2500—前 2000 年的地层中发现了炭化谷物在陶片上的稻穗印痕，同时，在班清遗址还有较多的水牛骨发现。泰国的班样谷洞穴遗址（Banyan Valley Cave）也发现了属于栽培稻的稻壳遗存，时代为公元前 1000 年。泰国所发现的这一阶段的史前遗址多有墓葬遗存发现，其中有刻划纹和上陶衣的陶器。有研究者认为他们与自北方而来的农业文化群体有关。属于新石器时代晚期（距今 4500—3000 年前）的越南红河谷的冯原遗址（Phung Nguyen）和相关的一系列遗址出土了大量的有段石锛和一些双肩石斧，显示定居农业已在当地展开。在该文化中各种形态的石制装饰品、束颈圈足陶器上，刻划篦点纹组成的图案比较流行。[2]在红河河谷的另一新石器时代晚期遗址铜豆遗址（Dong Dau）所发现的炭化谷物的年代为 3328±100BP，与之伴生的还有橄榄（*Canarium sp.*）、竹（*Bambusa*）、番荔枝（*Aunona squamosa*）等炭化植物遗存。在海防附近的同景（Trang Kenh）遗址相当于距今 3005±90 至 3404±100 年前的孢粉材料中有栽培稻的遗存。在东南亚海岛区，稻作农业同样与讲南岛语的先民南下有关。马来西亚的查洞遗址的上层发现了属于新石器时代的炭化稻谷，年代为距今 830±85 年前。东帝汶与苏拉威西西部都曾有栽培作物的遗存发现，其中在乌鲁良一号洞发现的植物遗存中包括了稻谷，同时草本类、灌木类植物在整个遗存中占优势。乌鲁良发现炭化稻粒、大量的稻壳，其年代为距今 1500 年前。[3]

大洋洲海岛基本上由海相沉积岩、火成岩、珊瑚礁构成。火山灰是最

---

[1] Higham, C. (2004). "Mainland Southeast Asia from the Neolithic to the Iron Age," in Glover, I., Bellwood, P. ed. *Southeast Asia: From Prehistory to History*, London: RoutledgeCurzon, p. 46.

[2] Masanari, N.（西村昌也）. Chronological Framework from the Palaeolithic to Iron Age in the Red River Plain and Surrounding, 载《华南及东南亚地区史前考古——纪念甑皮岩遗址发掘 30 周年国际学术研讨会论文集》，文物出版社，2006 年，第 363 页。

[3] Glover, I. C. (1977). "The Late Stone Age in Eastern Indonesia," *World Archaeology*, no. 9.

宜于农耕的土壤，此外，各种海相沉积形成的地表土壤结构与植被的能量交换过程也基本上决定了其可被人类利用的价值。波利尼西亚的史前种植业基本上可以分为三类：1. 以栽培薯蓣（*Dioscorea*）、香蕉（*Ipomea*）为主的强化旱作农业；2. 以种植芋类（*Colocasia*）为主的可以控制用水的湿地农业；3. 以面包果为主的木本植物栽培农业。由于受到自然条件的制约，这些作物在不同地区的分布情况也不同。大洋洲的其他植物资源还包括椰子、西谷椰子、露兜树、面包果树、大薯、木薯等。在大洋洲被驯化的植物一般都具有耐热、抗风、耐盐、喜水、个体果实较大的特点。考古实物发现有密克罗尼西亚晚期陶器上稻壳及芋类茎叶的印痕等。总体来看，大洋洲史前种植业有其特殊的方面。在资源方面，以芋类、薯蓣为主的块茎作物是由东南亚海岛区传入的，而澳大利亚种香蕉、甘蔗及某些木本植物则可能是由新几内亚传入的。另外一些木本植物的驯化过程应是大洋洲海岛原有资源的利用，如橄榄（*Canarium*）、石栗（*Aleurites molucana*）等就属于这类植物。

在动物资源方面，牛、猪是人类早期驯化的动物，同时这两种动物与农业的关系也比较密切，在被驯化之前它们可能还是人类狩猎的对象。在东南亚发现的未驯化种的野生牛主要有三类：野牛（*Bos gaurus*），分布在印度、缅甸、印度尼西亚、中南半岛（包括邻近的中国西南部）、马来半岛等地；爪哇野牛（*Bos javanicus*），主要分布在缅甸北部、爪哇、加里曼丹等地；真腊野牛（*Bos sauveli*），分布区仅限于柬埔寨中部的小范围内，在泰国、老挝、越南可能也有零星分布。东南亚地区的驯化种牛包括：水牛、黄牛、瘤牛（*Bos indicus*）、巴厘牛等。考古遗物方面有牛骨的发现，其中中国沿海各地的牛骨在遗址中广泛出现，如江苏吴县草鞋山、常州圩墩、上海马桥、浙江桐乡罗家角、余姚河姆渡、嘉兴马家浜、福建闽侯县石山、溪头、广东潮安贝丘、南海灶岗、广西南宁贝丘。在泰国能诺他遗址也发现过牛骨。

野猪（*Sus scrofa*）在东南亚的分布相当广泛，从华南、中南半岛、马来半岛到苏门答腊，再到爪哇、廖内群岛都有野猪的分布。在整个亚太地区还有其他种类的猪分布。如在中南半岛南部、爪哇等地的沼泽猪（*S.verrucosus*），在菲律宾、加里曼丹、苏门答腊等地的侏儒猪（*S. barbatus*），在苏门答腊、爪哇一些小岛屿及加里曼丹南部的野猪

（*Feral scrofa*），以及在巴布亚新几内亚与马鲁古群岛分布的几内亚野猪（*S.papuensis*）。从各种未驯化的野猪的分布情况看，大多数品种都属于野猪（*S.scrofa*）的亚种，因而在起源上中国的南方地区就可能是亚洲驯化猪的发源地。与此同时，新几内亚种猪已经与其他亚洲的野猪存在形态上的明显差异，应属于在更新世晚期以后进入新几内亚，并逐步在当地驯化的品种。[1] 在年代序列上，中国发现的史前猪骨遗存属于最早的一类。在广西甑皮岩、江西仙人洞等遗址出土的猪骨的年代在公元前6000年以前。沿海各地的河姆渡文化、马家浜文化、良渚文化、昙石山文化中都有猪骨发现，其年代最早的可达公元前5000年以前。在东南亚史前猪骨遗存中，能诺他遗址的年代最早，在公元前2000年左右，班清遗址中也有猪骨发现。猪骨在东南亚海岛区也有发现，其中在帝汶岛乌波二号洞穴遗址距今2000年前的遗存中就有猪骨。在大洋洲的拉皮塔文化中也有家畜饲养的证据。波利尼西亚属于拉皮塔文化的若干遗址有猪骨及猪骨制器物的发现。在新几内亚东部高原省的洞穴遗址中所发现的猪牙年代甚至可以上溯到一万年前，充分证明后来的几内亚种猪就是在新几内亚本地逐步驯化而成的。

除了牛、猪外，狗与鸡也是史前人类驯化的动物。在中国沿海各地遗址中发现的动物遗存还有生活于森林中、林间开阔地与灌木带、草原带的各种食草类、食肉类动物以及飞禽等，考古发现的种类有鹿、獾、羚羊、豪猪、猫、狼、獐、四不象及各种鸟类。在两广南部地区，进入全新世以后，森林逐步消失，林栖动物减少，野生动物以丘陵地带的短耳犬蝠、果蝠、笔尾树鼠为多，爬行动物有爪哇蠑螈、鳄蜥、无颞鳞游蛇等。在东南亚海岛区，狩猎的对象包括鹿、野猪、鸟类和各种陆地小型哺乳类动物。大洋洲岛屿区的陆上大型动物资源比较少，人类狩猎的主要对象是各种灌木地带小型哺乳类动物、飞禽等。

水产资源是人类在滨海和海洋生态环境中能够得到的最可靠的大宗食物资源。表6-1列举了在中国沿海各地及东南亚海岛区、太平洋群岛区考

---

[1] Groves, C.P. (1985). "On the Agro types of Domestic Cattle and Pigs in the Indo-Pacific Region," *Recent Advances in Indo-Pacific Prehistory*, pp.429–438.

古遗存中所能见到的各种水产资源,包括各种海水产、淡水产的鱼类、海洋哺乳类及各种贝类。从各种水产资源在不同遗址中出土数量的多寡来看,生活在海岸线潮间带上的各种贝类以及在湖沼、河塘、潟湖中的蚌、贝、螺等都是人类采集、捕捞的主要对象。而鱼类资源中为史前人类利用最多的是各种浅海鱼类,以及在淡水中生活的鱼类。同时,一些深海鱼类及海洋哺乳类、爬行类也已成为史前人类的猎获动物。

表6-1:各地出土的水产食物资源表

	鱼类	无脊椎动物	爬行类、哺乳类
广西桂林甑皮岩		中华圆田螺、圆顶珠蚌、短褶矛蚌、背瘤丽蚌、珍珠蚌、蚬、田螺科、凸圆矛蚌	
广西柳州白莲洞	鲤、青	双棱田螺、李氏环棱螺、乌螺、道氏珠蚌	
广西横县秋江	鲤、青、鲇、黄颡	蟹、背瘤丽蚌、丽蚌、短褶矛蚌、淡水蛏、中华圆田螺、方形环棱螺、螺蛳、皱疤坚螺	
浙江桐乡罗家角	鲤、鳢、青、鲫		扬子鳄、鲸、龟、鳖
山东蓬莱大仲家	红鳍东方鲀、黑鲷、真鲷、鲈鱼	多形滩栖螺、脉红螺、毛蚶、牡蛎蚬、日本镜蛤、文蛤蛤仔、中华青蛤	蟹、鳖
浙江余姚河姆渡	鲤、鳢、鲫、鲶、鳙、青、黄颡、裸顶鲷	无齿蚌	鳖、龟、扬子鳄

续表

江苏吴县草鞋山	鲤、鲫、鲶	河蚌	草龟、鳖
台湾台南南关里	鲨鲛、锯鳈、魟、硬骨鱼类	牡蛎、蚬、魁蛤、帘蛤、云母蛤、海蜷	龟、鳖
广东潮安陈村	鲨	牡蛎、魁蛤、文蛤、海蛭、蚬蚌、海螺	海龟、鳖
上海马桥	裸顶鲷、鲨	单扇蛤	龟、鳖
广州南越王墓	大黄鱼、广东鲂、鲤、真骨鱼类	耳螺、青蚶、河蚬	龟、真虾
波利尼西亚拉皮塔	鲨、鳗鲡、鲈、隆头鱼	加夫蛤属	龟、儒艮

二、技术构成

人类在不同环境中所拥有的开发资源的技术，以及这些技术在应付诸如资源短缺、人口压力时的有效性，是决定一种文化是否具有扩张能力的重要因素。如前所述，由于对不同生态系统的广谱适应，使得由内陆进入沿海以及由沿海到岛屿，进而发展到岛屿与岛屿之间的文化移动具有在技术上最优化的选择过程。这一过程的结果是产生出一系列使用最简单的方法最有效地开发当地资源的技术手段。这一系列技术形成的文化的物质层面是文化传播的主要内容之一。

总体来看，"文化产生和释放能量，它从自然界攫取能量，并将其转换为人口、物质材料和制作品……以自然状态转入文化状态的总能量，一旦同转换过程中（熵减少）提高了的等级结合起来，便可以代表一种衡量文化一般水平，亦即衡量文化成就的尺度。"[1]因此，一个文化技术系统中最广泛适用性的开发手段就是该文化能对周围地区文化产生影响的主要因素，而对于更有效的技术手段的借用又构成了一个群体在新的技术水平上的文化整合。此外，文化的传播过程不应和相互独立但又与之有联系的动植物驯化过程混为一谈。传播可能像驯化一样，是从同一总体的区域发生，但驯化本身不易确定开始的时间。[2]早期动植物驯化过程的多元性使得一种新的开发技术在进入这类驯化发源地后，在逐步取代旧有技术的同时本身也产生一些变异。在海岛的独立生态系统中，还值得强调的一点是，适用于不同资源的开发技术需要构成一个具有相互协调机制的整体，从而使人类可以根据自身的人口变化，资源在不同季节、不同空间的分布情况，选择最佳的生存策略。

中国的东南沿海地区在新石器时代形成了若干以定居农业为主导的文化中心，由于其地理位置上的独特性，因此也是史前时期面向太平洋的技术辐射中心。大汶口文化所拥有的生产工具主要分为农业生产工具、渔猎工具两大类，涉及的制作材料包括石、骨、角、牙、蚌等。农业工具中以断面呈椭圆形的斧、穿孔斧、穿孔刀、有段石锛、大型石锛、有肩石铲为大宗，这些农耕工具多数是带柄操作的。收获工具中有角、牙、蚌质的镰刀，表明在经济活动中狩猎、渔猎所占的地位，以及人类对这类猎获物的充分利用。渔猎工具中的骨、角、牙镞是用来射鱼的工具，尾部带孔的双倒刺或三倒刺的骨、角质鱼镖及骨、石矛是用来刺鱼的工具，鱼镖还是一种带绳索的先进工具。牙质鱼钩用于钓鱼，网坠是网捕的物证。所罗门群岛的土著居民在近代用多种手段进行捕捞作业，他们的作业都在岛屿的沿岸进行，使用独木舟为水上工具，捕捞的方法主要有手钩、曳绳钩、刺网、旋网、诱笼等，在猎取深水鱼类时还采用潜水叉鱼。在借用工具进行的渔猎活动中，可能以刺鱼的方法使用最早，这种方法所需工具制作简单。同时，由于它

---

［1］［美］托马斯·哈定等合著《文化与进化》，韩建军等译，浙江人民出版社，1987年，第28页。

［2］ A.J.阿默曼等：《欧洲早期农耕扩展速率的测量》，黄其煦译，《农业考古》1987年第1期。

起源早，其发展演变的轨迹也易于追寻，带倒刺的鱼镖、带索的鱼镖都属于发展型的工具。钩钓的方法扩大了人类渔猎活动的范围，所能收获的鱼类也包括了深水类别。网捕相对来说是最晚发生的。在海岸上、潮间带采贝、摸鱼也是人们从水中获取食物的手段之一。《闽中海错疏》谓："草鞋砺：生海中，大如盆。渔者以绳系腰，入水取之。"记述了采贝的一种方式。清人绘《番社采风图考·台湾社番》内的题记云："社番颇精于射，又善用镖枪。上镞两刃，杆长四尺余。十余步取物如携。尝集社众，操镖挟矢，循水畔窥游鱼噞呴浮沫或扬鬐曳尾，辄射之，应手而得，无虚发。"生动地描绘了台湾少数民族刺鱼和射鱼的方法。鱼钩在我国沿海地区的史前遗址中发现不多，其中大汶口文化出骨质鱼钩四件、牙质鱼钩三件，广西南宁贝丘遗址出土贝质鱼钩两件。大汶口所出的牙质鱼钩是用獐或猪的犬齿带珐琅质部分制作而成的，在钩轴顶部有用于系绳的凹槽，针与腰、轴等都呈直角转折。从制作工艺和实际效用上来看，都属于比较进步的类型。与其他渔猎工具相比，鱼钩在中国史前沿海地区的遗址中发现不多，这一方面反映了渔猎方法的侧重点不同，同时也表明在农耕逐步占居统治地位的时候，渔猎经济处于停滞状态，人类在很大程度上摆脱了对渔猎的依赖。大洋洲史前文化发展的线索则与此不同，鱼钩一直是作为一种主要的捕捞工具而得以发现，在技术上也有变化的线索可循。图6-2显示了在大洋洲各地所发现的鱼钩。从质料来看，中国的鱼钩以骨制为主，其次为牙制，后来到金属时代又出现青铜与铁制品，并且后来的金属制品基本上沿袭了骨、牙制品的形式。大洋洲的鱼钩按其形态可分为直钩形、"S"形与"L"形等几种。鱼钩演变的序列：早期质料比较单一，整个钩体的横截面较粗，针部一般不内弯；晚期用料范围扩大，加工较精，器物向纤细方向发展，出现轴端穿孔、针部内弯并带倒刺的成熟形态。此外，在整个波利尼西亚及密克罗尼西亚，这种渔猎工具有从用料到造型上的广泛一致性。从鱼钩的分布形态反映出来的文化现象是：在大洋洲广布的珊瑚礁岛环境中，当人类社会出现人口压力时，有限的陆上资源的依赖使人类无法继续生存，即使沿岸线的水产捕捞与采集也难以应付这种压力。所以通过在较广大水域中的活动来获取生活资料对生存在这种环境下的人类来说就是必不可少的。与钓鱼技术相应的造船、航海技术也在这种一定频度的水上作业中得以完善,并形成了技术辐射的潜在可能性。这也是为什么钓鱼的技术在大洋洲分布的如此广泛的重要原因。如前所述,从大汶口的全部渔猎工具构成中可以看出,鱼钩是一种相对发生较晚的工具,苦聪人采用不用鱼钩而直接在绳子下端拴蚯蚓做诱饵的钓鱼方式是导致鱼钩发明的一种捕捞方式。渡边诚曾将太平洋区域以鱼钩为主要渔猎工具的文化称之为"海洋性渔业文化"。中国的辽东半岛是中国沿海集中出土鱼钩的地区,结合大汶口、长岛等地所出的大量鱼骨,这一沿海地带确是一个早期重要海洋渔业文化中心。长江下游地区的河口文化带中尚未发现鱼钩,而这一地区早期大量的渔猎工具及水生动物遗存也反映出渔猎的发达,只是随着稻作农业的兴起,整个的渔猎生产部门退到了次要地位。整个东南沿海各地渔猎的发展则是以网捕的增加为标志的,而网捕也是与水上交通工具的使用相联系的。大洋洲的"L"形、"C"形鱼钩多是以当地资源贝类为原料制造的,贝类鱼钩在我国仅在南宁贝丘有出土,而大汶口等地牙、骨鱼钩从造型来看与大洋洲的上述两种鱼钩类似。因而不能排除这种渔猎成熟技术向海岛区扩散的可能性。

　　河姆渡文化早期是以骨器为主要农业生产工具的。农业生产工具中的骨耜,渔猎工具中的骨镞占整个工具组合中的大宗。石器体型较小,多仅磨刃部,类型有石斧、石锛、石凿,还有一些陶纺轮,及牙制、木制的工具。马家浜文化早期也有类似的情况,工具中骨镞、骨鱼镖是主要的渔猎工具,但马家浜文化的主要农业生产工具则是穿孔石斧、石铲及石刀。到河姆渡文化晚期,骨器数量锐减,尤其是作为主要的农业生产工具的骨耜完全被通体磨光的石斧、背面带脊的石锛、石凿所取代,骨镞在各个阶段基本上是逐步减少的。河姆渡文化在工具上的这种演变情况,反映出人类处于不同阶段的适应特征。在以早期河姆渡文化为标志的稻作农业出现之前,这一地区更早的原始文化的两大生产部门应是采集与渔猎。随着人们对于一些植物和动物的认识深化,驯化过程就开始了,而当新兴的生产部门需要开发新的技术与工具时,人类在河姆渡这类近河口的低地先前所使用的工具主要是用于与其生存直接有关的原料制造的,因而用于农业的最初工具只能是原有工具的改造型。这种受制约的生产工具构成在太平洋密克罗尼西亚的一系列珊瑚岛遗址中有充分的反映,在那里大部分的工具都是用蚌

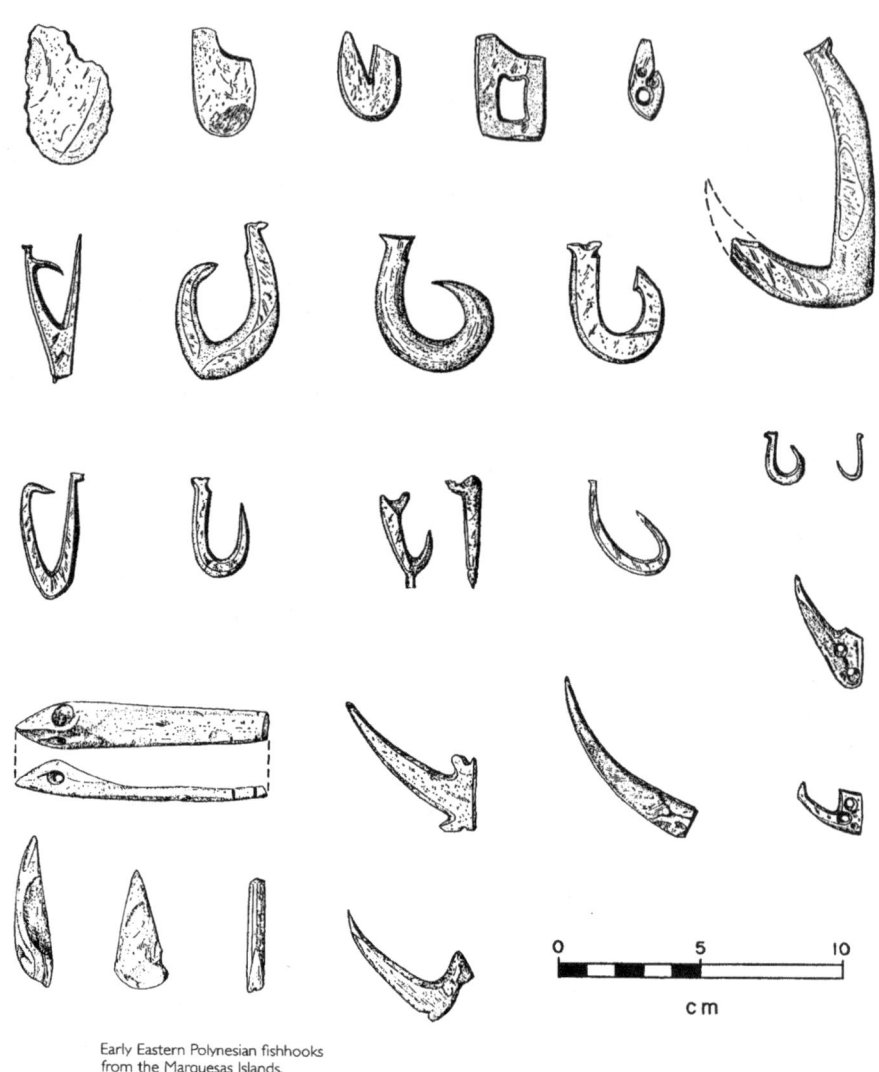

Early Eastern Polynesian fishhooks from the Marquesas Islands.

图 6-2：波利尼西亚东部早期文化的鱼钩[1]

---

[1] Kirch, P. V. (2000). *On the Road of the Winds: An Archaeological History of the Pacific Islands Before European Contact*, Berkeley: University of California Press.

壳制造的。同样，在冠之以"和平文化"的东南亚大陆区与海岛区的诸多文化中，虽然在年代序列上一些遗址已跨入新石器时代早、中期，但以打制石片石器为主的技术传统却被长期地继承了下来。这种一定阶段上总体产业结构改变与文化内技术构成的相对自然制约的矛盾，是形成区域间文化交流的重要契机。

对位于姚江出海口平原的河姆渡文化所发现孢粉的分析材料表明，其所在的位置是森林间的沼泽或平原开阔地带。显然农业的种植在开始阶段还可以在原有的适于农耕的土地上进行，但随着人口的增加、聚落规模的扩大，向森林地带拓展就成为必然。而林地的开发仅靠骨制工具是无法胜任的。河姆渡文化不同阶段各种生产工具在整个工具组合中所占的比例有明显的不同。河姆渡各期文化有从早到晚骨、牙、角、木器明显减少，石器逐渐减少的趋势。河姆渡第1期骨、角、牙器共出土1936件，第2期减少到997件，第3期490件，第4期绝迹。木器第1期343件，第2期30件，第3期8件，第4期未发现。石器第1期有427件，第2期278件，第3期119件，第4期122件。[1]河姆渡石器制造和使用技术的发展一方面有其自身文化变化的因素，另一方面邻近地区的石器技术也会对其产生影响。马家浜文化中体型较厚的锛、舌形穿孔石斧对河姆渡文化的石器就有很明显的影响。两者后来很有可能在石器工艺和相应的生产技术上形成一个大的传统。研究者注意到，在农业生产中，只有安柄的斧锛才能有效地发挥这类石器的效能，而在中国南方及东南亚，安柄的石器往往呈有段、有肩或穿孔式的。河姆渡文化和其邻近的苏南地区的文化是有段石器可能的起源地之一。河姆渡遗址最下层出土一种厚重短体、背面隆起并留有凿琢痕的圆端式石锛（Ⅰ型），第三期出现了通体磨光、背部弧形隆起的弧背式有段锛（Ⅱ型），到河姆渡文化的第四期出现了背部有脊线的短身斜脊锛（Ⅲ型）。同时在浙江的良渚文化遗址中出土了另外一种台阶式有段石锛（Ⅳ型）。整个有段石锛的发展序列比较清楚。在马家浜文化中也有Ⅱ型锛，

---

[1] 浙江省文物研究所：《河姆渡：新石器时代遗址发掘报告》上册，文物出版社，2003年，第402—410页。

良渚文化在苏南的遗址出土了 IV 型石锛。[1]有了这一条明晰的线索，我们就可以继续探寻这种锛在其他地区的分布情况了。

福建是有段石锛的分布地之一，在昙石山遗址中层所出土的生产工具中石锛是一种主要的工具，长方形的小型石锛比较常见，石锛横剖面呈三角形、梯形。其中的横剖面呈梯形的石锛属于上述江浙区的 II 型有段石锛。在福建长汀、光泽、武平等地还发现了可能为青铜时代的 IV 式锛及带有凹槽的有段石锛。

广东出土的有段石器的年代以新石器时代晚期为主，主要分布在广东省东部和北部地区，中南部也有少量有段石器，并与有肩石器共存。广东各地出土的有段石器基本上属于上述江浙地区的 III 型和 IV 型，并可根据其特征分为圆段、直段、直段分级、直段分级穿孔四种。其中梯形、有段、有肩有段锛是广东地区有特色的器物类型。[2]广西南部也是有段石器的分布区，但出土数量较少，主要分布在广西南部的左右江流域。

台湾新石器时期的大坌坑文化中已有一些有段石锛的初始形态，如一种小型石锛在两侧上下间磨成一个好似有段石锛的"段"。台湾新石器时代中期的圆山贝丘遗址发现了 IV 型有段石锛及凹槽形有段石锛，器物横段面为梯形。晚期新石器的植物园文化也有台阶式有段石锛。

菲律宾各地发现的有段石锛大致可分为隆脊形、台阶形、凹槽形三种。隆脊形有段石锛的横剖面呈三角形，其他两种的横剖面为梯形。菲律宾有段石器最早的可以上溯到公元前 1000 年。在新石器时代晚期，有段石锛在菲律宾的分布甚广，同时与中国大陆的有段石锛不同的是，菲律宾晚期石锛采用了多种原料。在八打雁，这一时期石器的原料 70%~80% 是软玉，而一些遗址则用蚌制工具。印度尼西亚的苏拉威西、爪哇等地都有类似上述菲律宾的有段石锛出土，但在形态上有的则有些变异，如横剖面三角形的有脊锛增多，有的器物刃部呈鸟嘴形或鹤嘴形。

---

[1] 牟永抗：《浙江新石器时代文化的初步认识》，载中国考古学会编《中国考古学会第三次年会论文集》，文物出版社，1984 年，第 1—14 页。

[2] 莫稚：《略论广东新石器时代文化》，载中国考古学会编《中国考古学会第三次年会论文集》，文物出版社，1984 年，第 86 页。

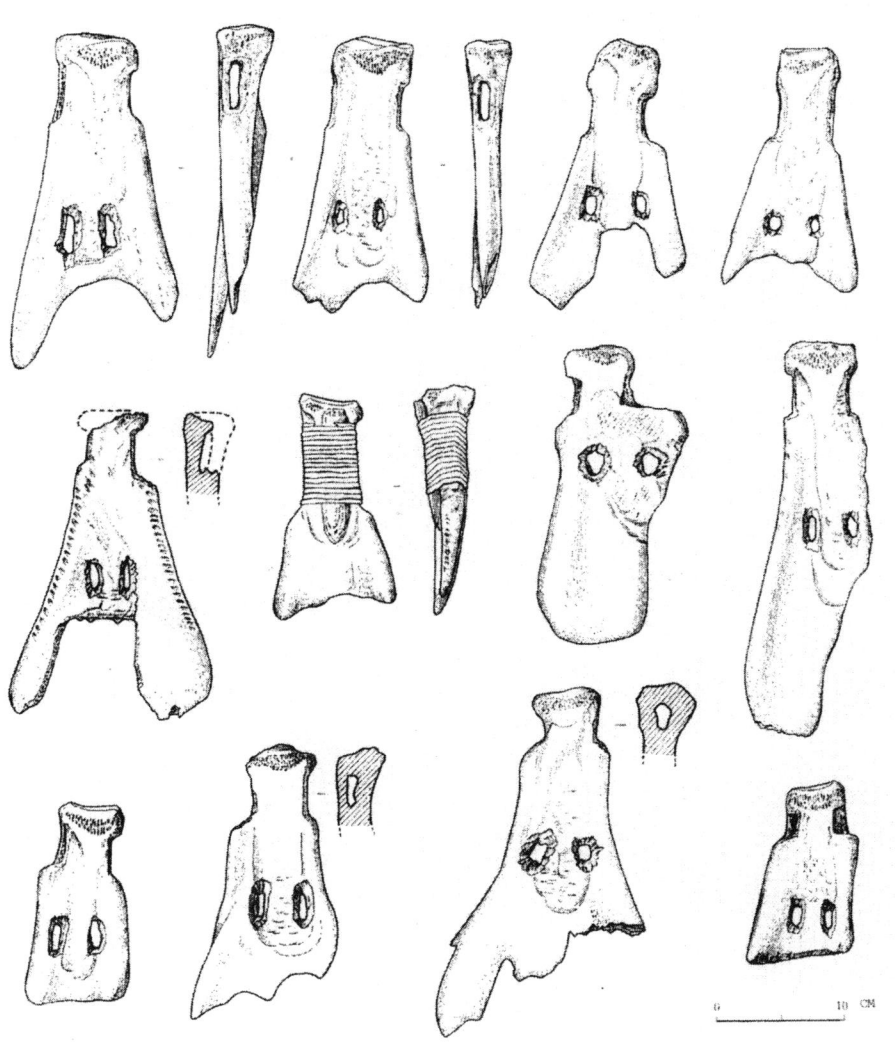

图 6-3：河姆渡遗址出土的骨耜[1]

[1] Jiao, T. L ed. (2007). *Lost Maritime Cultures: China and the Pacific*, Honolulu: Bishop Museum Press.

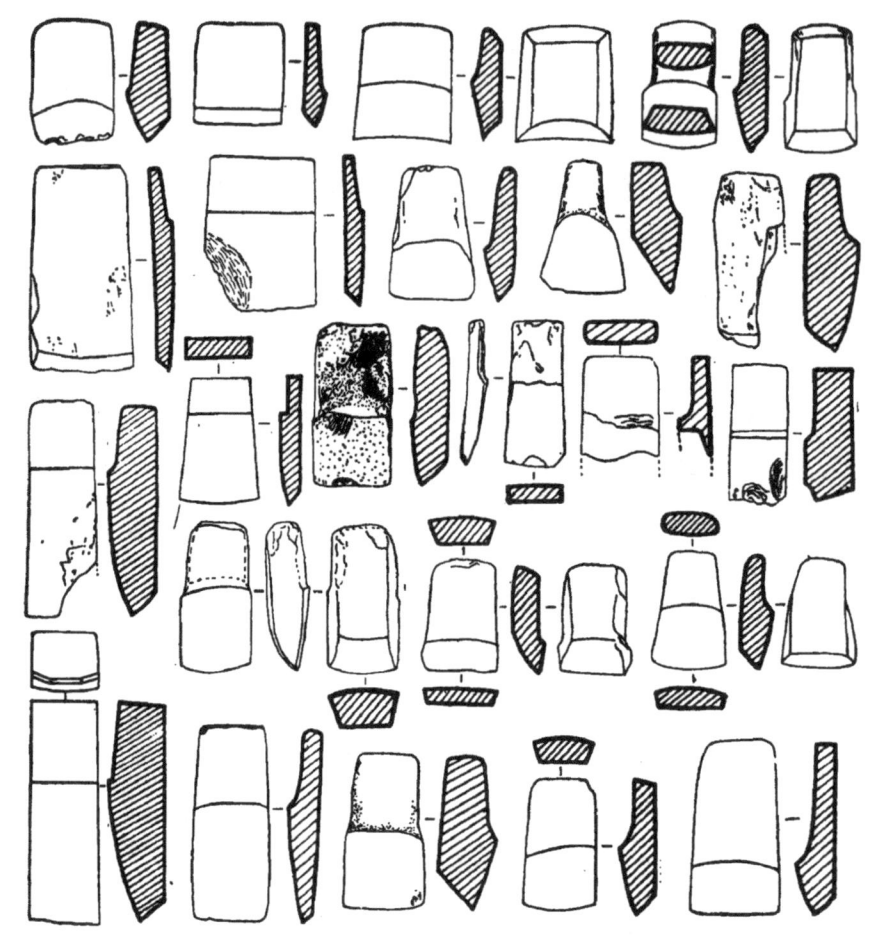

图 6-4：各地出土的有段石锛（Ⅲ型）[1]

  大洋洲的有段石器主要发现在波利尼西亚，按照林顿（Lindon）的分类，波利尼西亚的有段石锛可分五型：1. 夏威夷型，横剖面为矩形，背面有隆起的脊线，刃部呈弧形；2. 东南部型，横剖面呈三角形，刃部较薄，背部微隆，柄部呈有肩状；3. 新西兰型，横剖面为矩形，后面柄部仅占整个器

---

[1] 傅宪国：《论有段石锛和有肩石器》，《考古学报》1988年第1期。

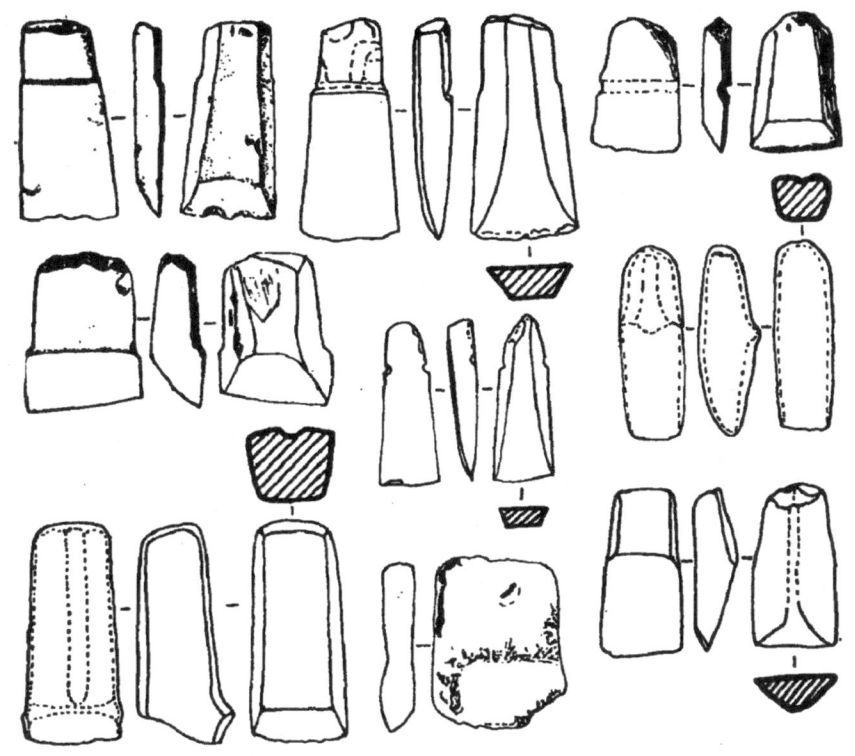

图 6-5：菲律宾出土的有段石锛[1]

的 1/4 弱，且柄部断面为椭圆形，平刃；4. 托其阿型（Tokiaa Type），通体磨光，背部呈台阶型，平刃，有的柄端倾斜，横断呈正方形；5. 托岐库马型（Toki Kouma），横剖面为三角形，器身窄长，柄与器身成折角。就波利尼西亚各类型石锛的空间分布而言，东南部型分布区域最为广泛，托岐库马型分布于整个波利尼西亚中东部，其他三型都是小范围的分布。[2] 波利尼西亚各地的有段石锛的年代持续较长，中部地区可能有公元前的制品，而波利尼西亚东部的有段石器则多是公元后直到近代的制品。

从年代序列和器物的形态两方面看，中国的江浙地区的沿海地带应是

---

[1] 傅宪国：《论有段石锛和有肩石器》，《考古学报》1988 年第 1 期。

[2] [日] 鹿野忠雄：《ポリネシアの所谓柄附石斧と其の起源——ポリネシア文化分析への一寄与》，载《东南亚细亚民族学先史学研究》第二卷，矢岛书房，1952 年。

这种特殊器物的发源地，其散布的路线是沿海岸到两广地区，并深入到中国西南地区。另一条路线以闽浙沿海为起点经台湾地区到菲律宾，并进而扩散到印度尼西亚、波利尼西亚等地。菲律宾以南的有段石锛多属于有段石锛的发展型，其特征是横剖面多梯形、三角形，器身变长，柄部为了有效的缚上木柄而得到进一步加工，形式变化多样。关于文化的技术构成方面，如前所述，在河姆渡文化阶段，由于稻作农业的发展，这种装柄的石器在亚热带、热带的农用地拓植中发挥了关键性的作用，因而在华南地区的种植业的发展上扮演着重要角色。在这种文化因素出现之前，东南石器的基本构成是：1. 以打制石片石器为主的传统，这种传统一直在新几内亚、澳大利亚早期史前文化中都占重要地位；2. 以黑曜石、燧石为主要原料的细石器文化传统；3. 以仅磨刃部或通体磨光的横剖面椭圆形的石斧、方角石斧为主的传统。从发展线索来看，这些传统与有段石锛的发生、发展似没有联系，因而有段石锛这种复合工具是作为一种新的文化因素逐步在东南亚海岛区及大洋洲扩展开来的。有段石器的出现一方面强化了热带林地的农业，另一方面作为一种有效的加工工具，有段石锛在各种加工业中也非常重要。从独木舟的制造到其他木制品加工，工具的改进促进了整个生产部门的发展。

有段石器的广泛散布还与讲南岛语的南方蒙古人种向太平洋区域的移动有关，这种移动伴随着新的栽培技术与动物驯化技术在大洋洲的出现。细胞学的研究证明，首先在印度驯化的芋类（gabi）曾经有三次的运动，两次是有28对染色体及42对染色体的变种进入东南亚，并北上到日本、琉球群岛，南下达喀里多尼亚（Caledonia）、新西兰、斐济等地。另一次运动则是仅包含28对染色体的芋类通过美拉尼西亚到达波利尼西亚。第三次运动给波利尼西带来了清一色的28对染色体的芋类，表明这种作物是在42对染色体的品种在其发源地还较少时就已经以较短的时间进入到波利尼西亚的。另外，在波利尼西亚东部的诸岛只有起源于东南亚的三种驯化动物——猪、狗、鸡。

从广东南海西樵山的考古发现可以看出，这里也是东南亚、大洋洲石器制造技术可能的发源中心之一。西樵山遗址具有风格相异的两种石器传统。第一种传统是以打制的石片石器为主的较大型石器传统，早期以刮削器、尖状器、盘状切割器、石刀、石球、砍砸器为主，晚期出打制或仅磨刃部的双肩石锛、石斧、石铲、石锄，及长身石斧、石凿等。第二种传统是以燧石、玛瑙为主要原料的细石器传统，其器物类型中有各种石片刮削器、尖状器，及石核、石核石器等。以第一种传统为代表的西樵山双肩石器类型多、数量大，且自盘状石器或长身石器逐步过渡到打制的原始状态的双肩石器，最后发展到磨制双肩石器的发展序列说明西樵山应是双肩石器的起源地之一。[1]

双肩石器至新石器时代晚期已散布广东省全省范围并波及广西省南部，再进入中南半岛、马来半岛并由印度尼西亚进入大洋洲。这一双肩石器传统的特征是：主要的器物为器身较宽的双肩石器，肩部明确、柄部较短、刃部多呈弧形。另外，还有一种窄肩长身的双肩石器，但比之前者在数量上较少。在中国台湾和菲律宾还有一种长身的双肩石锛，与其类似的器物还发现在库克群岛、社会群岛和新西兰等地。这种器物可能是由有段石锛发展而来的，与比较精美的双肩石器相比，这类器物器身较粗厚。双肩石器与有段石器一样，也是一种装柄的复合工具。在功能上后者可能更侧重于砍伐，前者则属进一步加工用的工具。

华南西樵山的细石器与华北细石器相比，有相似之处，也有自己的特点。这些特点包括各种形状的石片单边、双边、复刃刮削器，细长石片一般长宽比较偏大，有带把石核、三角形楔形石核，制造石器的原料比较单纯。细石器传统在东南亚海岛区也普遍存在。在菲律宾的古利洞穴遗址出有燧石为原料的石片小型刮削器、弓背形刮削器、石叶等。印度尼西亚的帕苏遗址出土有黑曜石制的石片刮削器、凹底石镞、三角形石镞、石叶、几何形石片，及燧石制双极石片、石核、石叶等。印尼塔劳群岛的良图沃梅恩遗址所出的细石器亦多为燧石所制的石叶、石片，及圆柱状、圆锥状石核。拉皮塔文化中也有燧石、黑曜岩制成的石片刮削器、石刀。在美拉尼西亚的新不列颠省、马努斯省也发现了距今2000年前的黑曜岩细石器。值得注

---

[1] 曾骐：《西樵山石器和"西樵山文化"》，载中国考古学会编《中国考古学会第三次年会论文集》，文物出版社，1984年，第69—80页。

图6-6：广东南海西樵山遗址出土的双肩石器[1]

---

[1] 曾骐：《西樵山石器和"西樵山文化"》，载中国考古学会编《中国考古学会第三次年会论文集》，文物出版社，1983年。

意的是，在大洋洲海岛世界中，由于制造细石器的原料限制在一定区域内，所以根据这类细石器的分布往往可以追寻到文化特质的流动路线。

蚌器是海洋文化生产工具中的重要指示物。在我国各沿海文化中普遍有蚌器出土。大汶口文化出穿孔蚌刀、半月形蚌刀及三角形蚌刀。昙石山文化有蚌锄（铲）及蚌刀出土。广东粤东陈桥贝丘遗址出有蚌斧、蚌环。珠江三角洲的东莞万福庵贝丘遗址出蚌斧，这一地区新石器晚期的遗址也有蚌斧、锛、铲等出土。广西南宁贝丘遗址中亦有较丰富的蚌器遗存，其中以三角帆蚌制成的饭勺形单肩蚌匕及三角形穿孔蚌刀颇具特色。广西的沿海贝丘遗址中，蚌器多是磨制的，以穿孔的装饰品为多。根据一项对广西南宁顶蛳山贝丘遗址所出的600余件主要用珍珠贝制成的蚌刀的详尽分析，研究者指出不同形状的蚌刀隐含着制作者不同的精神寄托。鱼头形蚌刀在顶蛳山遗址出土蚌刀中占有绝对数量，鱼头形状栩栩如生，穿孔恰似鱼眼。这可以说明顶蛳山史前居民将生活中所习见的鱼的形象在蚌刀上体现出来，表达他们对于鱼类或渔业兴旺的期盼。[1]在菲律宾的巴拉望岛及靠近加里曼丹的苏禄群岛都有蚌器发现。巴拉望的蚌器主要是用巨蛤铰合部制成的蚌器锛及磨光穿孔的蚌制装饰品。蚌锛横剖面呈椭圆形，背面常呈斜面，柄端较扁平，刃部呈弧形。菲律宾出蚌器的遗址的年代其中之一是公元前2680年。在大洋洲波利尼西亚、密克尼西亚，蚌器在一些遗址，尤其是珊瑚礁遗址所代表的文化中是主要的生产工具。新赫布里底群岛有形态类似于菲律宾的巨蚌制锛、手镯、鱼钩等。蚌器是海洋文化就地取材的一种生产工具。在缺乏其他制造工具并由于地理位置的关系而无法与其他群体交流的珊瑚岛等环境中，它会成为占优势的工具。

本节中，我们从资源分布和不同文化的技术构成两方面分析了海洋文化的一些基本特性。新进化论者主张，在文化演进的过程中，那些在既定环境中能够更有效地开发资源的文化系统将对落后系统赖以生存的环境进行扩张。或者说，一个文化系统只能在这样的环境中被确立。在这个环境中，

---

[1] 吕鹏、傅宪国:《顶蛳山遗址出土蚌刀的动物考古学研究》,《南方文物》2010年第4期，第48—54页。

人的劳动同自然的能量转换比例高于其他转换系统的效率。[1]整个中国南部、东南亚大陆区与海岛区、大洋洲的新石器时代是以全面出现植物的栽培为标志的。同时，正像前面所分析的，在这个广大区域内的种植业具有若干种占有优势的作物，它们是稻米、芋类和薯蓣类。从另外一个角度来看，这一区域的植物驯化与种植业的展开包含有两个层次。第一个层次是更新世末期就已散布到广大海域的人类群体所进行的不同地区资源的各自驯化过程。这一过程的结果是出现了澳大利亚种香蕉、甘蔗、椰子，及另外一些外来植物在不同的小区域中心驯化成功，而这种早期的驯化并没有带来整个生态系统的变化，在开发技术上也不具有明显的划时代标志。第二个层次是伴随着水稻的栽培与芋类、薯蓣类的驯化成功而开始的大范围的总体生存策略的改变。以广义的华南洞穴遗址和长江中游的一系列遗址为代表的遗址是目前已知的早期稻作农业中心。通过逐步成熟的谷物种植技术，稻作农业的整套文化开始向不同方向包括中国东南沿海、华南沿海地区传播，并且在这一文化的扩散过程中在不同地域发展出具有更广泛适应性的多种文化因素。而当人口压力及其他制约因素使人类进入海岛后，以种植业为核心的文化变化过程就在不同地区开始了。这一变化可以追踪的要素之一是在整个东南亚、大洋洲都存在的南岛语。我们这里所讲的人口移动可能不是某一群或若干群人的直线性的长距离移民活动，而是在海岛与海岛间逐步出现的人类群体混合与文化因素相互浸润、变异、发展的长期过程。这种现象在考古学上的证据一方面有稻米、块茎作物、有段石器、双肩石器、细石器等在空间上的广泛存在与大范围流动，及区域史前文化彼此间文化共同性的存在。另一方面有早期植物栽培与栽培技术与晚期作物、技术的混合、变化，不同地区利用当地资源在广谱适应的文化背景下发展出地方性的技术与工具，如蚌器的出现等等。阿默曼（A.J. Ammerman）曾说过，伴随着早期农耕扩展而出现的人口推进浪潮，如果解释正确的话，应该反映出其后人口的遗传组成成分。假设新石器时代的人群随着扩张向外推进，而没有与当地中石器时代人群相混或婚配，那么扩展之后的遗传类

---

[1]［美］托马斯·哈定等合著《文化与进化》，韩建军等译，浙江人民出版社，1987年。

型应该还是单纯的新石器人群的。如果新石器人群的类型从数量上增加了，迁徙到新的区域，自由混合或是几乎与那里的中石器人群类型一样了，而且由于数量增加重新开始了扩展的循环，那么就应看到新石器人群的逐渐稀疏。[1]这种农业文化的向外扩展的解释符合东南亚海岛区与大洋洲史前史所揭示的实际发展过程。

第二节　交易网络——海洋文化的特殊社会机制

早在20世纪20年代，马林诺夫斯基（B.K. Malinowski，1884—1942）就发现并研究了美拉尼西亚新几内亚附近特罗布里恩人的库拉交易圈（Kula ring）。在表面上，这个交易圈是特罗布里恩岛（Trobriand Islands）民精心设计以联结新几内亚东部邻近岛屿民族的贸易体系。它是以白贝手镯、红贝项链分别按顺时针与逆时针在这些相互联结起来的岛屿体系中完成一周交换为特征的。在这里，用于交换的物品——贝制装饰品——是非常受珍视但没有实用价值的物品。在这个表面性的交换体系下面，潜藏着社会的物质生产、社会组织、意识形态三个层面的文化内容，库拉交易圈从而发挥着十分重要的文化功能。马林诺夫斯基曾指出，对于名望与社会声誉的强烈欲求是特罗布里恩经济与库拉交易圈背后的主要动机。这两类贝制装饰品的交换是人们引起别人羡慕与赋予社会荣誉的手段，交换的完成使这些物品获得它们崇高的价值。本尼迪克特还发现，在多布人中，库拉圈的交易与一系列以巫术为中心的礼仪活动联系在一起，那些知道咒文的人正是控制最大库拉交易品的人，而没有掌握咒文的人处境最为不利。在物质层面上，库拉交易圈实际上是礼仪性交换活动掩盖下相当隐秘进行的对生活必需品的交换。根据民族学的资料，在大洋洲一些小岛上，由于一个岛内无法生产出足够的食物维持其居民的生存，所以岛屿之间在生产上的某种

---

[1]　A. J. 阿默曼等：《欧洲早期农耕扩展速率的测量》，黄其煦译，《农业考古》1987年第1期。

分工就会产生，一些岛屿专门制造独木舟、陶器和其他手工制品，而另一些岛屿则专门从事植物栽培与动物驯养，这样资源与技术的优势就得到了充分发挥，而在库拉交易的过程中，岛屿之间的多种物资交流就随之完成了。[1]本书前面章节所讨论的新西兰毛利人所珍视的宝物（taonga）中由人骨制作转变为用软玉（pounamu）制作的装饰品和玉斧被赋有的特殊意义，及其在交换过程中所保留的特殊形态都是我们在研究史前岛民交换行为和互动模式时必须加以考虑的。

胡特尔（K.L. Hutterer）在研究菲律宾史前社会的进化过程时指出，在东南亚，由简单社会向更复杂社会的演变正是由长距离的交易所造成的。在他看来，菲律宾的史前文化在构成上至少有下列四种因素：长距离交易、在文化内部起作用的交换制度、人口移动和人口增加。[2]通过史前东南亚长距离交易与复杂社会发展的模式，我们可以看出物品的交易活动是与整个社会经济、文化的结构交织在一起的，交易活动在不同程度上对整个文化体系起着制约作用。

对于史前交易网络的分析，主要内容是对处于交易活动中的物品的分析。在上节中我们已经涉及交换物品中的生产工具和食物资源，除此之外的其他主要用于交换的物品有陶器和各种装饰品等，下面逐一详细分析。

一、陶器

陶器的制作和使用通常与新石器时代定居农业的出现相联系，是史前人类文化发展水平的重要指示物。它同时又是可以投射多种文化因素的物品，凝聚着人类一定形式的特化劳动，所以在物品交换中扮演着重要的角色。

本书前面的章节曾对中国沿海各文化在陶器上反映出的共性与个性进行过一些分析。总体来看，以浙江沿海为起点的中国南部沿海地区存在以

---

[1][美]赫屈：《人与文化的理论》，黄应贵、郑美能编译，桂冠图书公司，1981年，第318页。

[2] Hutterer, K. L. (1974). "The Evolution of Philippine Lowland Societies," *Mankind*, vol. 9, no. 4, pp.287–299.

夹砂圜底釜为主要炊器，以圜底罐、盆、钵、壶、碗及圈足豆为主要食器的陶器器物组合。在制作方面，早期多为手制，中晚期普遍轮制，烧成温度提高。这些陶器的装饰手法，早期有素面、上红陶衣、绳纹、篮纹及各种刻划纹、简单拍印纹等，晚期除具有早期特点外，还有几何印纹出现。东南亚与大洋洲的陶器造型主要风格也是以圜底器为主，器物一般没有附耳、把手、圈足、三足等附件。在陶器装饰风格上多见上陶衣、各种刻划纹、戳印纹，也有一些拍印纹。在许多基本特征上，台湾由北至南的新石器时代文化大坌坑文化、牛骂头文化、八甲村文化（距今5000—4000年前）的以圜底高领罐、钵为主要器形，以粗绳纹、刻划纹、戳印纹、指甲纹为主要纹饰的陶器组合可以和福建沿海的壳丘头文化（距今6000—5500年前）、金门富国墩遗址，以及粤东海岸的一些贝丘遗存发现相比较而找到共同点。在年代上，福建和粤东地区的这一阶段的史前文化早于台湾的史前文化。这一点指示着此阶段文化的流动走向。在陶系上，海峡两岸的遗址都有数量可观的低温夹粗砂红陶出土，纹饰以绳纹占优势，贝壳拍印纹、刻划纹、篦点纹在三地的陶器中都有出现。以芝山岩文化、大邱园文化和凤鼻头文化为代表的新石器时代中期文化（距今4000—3000年前）与福建的昙石山文化下层（距今5500—5000年前）、广东大湾文化、陈桥文化的性质相类似。典型器物有束颈圜底罐、釜及直颈圈足壶，主要装饰风格为磨光红陶、细绳纹、几何印纹和红彩陶。昙石山陶壶上用红彩绘的卵点纹及直线条纹与台湾凤鼻头遗址所出的彩绘陶纹饰相似。有学者认为台湾的细绳纹陶文化可能源自其前身大坌坑文化与大陆东南沿海的互动交流，这种交流可能也是这个文化在形成中的重要因素。从澎湖列岛的细绳纹陶文化来看，当时的居民加强了海洋资源的开采，将其生业带扩展到深海。同时他们也与邻近地区进行交易，从而增加了与台湾本岛、大陆东南沿海地区文化的互动。[1]
而到新石器晚期，从浙江瑞安，经福建闽东的福安城山、昙石山上层（距今5000—3500年前）、东张白豸寺遗址第三层，至厦门灌口，向东跨越台

---

[1] 臧振华：《从细绳纹陶文化的来源论台湾史前文化来源问题研究的概念和方法》，载魏桥主编《国际百越文化研究》，中国社会科学出版社，1994年，第444页。

湾海峡至台南高雄凤鼻头、桃仔园，一直到恒春垦丁，普遍发现一种以竖条纹（竖带纹）、交叉直线纹、平行直线纹为主的黑彩彩陶。[1]在台湾新石器时代晚期的圆山文化、营埔文化、番仔园文化、大邱园文化、大湖文化（距今3500—2000年前）中都可以见到的磨光黑陶及几何印纹的方格纹、篮纹、曲折纹、圈点纹、雷纹、鱼骨纹等可以与良渚文化及华南的几何印纹相比较的纹饰。

继一系列的属于晚更新世和全新世的石灰岩洞穴被发现之后，华南地区最早系统发掘和研究的主要新石器时代遗址是粤北地区的曲江马坝石峡遗址。该遗址共有四个文化层，其中的三、四层属于新石器时代，年代介于距今6000—4200年前。遗址中所出土的器物代表着已相当发达的定居农业文化。从遗址中采集到的稻粒标本看，其属于籼、粳正在分化的杂合栽培稻种群。在文化面貌上，石峡遗址和环珠江口的沙丘遗址、两广地区的贝丘遗址存在一定的差异，而与江汉平原的屈家岭文化、赣江流域的樊城堆文化，以及长江下游的良渚文化等存在较多的相似性。石峡陶器器物群的特点是流行扁平瓦状三足、圈足，器物口缘部普遍为子母口，方便盖盖，大多数器物为素面，纹饰以绳纹、镂空、附加堆纹为主。主要的器物类型包括三足的盘鼎、盆鼎和釜鼎，圈足的盘、壶、罐、甑和瓮，圜底器仅釜一种。从稻作农业向南扩展的版图来看，石峡遗址正处在将内陆河谷地带的新文化因素带向沿海地带并把两者连接在一起的重要的中间地带上。近二三十年，在环珠江口区域所发现的大量沙丘遗址为华南史前史的研究翻开了崭新的一页。到目前为止，在深圳、珠海、香港、澳门等地所发现的以海滨沙丘遗址为主的史前遗址已达400多处。早在20世纪30年代，相应的考古遗存已经被发现，但多年来对这类遗址深入的考古发掘工作做得很少。在开始大量发掘此类遗存的时候，沙丘所在滨海位置的地理条件给发掘工作造成了困难，对于一些遗址文化堆积的清晰确认一直是发掘工作的难点之一。近年来，在深圳的咸头岭遗址的发掘工作中，考古工作者采

---

[1] 吕荣芳：《福建、台湾的贝丘遗址及其文化关系》，载《文物集刊》第3辑，文物出版社，1981年，第183页。

用了"固沙发掘法",能够准确的确认厚达3米的文化堆积层,从而为我们对沙丘遗址的认识补充了新鲜的材料。在咸头岭新近发现的陶器可以被划分为5个阶段的遗存。早期第一阶段(约距今7000年前)的典型器物为杯、盘、罐、釜,有圜底器和圈足器,纹饰有细绳纹、刻划纹、戳印纹,浅黄胎彩陶上有赭红条纹,有的器物戳印纹中有赭红色填彩,有少量磨光黑陶。第二阶段(距今6600年前)器物组合与早期相同,但多了钵。仍流行细绳纹及刻划纹、戳印纹、叶脉纹、编织纹,间以圆点的条状波浪纹很有特色,圈足器盛行镂空。第三阶段和第四阶段(距今6400—6200年前)器物的组合比较丰富,有杯、盘、豆、罐、钵、釜、支脚、器座等。纹饰仍以细绳纹为主,开始出现粗绳纹,圈足器盛行镂孔,刻划纹、戳印纹仍存在,但纹饰装饰趋向潦草。前几阶段存在的白陶,到第四阶段开始减少。第五阶段(距今6000年前)器物组合主要为釜、碗、支脚、器座,纹饰多为粗绳纹,还见数量不少的贝划纹和少量戳印纹,少见彩陶、白陶。[1]器物中釜、罐、盘、圈足盘、器座等有早晚递嬗演化的关系。结合各地近年来发掘出土的材料,商志䫒先生总结了环珠江口区域沙丘遗址陶器的特点:1. 以夹砂陶为主,泥质陶只占少数,陶色不均;2. 一般采用手制,器胎薄厚不均,间或在口沿、颈部实施慢轮加工;3. 器种主要有釜、罐、钵、碗、盘、器座等,圜底器为主流,辅之以圈足器、平底器;4. 各遗址所出的夹砂绳纹陶釜、罐类在形制上大致相同,多为敞口、折沿、圜底;5. 出土器座较多,形制单一;6. 装饰纹饰盛行绳纹、划纹,还有编织纹、弦纹、叶脉纹等,其中绳纹是用石拍拍制的,贝划纹、贝印纹是用海贝做出的;7. 彩陶花纹图案基本上是几何图案,圈足器常有镂孔。[2]

整个东南亚海岛区的史前陶器可以划分出两个大的传统:第一个传统被称为"沙莹-卡拉奈陶器传统"(Sa-Huynh-Kalanay Pottery Tradition),主要分布在菲律宾中部、中南半岛,以及东南亚海岛区,并与拉皮塔文化有

---

[1] 李海荣、谢鹏:《深圳咸头岭遗址的发掘及其意义》,《南方文物》2011年第2期,第122—131页。

[2] 商志䫒:《环珠江口史前沙丘遗址的特点及有关问题》,《香港考古论集》,文物出版社,2000年,第67页。

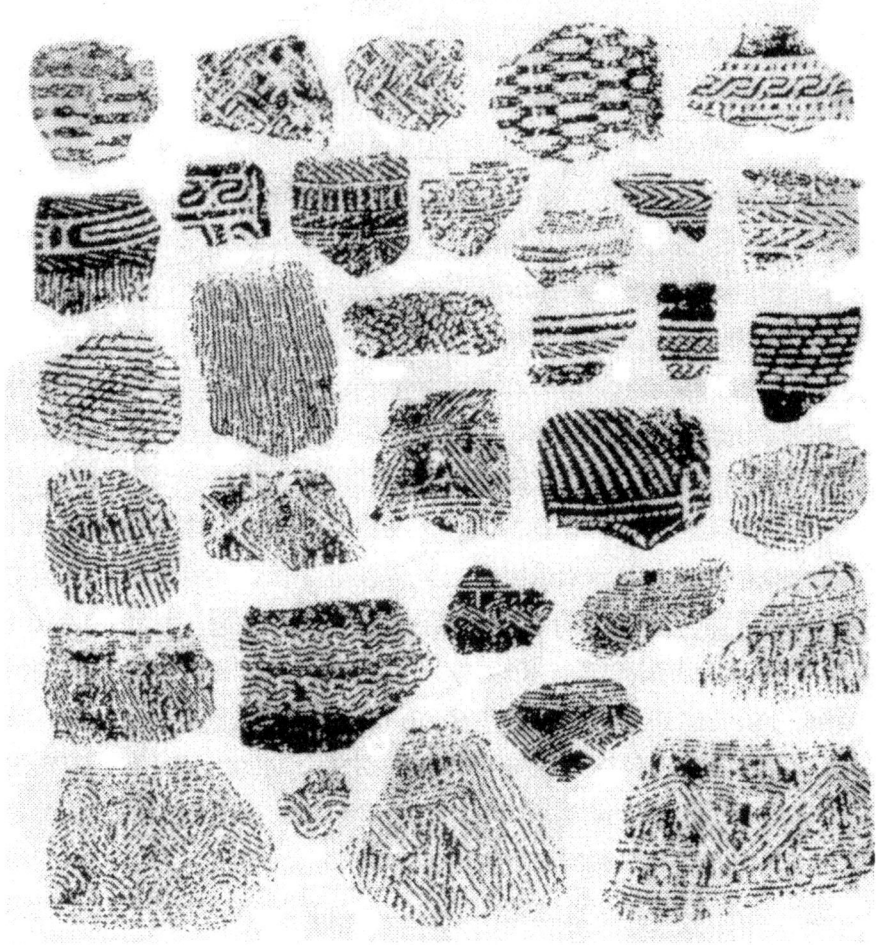

图 6-7：深圳咸头岭沙丘遗址出土陶器纹饰举例[1]

密切联系。第二种传统被称为"波-马来亚陶器传统"（Bau-Malay Pottery Tradition），它的分布地区以加里曼丹为中心，北到吕宋、南到美拉尼西亚。这是一种与中国南方印纹陶有密切关系的印纹陶文化。第一个传统的陶器装饰风格主要有上红陶衣，以及刻划与拍印纹。主要纹饰包括刻划的曲线

---

[1] 肖一亭：《先秦时期的南海岛民》，文物出版社，2004年。

与连续的曲折纹、连续的旋涡纹、水波纹并间以三角纹,拍印纹饰主要有贝纹,以及在器物口缘下凸棱上的圆圈纹等。这种陶器装饰风格与中国闽粤沿海的早中期新石器陶器的主要纹饰很相似,但卡拉奈式陶器中不见绳纹。另一方面,东南亚的这一陶器传统中的许多因素与拉皮塔文化的陶器很相似。图6-8中列举了卡拉奈陶器和拉皮塔陶器的一些主要纹饰。其中平行直线或曲线构成的连续云涡图案、雷纹、类回形纹,以及螺旋纹、水波纹、三角纹等共同组成的纹饰带是两者最具相似性的装饰纹饰。此外,篦点纹、贝纹还可以将拉皮塔文化与更广大区域的史前文化联系在一起。在密克罗尼西亚发现的刻印纹下填有白石灰粉末的陶片在菲律宾、美拉尼西亚的史前陶器中都曾发现,显示出这种特殊的装饰风格在空间上的大范围分布。[1]波-马来亚陶器传统所代表的是一种时代较晚(其早期遗物已属于公元后的陶器)、文化内容比较单纯的几何印纹陶器传统。除集中发现于马来半岛和加里曼丹及印尼一些地方外,在其他地方仅有零星分布。这一传统的陶器在造型上多圜底、敞口、高领的罐、瓿类。其几何纹饰都是拍印在器物上的,有的成带状分部于器物肩部、有的遍布全身。主要的纹饰有二十余种,其中云雷纹、S形纹、曲折纹、席纹、篦点纹、波浪纹、叶脉纹,以及云雷纹和曲折纹的组合纹都与中国南方的印纹陶纹饰类似,而米字纹、锯齿纹、连环纹、花瓣纹、叶状纹、树形纹等则是占主导地位的、有地方特色的纹饰。[2]台湾新石器时代晚期的十三行文化、大湖文化已经出现了几何印纹陶,纹样有方格、斜方格、雷纹、鱼骨纹、圈点纹、篮纹、席纹等。在年代上,公元前1000年前后台湾就出现了几何印纹陶。越南的东山文化时期几何印纹陶也很发达。由此可见,几何印纹陶这种文化因素有可能在公元前后分别从中南半岛由台湾地区经菲律宾传到加里曼丹。与卡拉奈陶器相比,印纹陶从造型到纹饰上都比较规范化,较少地方性的风格特征,这一点反映出它是一种专门化、大批量生产的可用于交换的物品。

---

[1] Solheim II, W. G. (1967). "The Sa-huynh-Kalanay Pottery Tradition: Past and Future Research," *Studies in Philippine Anthropology*, Quezon City: Alemar Phoenix.

[2] 彭适凡:《中国南方与南太平洋地区古代印纹陶的比较研究》,载《中国南方考古与百越民族研究》,科学出版社,2009年,第76—80页。

图 6-8：东南亚海岛区陶器与大洋洲拉皮塔文化陶器纹饰举例

另外，波-马来亚陶器传统在时间上持续较长，其晚期遗物往往和中国外销的唐、宋瓷片共出。可见从公元前后开始，东南亚海岛区出现了长期稳定的文化发展。

二、装饰品

从马林诺夫斯基的研究中我们已经可以看出装饰品在大洋洲土著文化中所占有的突出地位。但在海洋文化发展的早期阶段，它还不是人类交易活动中的重要媒介。至于是何种因素使得其在区域史前文化发展中发挥的作用日益突出，这一点在学者们中间似乎还没有达成一致的认识。从外显的部分来看，装饰品与人们的审美意识以及社会地位的确认有关，而往往能够成为交易物品的装饰品又与某些用于装饰品制作的资源在不同地区的多寡分布有关。如库拉交易中的白贝多产于特罗布里恩岛的北部，而红贝则产在南部，这样就造成了交易过程的顺时针与逆时针方向的循环。也许是资源稀少、地位标志这两个因素的共同作用，使得某些装饰品在人们心目中地位日渐提高，最终成为交换礼仪中的核心物品。另一方面，在一般性原料上凝结的专门化的人类劳动，也使装饰品的价值提高，并使其在交易中取得优势地位。

玉器是在长江下游稻作文化中高度发达的装饰品（时代较晚的一部分已转化成为礼器），在良渚文化时期的反山墓地中所发现的随葬品有90%以上是玉器，足见其在这一地区的发展水平与在良渚文化构成中的核心地位。在良渚文化玉器中最重要的与出土最多的是玉琮、玉璧。一些研究者认为这两种后来成为商文明重要礼器的玉器源于新石器时代早期的其他质料的环与手镯。而到良渚文化阶段，琮的意义已经是象征天地贯通的礼器了。在反山玉琮上刻有良渚部族崇拜的"神徽"，以及在中国东海岸神话中占有重要地位的鸟。玉琮在墓葬中的出现具有象征意义，表现出墓主人的权力和地位。在良渚文化这一高度等级分化的社会中，玉琮所扮演的角色实际上是特罗布里恩岛民贝镯与项链的社会意识与礼仪职能的高度强化。正像张光直先生所指出的那样，在中国东海岸的良渚文化中，作为巫术与王权结合的最早美术象征的玉琮特别发达，表明良渚文化，甚至整个中国东海岸的史前文化在中国历史早期三代文化中的意义。殷代出土的"金玉"中的玉琮,基本上便是东海岸的文化成分。[1]再引申一步,我们还可以发现,赋予某些装饰品(以及其变化发展出的器物)以特殊的礼仪与社会意义是太平洋区域海洋文化的重要特征之一。这种文化特征之所以能够产生并逐步强化,还有其更深一层的经济背景。也就是通过库拉交易圈这类的表面上的礼仪品交易,使海岛之间建立起稳定的交易网络,从而使人类克服地域性资源有限的制约,构成人类在一定人口水平上长期生存的有效机制。

在中国大陆沿海、中国台湾与东南亚海岛区所发现的主要玉制装饰品有玉玦、玉环、玉佩,以及一种被称为Ling-Ling-O的有四个突起的玉玦装饰品(有学者称之为"凸纽形玦"或"有角玦形石环")。而在包括大洋洲的更广大地区的装饰品主要是贝制的环、手镯、穿孔贝片、贝珠,以及以玛瑙等为原料的穿孔串珠。在广东中部贝丘遗址中出土有骨、蚌等制成的环、簪、穿孔圆形骨饰,及象牙饰品。广西滨海的东兴贝丘遗址也出磨制、穿孔的蚌制装饰品。在台湾多达40余个遗址中出土了闪玉(或称软玉,Nephrite)制成的玉环、玉玦等装饰品,出土地点遍及台湾全省,年代从新石器时代中晚期起,一直延续到铁器时代。台湾花莲的丰田地区有软玉的矿床,经过对出土玉器的成分分析,可以断定这些玉器大多采用台湾本地的原料制造。除装饰品外,台湾的多个遗址还出土了玉锛,可能属于某种礼仪性器物。台湾的圆山遗址出贝环、贝珠等装饰品,并有骨制装饰品。牛稠子文化出贝环、贝珠等装饰品,大湖文化遗址也有玉玦、玉佩、玉环出土,而卑南文化中除有陶环、陶玦、玉坠、玉佩等外,还出土了具有东南亚特色的有四个突起的玉玦。菲律宾的吕宋岛西南部和巴拉望等地也有玉制装饰品出土,所用玉料有白色玉与绿色玉,后者鉴定的结果证明其来自台湾地区,器形主要有玉环、铃形玉珠和管状珠等。进入铁器时代后出现了造型精美的有三个、四个突起的玉玦,双头兽形耳饰。这些器物的原料产地可能是中国台湾的兰屿或菲律宾北部的巴坦群岛。比较台湾地区卑

---

[1] 张光直:《谈"琮"及其在中国古史上的意义》,载文物出版社编辑部编《文物与考古论集》,文物出版社,1986年,第259页。

南遗址和兰屿、绿岛等地与菲律宾吕宋和巴拉望发现的不同时期的玉器,可以发现两者在原料和器物造型上都有很大的相似性。显示台湾地区和菲律宾在新石器时代中晚期就出现了岛屿间的文化交流。相似的玉制装饰品还见于中南半岛的越南以及马来西亚。玉制品在越南分布较广,从公元前2000—前1200年的冯原(Phung Nguyen)文化,历经青铜时代的铜豆(Dong Dau)文化、朋丘(Go Mun)文化,直到早期铁器时代的东山(DongSon)文化、沙莹(Sa Huynh)文化都有此类器物的发现。在中国南部,此类玉器见于时代相当于商代的石峡遗址第四期墓葬,及广西武鸣安等秧山、平乐银山岭、田东锅盖岭等地的战国墓群中。香港南丫岛也有同类玦出土。浙江衢州西山西周早期土墩墓出土了四件凸纽玦,是凸纽玦分布的北限。有研究者认为,越南沙莹文化期是凸纽玦发展的鼎盛时期。该期,凸纽玦数量骤增,出现带三个锥状凸纽的新样式D型,并广泛扩散到泰国半岛,马来西亚沙捞越,菲律宾巴拉望、吕宋岛等地。这一现象与上述地区曾发生的大规模的文化传播、民族迁移,及人类开拓海洋能力的提高息息相关。[1]也有研究者认为,通过这些玉器的研究可以进一步分析不同阶段区域文化对稀有资源的掌控、玉匠的专业化及其数量、玉器制造地点的转变、贵重物品的社会价值等一系列更广泛的课题。[2]在菲律宾的马农古尔遗址中,装饰品主要是贝、石制的串珠与手镯,同类的贝制装饰品还发现在勒塔-勒塔洞穴遗址中。马来西亚的查洞遗址有用贝和玛瑙石穿起来的项链,及软玉制手锡。尼阿洞穴出土了有四个突起的玉玦。印尼的苏拉威西等地也有玛瑙串珠及贝手镯出土。

大洋洲拉皮塔文化的装饰品均为蚌制,种类有蚌指环、蚌手镯、穿孔蚌珠等。有一类用大型尖锥芋螺(Conus leopardus)、字码芋螺(Conus litteratus)、海菊蛤(Spondylus)、砗磲(Tridacna)、马蹄螺(Trochus)等海产螺类制成的边缘有穿孔的长方形螺片是大洋洲民族志中频繁出现的在岛

---

[1] 干小莉:《从凸纽形玦看环南海区域土著文化的交流》,《南方文物》2008年第2期,第109—112页。
[2] 洪晓纯:《台湾史前玉器在东南亚的分布及其意义》,载《华南及东南亚地区史前考古——纪念甑皮岩遗址发掘30周年国际学术研讨会论文集》,文物出版社,2006年,第335页。

屿之间交易网络中用于交换的代表性器物。在马林诺夫斯基对库拉交易圈的描述中也提到了这种物品。这类器物中的某些特殊个体可能还属于与个人经历密切相关的"不可转让的"珍贵物品,理论上应在特定人群中代代相传。虽然这里器物的制成品的分布范围比较广阔,但其半成品、废料和制作工具则仅发现在为数不多的遗址中。这暗示着此类珍贵物品的生产可能集中在一些特定的群体中。[1]美拉尼西亚的所罗门群岛、密克罗尼西亚的马里亚纳群岛所出土的装饰品也基本上为贝制的手镯之类。

与其说在史前东南亚海岛区与大洋洲所发现的贝手镯、贝串珠项链与库拉交易圈的同种两类交易品是历史的巧合,不如说后者是前者文化积累、沉淀、强化的产物。通过这些注入文化意义的物品,海洋文化岛屿的交易网络就在一种强大的社会驱动力作用下建立起来了。

除了将人类纳入交易网络的礼仪性物品外,影响交易网络的结构与运作情况的还有诸多自然文化因素。人类学家卡普兰(S.A. Kaplan)观察了美拉尼西亚所罗门群岛中岛与岛建立交易网的实际运作情况。他发现,许多用于交换的物品,如染料、弓箭、猪、泥烟斗、陶器、贝币,以及独木舟的交易都是在相互空间距离最近的岛屿之间进行的。从这里我们可以看出,在海岛环境中人类的运动遵循不舍近求远的法则,同时在一个大岛与一个小岛两个目标之间,前者被选择前往的可能性较大。更进一步,在人类群体的人口移动与贸易的过程中,那些可居住的岛屿不论其大小、位置如何都会成为人们的落脚点,而不会被忽视。这种直线距离优化选择显然是人类建立地区性的贸易网络时会自然采行的路径。不仅是物品交易,人类的观念、技术发明、人群的混血都可能与这种最近距离的贸易方式相联系。由此可以看出,文化是以同心圆的方式逐步向处扩散的,而不是方向集中的直线运动。图6-9是根据交易网络与人类运动直线距离优化选择假设而设计的模型。在这个模型中,A是大陆沿海地带的一个文化中心,它的文化因素以S1、S2、S3等不断扩大的广度向外扩散,通过B、C这样的地域

---

[1] Kirch, P. V. (1997). *The Lapita Peoples: Ancestors of the Oceanic World*, Oxford: Blackwell, pp. 236–237.

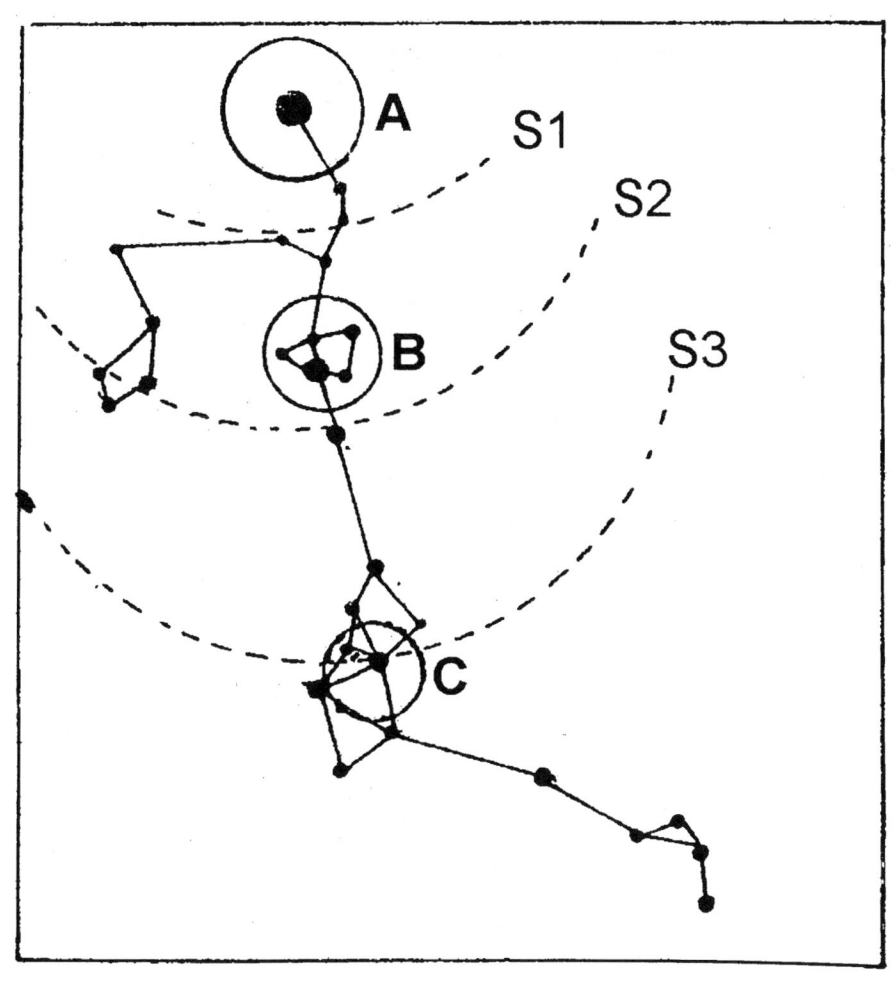

图 6-9：史前海洋文化扩散和交流的一种模式[1]

性文化次中心，源于陆地的文化在经过适应性改造后，再向更广大的地区扩展，从而形成连续性的文化移动。区域性的交易网络正是起着沟通与强化生活于不同海岛的人类群体交往的作用，因而在海洋文化中交易网络是必不可少的。

---

[1] Kaplan, S. A. (1976). "Ethnological and Biogeographical Significance of Pottery Sherts from Nissan Island, Papua New Guinea," *Fieldiana Anthropology*, vol. 66, no. 3, Chicago: Field Museum of Natural History.

第三节　海洋环境中的文化变迁

生活在海岛世界的人类群体，其独特的适应方式、交往方式会产生对人类社会组织与精神生活各个方面的影响。本书所指的海洋文化是指生活在大陆沿海地带与海岛上的人类群体在逐步适应生存过程中形成的物质文化与精神文化。从考古材料来看，反映物质文化的内容多一些，而揭示沿海居民社会生活、意识形态的材料少一些。但通过历史文献、民族志材料与考古材料的相互印证，我们还是可以对物质层面以外的海洋文化有所认识。而社会组织与观念意识对文化发展的影响也是我们在研究海洋文化时必须加以注意的。

陶维英在描述讲南岛语民族的社会特色时列举了以下几点：妇女有重要地位、母系宗族、信仰灵魂、供养祖先和土地之神、设祭祠于高处、埋死人于石盒式石墓（巨石）之中，存在海与山之间、飞禽与水族之间、上游与下游人之间的神秘矛盾。[1]本书第五章中也曾列出克娄伯、凌纯声等人所拟的原南岛语民族的几十种文化特质，除了在前面章节中分析过的反映物质文化交流的材料外，墓葬遗存也许就是最能揭示海洋文化在社会与意识两方面情况的材料了。在中国东南沿海、东南亚海岛区、大洋洲的现有墓葬材料中最具有普遍联系意义的有下列墓葬形式与葬俗：1.瓮棺葬；2.蹲踞葬；3.与巨石文化相联系的石板墓；4.死者身上施赤铁矿粉；5.拔牙。下面分别述之。

一、瓮棺葬

瓮棺葬在中国主要发现于黄河流域的一系列史前遗址中，瓮棺主要用于埋葬儿童。在仰韶文化中瓮棺葬占全部墓葬数量的三分之一。瓮棺葬是仰韶文化对夭折幼儿所通行的一种葬俗，并多见于居住区，成人瓮棺葬则

---

[1]　[越]陶维英：《越南古代史》，刘统文等译，商务印书馆，1976年。

被解释为对凶死者的处理。[1]中国东南沿海区现在发现的瓮棺葬还不多，但从埋葬习俗上看，与华南的瓮棺葬似属于不同的文化传统。2001—2002年在江苏宜兴骆驼墩遗址所发现的属于马家浜文化时期的39座瓮棺葬是长江下游新石器文化中非常独特的发现。瓮棺均采用平底筒形、罐形或尊形釜为葬具，一般没有墓坑。瓮棺一般都集中分布，瓮棺内通常有婴儿骨骸。该遗址出土的平底釜也和马家浜其他遗址所常见的圜底釜不同。[2]属于江汉地区史前文化的石家河文化晚期遗址中也发现了瓮棺葬，但所葬者以成年人为主，并有包括玉器在内的随葬品。其中湖北天门肖家屋脊遗址共发现石家河瓮棺葬77座。墓葬大多有墓坑，葬具以陶瓮为主，不少是两瓮相扣，也有以实用陶器临时用作葬具的，如鼎、缸、罐等，用作瓮盖的有盆、钵、圈足盘、豆、器盖等，不少瓮棺在瓮的底部凿有小孔。其中W6随葬玉器达56件之多，而其他墓随葬品甚少，或没有随葬品，显示出墓葬间墓主人地位的悬殊。在荆州马山镇枣林岗发现的46座瓮棺墓构成了一个完整的瓮棺墓群。多数墓有随葬品，随葬品以玉为主，还有玛瑙、水晶、绿松石、天河石、滑石、石英等，多为装饰品，也有锛、凿、钻、刀、钺等小型工具。墓葬在墓地中排列有序，墓主人亦多为成年人。对两处瓮棺葬墓地进行研究的研究者认为，墓葬中出土的玉石器应具有宗教或政治上的意义，是重要的社会身份地位的标识物。对各瓮棺的空间位置，所出随葬器物的种类、数量和质量的分析，能够帮助我们判断墓主的社会地位。[3]湖南澧县城头山遗址、怀化高坎垅遗址、安乡划城岗遗址，江西新余拾年山遗址也都发现了瓮棺葬。[4]华南仅珠江三角洲新石器时代中期的新会罗山咀贝丘遗址中发现有瓮棺葬。在台湾圆山文化的芝山岩遗址中也发现了瓮棺葬。在台

---

[1] 中国社会科学院考古研究所：《新中国的考古发现和研究》，文物出版社，1984年，第67页。

[2] 南京博物院、宜兴市文物管理委员会：《江苏宜兴骆驼墩遗址发掘报告》，《东南文化》2009年第5期，第26—44页。

[3] 郭立新：《石家河文化晚期的瓮棺葬研究》，《四川文物》2005年第3期，第22—26页。

[4] 陈远琲：《华南地区史前墓葬探析》，载《华南及东南亚地区史前考古——纪念甑皮岩遗址发掘30周年国际学术研讨会论文集》，文物出版社，2006年，第210—211页。

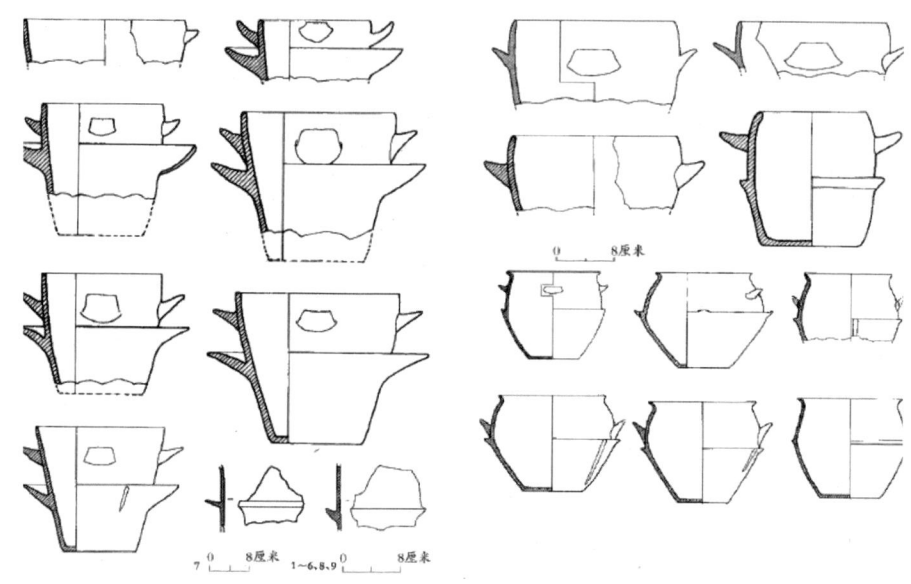

图6-10：江苏宜兴骆驼墩遗址瓮棺葬所用的平底筒形和罐形釜[1]

湾的绿岛和兰屿有年代相当于中原唐代的瓮棺葬，其中兰屿瓮棺葬的年代为距今1200年前。在东南亚海岛区，瓮棺葬是新石器时代晚期的主要墓葬形式，在菲律宾、马来西亚、印度尼西亚等地都有发现。在时代上，华南与台湾瓮棺葬比东南亚的这类遗存早一个阶段。

属于西樵山文化的新会罗山咀遗址所发现的是瓮棺二次葬，葬具为两件相套的粗砂陶厚胎折肩瓮，肩上刻划一周三角形（内加斜线）划纹，还有一个刻划符号。死者为一年长女性，人骨从头到下肢有序地叠置于瓮内，随葬品有一枚骨簪、一块穿孔的龟甲牌。瓮外还有三件放置整齐的绳纹粗砂黑陶圜底小陶罐。尽管在广东珠江三角洲及其邻近地区的新石器晚期遗存中尚未发现其他瓮棺葬遗存，但这种葬俗实则是绵延至今的重要地方文化特征，它目前仍存在于整个中国大陆南方沿海地带和台湾省。台湾的瓮棺葬葬俗是在人死之后，先经土葬，名为"凶葬"或"大葬"。数年后开棺取骨，

---

[1] 南京博物院、宜兴市文物管理委员会：《江苏宜兴骆驼墩遗址发掘报告》，《东南文化》2009年第5期，第32—33页。

并将全副骨架一一置于一个称为"金斗"的陶瓮中,将金斗置于小庙或矮崖上的小洞穴内。俟丧主有力营墓时,即将金斗埋入永久的墓穴,称为"吉葬"。凌纯声将这种瓮棺葬俗称为洗骨葬,指出它的分布地区广至东南亚与南太平洋诸岛。[1]

东南亚海岛区的瓮棺葬遗存以菲律宾巴拉望岛的马农古尔洞穴遗址最为典型。马农古尔洞穴瓮棺葬的发现全面揭示了这种独特葬俗反映出的社会与宗教意义。马农古尔洞是一个高出海平面114米的崖壁洞穴。内有精心排列的一系列瓮棺、器盖、小型陶器及涂有赤铁矿粉的人骨,其中瓮棺都放在既能照到阳光又不会为风吹雨淋的临近洞口的地方,面对大海。一些研究者通过对瓮棺中经过"洗骨"、"染骨"处理的人骨,以及瓮棺陈放的位置的研究,认为它们反映了对祖先的崇拜,以及祭天的礼仪。因此这个洞穴不仅作为葬地,而且是人们从事宗教活动的场所。

表现海洋文化的重要礼仪之一的"超渡船"(death ship)的形象也出现在马农古尔遗址的瓮棺上。这种超渡船的特征是有雕刻的图案,其明显的部分是船头两侧的眼睛图形。菲律宾巴拉望中部和北部的土著塔克班瓦人(Tagbanwa)相信,当某人得传染病死去后,他的灵魂会被超渡船带到没有风的天国之中。塔克班瓦人能梦到这种船载着自己逝去的亲人。[2]以祖先灵魂、天、海、风、船为核心的文化,形成了从古到今东南亚海岛居民信仰崇拜的主题内容。超渡船的形象还见于中国南方与东南亚的铜鼓船纹上,表现出这种礼俗的绵远及所涉及地方的广大。广西贵港罗泊湾 M1:11 号铜鼓的船纹与马农古尔瓮盖上的陶塑船形非常相似,在船纹中,船头的"眼"得到了特别的强调。云南省晋宁石寨山 M14:1 号铜鼓、越南东京鼓也都有类似的超渡船纹(图6-11)。戈路波(V. Goloubew)认为铜鼓船纹与近代加里曼丹达雅克人把死者送到天堂的"黄金船"或"海葬船"相似。[3]从早期

---

[1] 凌纯声:《南洋土著与中国古代百越民族》,载《中国边疆民族与环太平洋文化》(上),联经出版事业公司,1979年,第399页。

[2] Fox, R. B. (1977). "Manuggul Cave," *Filipinos Heritage*, vol. 1, no. 1, p193.

[3] 黄德荣、李昆声:《铜鼓船纹考》,载《中国铜鼓研究会第二次学术讨论会论文集》,文物出版社,1986年,第249页。

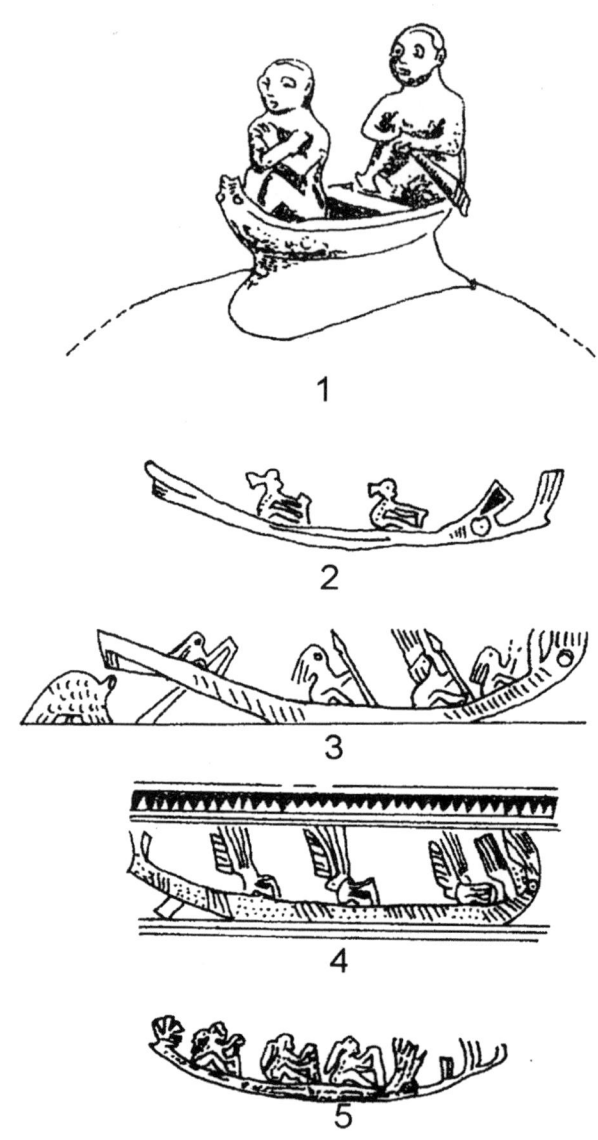

1. 马农古尔洞穴遗址，2. 广西贵港罗泊湾 M1:11 号铜鼓，
3. 云南晋宁石寨山 M14:1 号铜鼓，4. 越南东京鼓，5. 越南鼎乡鼓

图 6-11：陶器与铜器上所见的"超渡船"

铜鼓的分布范围已包括马来西亚、爪哇等地的情况来看，其纹饰反映的海洋民族的社会习俗是理所当然的。此外，在马来西亚尼阿洞穴遗址的"画洞"中还发现了早期金属时代以超渡船、舞人等殡葬礼仪活动为内容的壁画。东南亚海岛区瓮棺葬资料中，年代最早的可达公元前1500年，其持续的时间可到公元500年的金属时代，这种二次葬的文化习俗还成为一种重要的文化内容，留存在现代的华南与东南亚许多民族之中。

二、蹲踞葬

蹲踞葬是卷屈死者身体成蹲状，然后竖直埋入地下的葬式。埋葬时将死者上身略向前倾，两手或垂落或相交于胸前，下肢弯曲于胸前。这种葬式在广西的一些洞穴与贝丘遗址中十分典型。如在广西桂林甑皮岩洞穴遗址中所发现的27座墓葬中有18座为蹲踞葬。死者在入葬时可能被捆扎，其中一个老年和一个中年女性的身上撒有赤铁矿粉，另有四具头骨上有明显打击伤痕。类似的蹲踞葬在桂林附近的大岩、轿子岩、庙岩遗址也有发现。在属于广西南宁贝丘遗址的横县西津遗址中，在144平方米的范围内发现100多具人骨架，其中大多数是蹲踞葬，死者的头骨落在四肢上，上肢骨曲向胸前，下肢骨作蹲式。个别尸骨上撒有赤铁矿粉。有一具尸骨周围有砾石围成的方框，另一具则用螺蛳壳垒成椭圆形框。个别尸骨附近还有石器、蚌器、骨器、陶片作为随葬品。[1]邕宁顶蛳山遗址的二、三期文化遗存中也有蹲踞葬。在台湾台东县成功镇海蚀洞遗址中也发现了一具可能是年轻女性的蹲踞葬遗存，在遗骨旁边还发现一块比手掌略大，刻有条状符号的砾石，被认为与史前居民的宗教祭祀有关。海蚀洞遗址所发现的文化遗物有砾石石片石器、陶器、陶网坠、玉块等，其年代介于麒麟文化与卑南文化之间。[2]

---

[1] 黄启善：《广西史前贝丘文化遗址的研究》，载《岭南考古研究7》，2008年，第25—46页。
[2] 蒋廷瑜：《广西新石器时代考古述略》，载中国考古学会编《中国考古学会第三次年会论文集》，文物出版社，1984年，第97—99页。

在菲律宾的勒塔-勒塔洞穴遗址所发现的五具人骨中有三具是属于蹲踞葬的葬式，其中在 M2 发现的人骨肢体像婴儿一样蜷曲起来，骨架上撒有赤铁矿粉，其头骨上方还压有三块石板。三具蹲踞葬尸骨周围都有随葬品，主要是贝制手镯与串珠，以及陶器等。在马来西亚的尼阿洞穴遗址属于中石器时代的墓葬中也有蹲踞葬发现，其中少数有石斧、骨锥、兽牙等随葬品。

对于蹲踞葬的起源及意义的解释，一些考古学家与民族学家曾经作过尝试。但具体到东南亚地区的这种葬俗的一系列问题，则有进一步深入讨论的必要。灵魂崇拜以及对死亡的恐惧应是正确解释这一葬俗的前提。在云南的普米族中，人死之后其家人立即爬上房顶掀开木瓦，以让死者的灵魂升天，同时用酥油、盐巴涂抹尸体，外裹麻布，将尸体蜷曲成蹲踞状，放在一只泥糊的大竹箩内，择日发葬。[1]在菲律宾的伊哥洛人（Igorot）中，人死后其亲属要唱这样的歌："如今你死了，我们给你所需的一切……你不要回来叫走你的亲属朋友中的任何人。"[2]由于出海活动往往是生死未卜的，与海洋打交道的人们十分害怕死去的灵魂作祟而招致灾祸，因此要想办法使死者的灵魂难于接近自己。捆扎尸体，将其埋入一个竖坑中，并在上面压上石板，显然是出于上述动机而对尸体的处理方式。推面广之，透过蹲踞葬，我们可以看出早期东南亚海洋文化中巫术及与之相联系的一系列社会活动对人们日常生活的主宰。正如路先·列维-布留尔（Lucien Lévy-Bruhl，1857—1939）所说的："按照原始人的观念，死亡永远包含神秘的原因，而且几乎永远是横死。……人刚一死以后绝不是一个无足轻重的人，而是怜悯、恐惧、尊敬以及复杂多样的情感的对象。葬仪向我们揭示了与这些情感密切联系着的集体表象。"[3]高去寻先生曾认为，产生包括蹲踞葬在内的屈肢葬俗的原因有四种：1. 节省墓地的地方和挖掘墓穴的人力；2. 使尸体合乎休息或睡眠的自然姿态；3. 用绳子将死者绑起来，以阻止其灵魂出走

---

[1] 陶立璠：《民俗学概论》，中央民族学院出版社，1987年，第248页。
[2] ［法］列维-布留尔：《原始思维》，丁由译，商务印书馆，1981年，第304页。
[3] ［法］列维-布留尔：《原始思维》，丁由译，商务印书馆，1981年，第300页。

作祟；4.模拟胎儿在母体内的样子，象征人死后又回到其出生时的状态。[1]在时代方面，各地发现的蹲踞葬都属于当地史前文化较早阶段的遗存，从其分布地域上看，它与后来的瓮棺葬有前后继承的关系。

三、石板墓

传统上认为，中国石室墓、石板墓的分布主要集中在由东北至西南的边疆半月形文化带上。但20世纪80年代以来学界对于江浙太湖周围"石室土墩"问题的讨论，以及浙江沿海地区"石棚墓"的发现，使我们能够日益明确地判别出中国境内第二种巨石文化传统的存在。位于江浙的这种文化传统通过台湾东海岸的麒麟文化可以和东南亚海岛区及大洋洲的巨石文化联系在一起。从年代序列上看，在中国东南沿海与上述两个地区的史前文化的联系中，这种巨石文化传统处在最晚一个阶段。

分布在江浙两省环太湖地区的石室土墩墓已发现了近3000座，它们是用石块砌成的甬道状建筑，规模较大的长十几米、宽2—3米、高2米以上，较小的只有前者的三分之一。出土器物以几何印纹硬陶和原始瓷器为主，器形以瓮、罐、碗、钵等为主，也有陶纺轮和网坠这类的工具，基本不见青铜器和石器。由于一些石室土墩的墓室内有不同时期文化遗物叠放存在的现象，可能墓室曾在不同的阶段被反复使用。在浙江瑞安发现的石棚是用巨石砌筑而成的，基高约1米，四周围四块天然大石块作支柱，上覆一块长约2米、宽1米、厚0.5米的巨石，这类石棚墓在瑞安已发现十余座。从这些巨石遗址中发现的几何印纹硬陶器来推断，其年代最早可达商周，下限到战国时代。[2]台湾麒麟文化中发现了岩棺，与之相伴的还有多种类型的独石以及石人像等巨石文化遗存。该文化的年代下限在距今3000年左右。卑南文化是晚于麒麟文化的巨石文化遗存，该文化的主要特征是发现

---

[1] 高去寻：《黄河下游的屈肢葬问题——第二次探掘安阳大司空村南地简报附论之一》，《中国考古学报》1947年第2册，第121—166页。

[2] 董楚平：《浙江沿海的古代文化与越文化的海外影响》，中国太平洋历史学会第二次年会论文，1987年。

大量的石板墓及一些石柱、石槽。随葬物品中有陶器、玉玦、臂环、玉坠等玉器。

东南亚的石板墓主要发现在马来西亚与印度尼西亚两国，主要遗址分布在苏门答腊、爪哇、巴厘等地，另外石棚、独石、石阵在东南亚海岛区也广有存在，其年代上限可以到史前时期，下限则与伊斯兰教、佛教文明联系在一起。

大洋洲的巨石文化情况比较复杂，至今仍有许多不解之迷。但大体来看这一地区的巨石文化遗址可以分为西部的所罗门群岛、新赫布里底群岛与斐济等地的巨石文化传统，以及波利尼西亚东部马克萨斯群岛、土阿莫土群岛及复活节岛等地的巨石文化传统。在年代上，西部最早的文化遗存大约可以上溯到公元1000年，而东部的各类巨石文化遗物一般认为是从距今500年前开始出现的。在美拉尼西亚的所罗门群岛及巴布亚新几内亚的布干维尔岛，考古学家发现了用来加工的天然石块砌成的简单石棚以及用石块围成墓圹的石圹墓。波利尼西亚东部的主要巨石文化遗存是被称为"马拉"（marae）的石砌祭坛，一般呈长方形，其后部有用于祭祀的立石。这一地区另一类巨石文化遗存是巨大的石雕人像。

总括起来，从中国江浙沿海地区一直绵延到波利尼西亚的巨石文化，存在若干共同的文化发展线索：1. 以石为原料做墓室或葬具的墓葬，由江浙的一部分石室土墩到台湾的石板墓，一直到所罗门群岛的石圹墓都属这类。2. 以兼具墓葬与祭祀双重功能的石棚为标志的巨石建筑。3. 以独石、石列、石像为特征的祖先崇拜象征物。

从麒麟文化到卑南文化，以至马来西亚、印尼的文化都是以包含2、3两种因素一体为特征的。到所罗门群岛，石棚下已不埋人骨，而只是在石棚周围发现肢体不全的人骨，显示这时的石棚已强化了其祭祀的职能。到波利尼西亚东部，独石已移到祭坛之上，表现出酋长对祖先的尊奉，以及政治权力的集中。在台湾少数民族排湾族中，至今还存在着用石砌成的平台或以石列成的社坛，以及独石式石表、石棚式祭台、石垣、石尾等可以与巨石文化联系起来的文化因素，证明巨石文化的一些基本成分是在中国台湾与邻近的中国大陆沿海及东南亚最早形成的。按照凌纯声、鸟居龙藏等人的研究，石棚代表女性崇拜，独石代表男性崇拜，二者在上述地区往往是同时存在的。[1]所以在海洋文化中,祖先崇拜是一种包含男性与女性祖先的泛祖先崇拜,它也是本地区文化的重要特征之一。

四、拔牙与染骨

20世纪40年代,日本学者金关丈夫曾研究了整个东南亚的拔牙习俗材料,他认为广布于南洋群岛的凿齿习俗多与婚姻有关,属于东亚的同一文化特质。新近体质人类学的资料也显示,这种风俗最早发生在大汶口文化的早期居民中,后向南传播,通过江南的史前居民,经浙、闽、粤沿海流传到珠江流域,并在不晚于商代时进入台湾。[2]在中国东南沿海新石器文化中,包含有拔牙风俗的遗址计有江苏常州圩墩、上海崧泽、福建闽侯昙石山、佛山河宕、增城金兰寺、南海鱿鱼岗、灶岗、肇庆龙一村蚬壳洲、香港马湾东湾仔北等。从已发现的上述遗址的头骨资料来看,拔上颌骨门齿(多为一对侧门齿)和犬齿的较为普遍。在台湾,属于圆山文化的台北圆山贝丘遗址、芝山岩遗址,以及牛稠子文化的垦丁遗址、鹅銮鼻遗址的人骨都发现拔上颌侧门齿的习俗。在对有拔牙现象的颅骨进一步研究的过程中,体质人类学家发现这些颅骨多属于刚成年的个体,其中男性所占比例较大。[3]同时,在总结各地不同时期的拔牙习俗的基础上,有研究者指出,岭南地区无论是史前时期还是历史时期的古代居民都有拔牙风俗,其拔牙形态在我国境内的一些新石器时代拔牙遗存中均有出现,特别是左右对称拔去一对上侧门齿的主要拔牙形态。这种拔牙形态流传很广,曾经是整个中国东南一大部分原始居民所共有的。表明岭南地区的拔牙风俗是继承了我国最早的最原始的最流行的拔牙形态。[4]

---

[1] 凌纯声:《台湾与东亚及西南太平洋的石棚文化》(《民族学研究所专刊》第十号),1967年。

[2] 张光直:《考古学专题六讲》,文物出版社,1986年,第192页。

[3] 韩康信:《中国考古遗址中所见的拔齿风俗》,《文物天地》1992年第6期,第34—36页。

[4] 彭书琳:《岭南古代居民拔牙习俗的考古发现》,《南方文物》2009年第3期,第80—88页。

关于拔牙习俗的含意，已有多种民族学的解释，概括起来有：1. 与成年仪式有关；2. 与婚姻有关；3. 与图腾崇拜有关；4. 与丧葬习俗有关。而这些涉及拔牙意义的资料都可以从中国的历史文献及民族志资料中找到，故此拔牙习俗很可能反映了源于中国东部沿海的文化特质。这种文化特质在与不同族体文化混合过程中发生了一系列的变化，而这种变化又往往和特定地区的总体文化的要求相一致。澳大利亚土著吉西斯人为象征袋鼠而毁齿，而在波利尼西亚的土著中，凿齿是一系列以摧残身体为特征的成年仪式中的一个环节。这种摧残的目的是要在新成年礼的人与神秘的实在之间建立互渗，这些神秘的实在就是社会集体的本质。图腾、神话祖先或人的真实祖先通过互渗使新成年的人有新的灵魂。

中国新石器时代沿海文化中具有染骨现象的遗址包括：广东潮安陈桥贝丘遗址、马坝石峡遗址，广西南宁贝丘遗址、邕宁长塘贝丘遗址、横县西津遗址和桂林甑皮岩遗址。在东南亚的马农古尔遗址、勒塔—勒塔遗址，以及马来西亚、印尼的若干洞穴瓮棺葬遗址中都发现过染骨的现象。这里指的染骨是主要以赤铁矿粉为原料施于人类骨骼上的葬俗。其具体形式有三种：其一是将赤铁矿粉洒在尸骨周围，形成"圹"；其二是将赤铁矿粉直接撒在尸骨上；其三则是与洗骨葬有关联的将尸骨浸泡在含有赤铁矿粉的水中，使之变色。用赤铁矿粉处理尸体的习俗可以上溯到北京的山顶洞人，而在新石器时代的东南亚海岛区这种习俗得到了充分的发展。根据民族学的资料，使用红色的赤铁矿粉处理尸体是因为人们将这种矿物的红色与血联系在一起，从而希望死者的灵魂再生。北美的一些印第安人群体绝对禁止喝任何动物的血，因为他们认为其中含有该动物的生命和灵魂。另外，当人们认为灵魂在血液之中时，血液如滴在地上，这块地面则必然成为禁忌或神圣之地。因此在自己的祖先、亲人周围洒上象征血液的赤铁矿粉，就可以使各种妖巫望之却步。

从以上墓葬习俗的一些分析中我们可以看出，墓葬习俗反映两方面的文化意义：一方面，文化特质在空间上的流动使得一些地区的人类群体在接受新的生产技术的同时也接受了来自其他地区的观念意识，并将这种新的文化因素加以改造，使之与该群体原有的整个文化的规范相吻合；同时，在观察由墓葬习俗反映出的文化特性时，我们还可以发现，由于群体之间

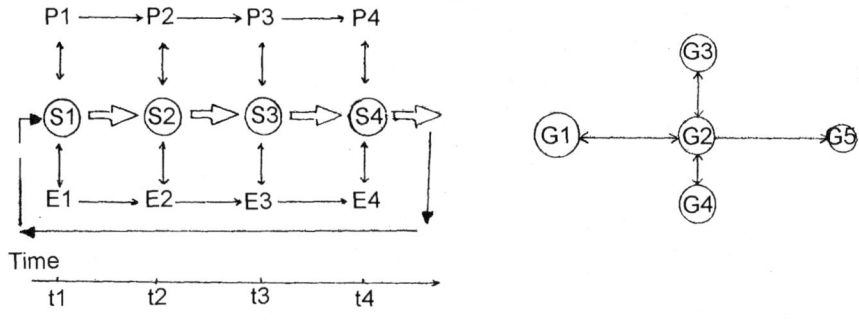

图 6-12：人类群体文化互动与交流的模式

距离的不同，以致在一些地区内会出现交替性的文化演变，而在另一些地区，一种文化因素出现后会经历相当长的相对独立的发展过程。东南亚早期新石器时代的洞穴屈肢葬、蹲踞葬与晚期的瓮棺葬显然代表着不同的阶段划分，而以赤铁矿粉染骨的习俗则是贯穿两个时期的文化特征。

墓葬习俗所揭示的另一方面的意义在于：一种习俗的产生与发展与特定人类群体的整个适应模式是相应的。许多习俗的产生是与人们的生产活动、日常生活密切相关的。超度船的出现表现出人们要将自己最重要的祈求借助这种载体加以表达。所以在具有这种习俗的民族中间，船在人们心目中就不单纯是一种生产与运输工具，而是实现自己的祖先与天界神灵沟通的媒介。在托雷斯海峡附近生活的土著民族的大部分独木舟的船尾都刻有具有巫术意义的图像，这些图像描绘的是军舰鸟的头，或海鹰的头，或鱼王的尾，而所有这些动物都是吃鱼的。[1]这种民族志的事实恰好可以与考古学上的铜鼓船纹相互印证。从这点来看，超渡船的习俗盛行于东南亚海岛区，在它向北扩展的过程中与东南亚大陆区及中国沿海文化实现了双向交流。

图 6-12 分别显示了历时性的人类群体在不同地域发展出相应生存策略的过程，以及地域性群体交往的过程。在左图中，经过由 P1 在 E1 的条件

---

[1] [英]詹·乔·弗雷泽：《金枝》，徐育新等译，汪培基校，中国民间文艺出版社，1987年，第339页。

下发展出的适应策略 S1 到 S4 阶段已经是一种与 S1 有相当差别的地域性文化系统了。我们假设它已形成了自己独特的社会组织与习俗观念，这种观念是文化长期发展的产物，能够成为一种特质而对 S1 产生影响。右图中的 5 个人类群体中，G1 是早期的文化传播源，而由于 G2、G3、G4 在地域上的毗邻关系，其文化特质的流动终会形成积累性的文化新因素，从而实现与 G1 的双向交流。以上两个模型所反映出的实际文化过程是我们能够在太平洋区域文化交流中观察到的。

第七章 史前海洋文化的进一步讨论

通过以上几章从不同侧面对中国东南沿海史前文化与东南亚海岛区、大洋洲史前文化交流的研究,我们已经能够基本上勾勒出上述地区史前文化联系的轮廓,因此我们也有可能对整个研究做出一些概括性的结论。

在整个中国的东南部和南方滨海地带,从新石器时代开始,有三个区域性的文化对文化的传播与文化交流具有特殊的意义。这三个区域性的文化分别是:以大汶口文化为代表的山东半岛文化带,由长江三角洲及钱塘江、姚江出海口地区组成的东南沿海河口文化带,及处于华南沿海的环珠江口文化带。大汶口文化代表着人类由内陆逐步推进到沿海地区的一种适应模式。其特点表现在:进入滨海地区已经具有比较成熟生产技术的人类群体能够在新的生态系统中发展起以种植业为主,兼有发达的渔猎和采集的综合性技术系统。在实际的文化间交流的过程中,山东半岛的史前文化与辽东半岛的史前文化从新石器时代早中期起就开始了广泛的交往。山东半岛的文化甚至还影响到朝鲜半岛、日本列岛及其他东北亚地区史前文化的发展。北辛文化、大汶口文化及后继的山东龙山文化能够沿不同地区的河流水系及海岸线实现与长江三角洲地区的马家浜文化、良渚文化的交流,并在整个新石器时代及以后的历史时期中与华夏文明的中心区有着密切的联系。[1]源于山东半岛的一些文化因素，如某些陶器的造型、拔牙习俗等对广泛地区的文化发展产生了影响。

证明人类从内陆逐步向沿海地区推进的考古学证据主要有属于大汶口文化的遗址在山东沿海的岛屿的广泛发现。在这些沿海岛屿史前遗址的文化遗存中，海洋文化的特征非常鲜明。如在山东长岛的北庄、五村、三里河等遗址就发现了大量的海产与淡水贝类，包括：毛蚶、文蛤、牡蛎、珠蚌、丽蚌、疣荔枝螺、锈凹螺、脉红螺、朝鲜花冠小月螺、珠带拟蟹守螺、纵带滩栖螺、青蛤、蛤仔、四角蛤蛎、亚克棱蛤、圆顶珠蚌、剑状矛蚌等，还有少量乌贼骨、黑鲷鱼、青鱼等。在新近的一项研究中，研究者注意到沿海生活的人类群体对贝类的采集还存在着明显的季节性差异。例如：在属于西周时期的山东沿海的一处煮盐遗址中，研究者们发现人类采集文蛤的时间是秋季——正值文蛤肥美之时。此种带有季节性特点的捕捞证明文蛤为当地史前人类群体所需食物资源中的重要营养成分提供了补充，而对资源的再生性而言，此种季节性的捕捞并未带来明显的压力。[2]网捕可能是当时人类所采用的方法之一。大汶口文化的遗址中各类陶、石制网坠，骨鱼钩、骨鱼镖的出土也证明了钩钓与刺鱼是本地区史前人类从事渔猎所使用的方法。[3]在对贝丘遗址等与海洋文化有关的遗址的研究方法方面，有研究者提出采用柱状取样法，详细研究贝类堆积层的包含物，对出土的全部遗物，包括人工制品、贝类、鱼骨、哺乳动物骨骼等进行具体分类、统计、测量，然后对其进行综合分析，从而确认贝丘遗址中被古代人类利用的贝类的品种、数量，各种贝类被人类所使用的多寡及前后变化，进而深入了解当地人类群体贝类采集活动的具体模式，并为当地的古环境复原提

---

［1］ 卢建英：《试析北辛文化与马家浜文化的关系》，《东南文化》2009年第6期，第39—46页；栾丰实：《大汶口文化与崧泽、良渚文化的关系》，《海岱地区考古研究》，山东大学出版社，1997年。

［2］ 李慧冬：《南河崖西周煮盐遗址贝类采集季节的初步分析》，《华夏考古》2012年第3期，第79—88页。

［3］ 栾丰实：《东夷考古》，山东大学出版社，1996年，第178页。

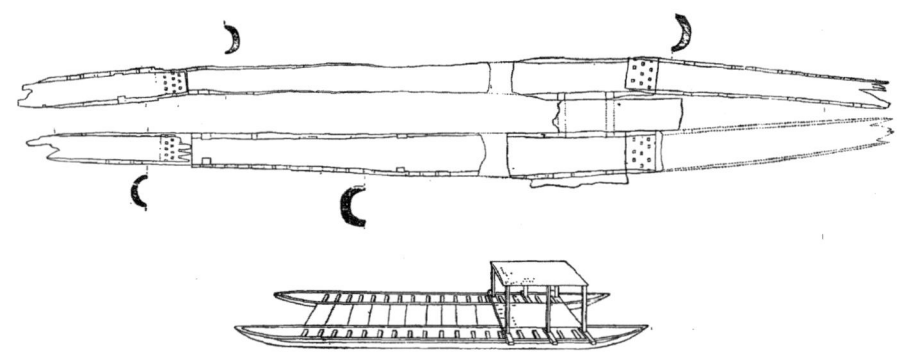

图 7-1：山东平度出土的隋代双身船及复原图[1]

供相应的材料。[2]

1977年，在山东荣成市松郭家村出土了一条商周时期的独木舟，独木舟的舟体保存完好无损，长3.9米、首宽60厘米、中部宽74厘米、尾部宽70厘米、舱深15厘米，内有两道低矮横梁。舟底经过砍削，较为平整，已非原木状态。1979年，在山东长岛大黑山岛遗址也出土了一条独木舟的残件，年代距今4000年，遗物仅有舟的尾部。在夏商时代，山东史前居民渡海时很可能已采用从木筏和竹筏演变而来的用多根木头并联在一起的舟。[3] 山东平度发现的被断代为隋代的双身古船更是此类型舟船在中国曾被使用的实物证据。该船船体残长20.24米，宽2—2.82米。两侧独木舟各宽0.62—1.05米，船体两侧分别是三段粗大树干刳成的独木舟，断面呈"U"型，两独木舟之间接嵌厚大木板，板下由方形的一对木梁承托，木梁两头分别穿过两条独木舟身，再以铁钉固定，构成低矮的"双体船"的船身主体。船身两侧外缘还附接"翼形"木板两条，用途不明。[4] 这一发现证明了山东半岛海洋文化经历了较长的发展变化。沿海居民采用不同的技术逐步发展

---

[1] 山东省博物馆、平度县文化馆：《山东平度隋船清理简报》，《考古》1979年第2期。

[2] 袁靖：《关于胶东半岛贝丘遗址环境考古学研究的几点思考》，《东南文化》1998年第2期，第36—39页。

[3] 朱亚非：《古代山东与海外交往史》，中国海洋大学出版社，2007年。

[4] 山东省博物馆、平度县文化馆：《山东平度隋船清理简报》，《考古》1979年第2期，第145—148页。

完善其航海交通工具，逐步实现在较大范围内的海上活动。与周围地区居民的文化交流也日渐密切。

长江三角洲、钱塘江、姚江出海口地带是亚洲栽培稻发展的中心区域之一。这一地区现在可以追溯的最早的人类群体已经在距今7000年前在当地的森林与沼泽地带拥有发达的狩猎、采集、捕捞经济。随着稻作农业的展开，这一地区的史前人类逐步完善了以带柄复合石器工具、圜底陶器为标志的平原、滨海农业文化。经济发展、人口增加促进了社会等级分化与生产的专门分工，这一过程最终是以发达的玉器制作对华夏中原文化礼制的形成注入重要成分为结果的。长江河口文化带同时也影响了中国南部福建沿海次文化中心的产生，该地区不同时期的文化因素还波及台湾，对台湾北部史前文化的形成和发展产生重要影响。

在浙江沿海的舟山群岛的定海和大巨岛分别发现有新石器时代的遗址。定海的白泉遗址距离现在的海岸线约为4公里，是一处台地遗址。出土物包括陶器、石器、红烧土、木桩和兽骨。出土器物仅釜、鼎、罐、豆、支座几种。其中牛鼻式罐耳、多角沿釜、猪鼻形、象鼻形支座等器物与河姆渡遗址第二层出土器物相似，属于同类型的文化。位于舟山大巨岛的孙家山遗址出土了陶器、石器、骨器、红烧土、螺蛳、贝壳等。陶器有鼎、釜、罐、豆、簋、盆、盘、器盖、支座、壶等。从文化遗物的比较上看，遗址的相对年代与河姆渡第一文化层、崧泽中层文化相同。两遗址中都有鹿角、猪骨及螺蛳、蛤蜊等的发现，证明人类在新石器时代中期已经进入浙江沿海的近海岛屿，当地史前居民存在包括农耕、家养驯养、鱼捞和采集在内的混合型经济形态。[1]舟山群岛发现的史前遗址还有定海的唐家墩、十字路、大支、潮面、岱山岛的馒头山，大衢岛的蛤蟆山，嵊泗岛的菜园镇等，遗址的年代跨度介于距今7000—4000年前。[2]在定海马岙的唐家墩遗址发现了99个用熟土和贝壳堆积而成的土墩，年代为距今5000多年，为海岛最

---

[1] 王和平、陈金生：《舟山群岛发现新石器时代遗址》，《考古》1983年第1期，第4—9页。

[2] 吴春明、佟珊：《环中国海海洋族群的历史发展》，《云南师范大学学报》（哲学社会科学版）2011年第3期，第9—17页。

早的定居聚落遗址。在嵊泗列岛的黄龙岛、绿华岛、花鸟岛，浙南的洞头岛等地，最早由陆地迁徙上岛的先民把居住地选在海岛山坳处，远离海湾和海口。据民俗调查得来的资料，早期的海岛居民可能居住在一种被称为"渔寮"的搭棚内。渔寮的构建一般是用毛竹架成人字形，或稍加矮墙，或用几张草席作挡风围墙，上面覆盖稻草作寮顶，再用草绳网加固。在渔寮外往往还有一个较大的土灶，称"炊虾灶"，用于炊事。[1]

在浙江杭州跨湖桥遗址发现了松木制成的年代距今约7000年的独木舟。该独木舟为狭长形，残长5.6米、船头宽29厘米、船身最宽处为52厘米、船体深15厘米，船身较薄，船底和侧舷的厚度均为2.5厘米左右。在船的西北侧舷内发现了小范围的黑焦面，被推断为当时的技工们可能用火焦法挖凿船体，这一发现为相关的舟船制造方法提供了直接的考古证据。在独木舟的附近还发现了木桩、柱洞、枕石和垫木等遗迹和遗物。在独木舟的东南侧发现了一些人工加工过的木料和自然树枝。木料分剖木（五条）和整木（一条）两种，长度介于2.5—2.8米，直径20—26厘米。在独木舟两侧还发现木桨两只，长1.4米，桨叶宽分别为16厘米、22厘米，桨柄宽6厘米，厚4厘米。砾石、石锛、石锛木柄、席状编织物亦在独木舟的周围被发现。据发掘者推测，当时舟体的摆置有特殊的要求，上述遗迹从总体上考察应是一处独木舟加工制作的场地，舟体周围发现的木料可能和史前的工匠正在制作一艘"边架艇"有关。[2]以浙江萧山跨湖桥遗址为代表的史前文化被命名为"跨湖桥文化"，其年代在距今8000—7000年，是东南沿海地区新石器时代早期的文化。在文化面貌上它与同一地区的河姆渡文化、马家浜文化有着密切的前后传承的关系。在长江下游地区所发现的古船遗存还有1958年在江苏武进古庵遗址发现的一条春秋时期的独木舟，舟长达11米、中部宽90厘米、舟底内宽56厘米、舱深43厘米。1965年江苏武进淹城发现两条西周时期独木舟，其中之一残长3.34米、宽70—80厘米、

---

[1] 金涛：《浙江海岛民居习俗与建房礼仪》，《浙江海洋学院学报》（人文科学版）2004年第2期，第15—19页。

[2] 浙江省文物考古研究所、萧山博物馆：《跨湖桥》，文物出版社，2004年，第40—50页。

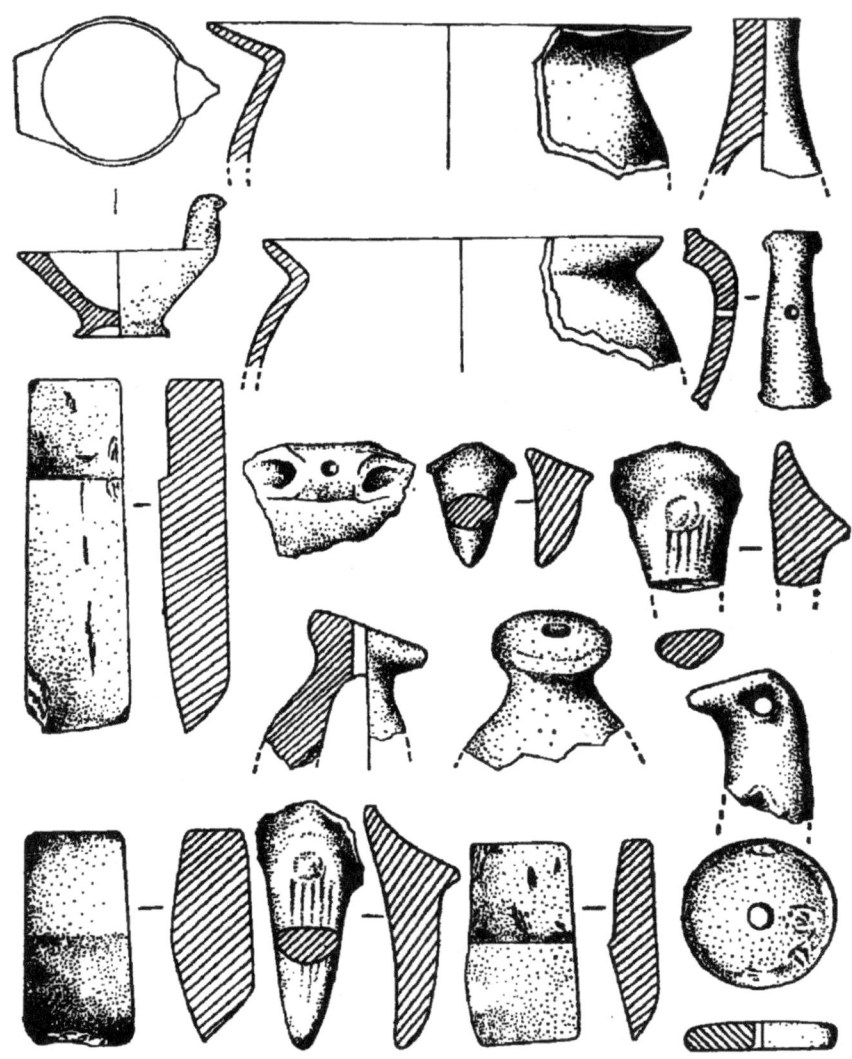

图 7-2：舟山群岛新石器时代遗址出土器物[1]

---

[1] 王和平、陈金生:《舟山群岛发现新石器时代遗址》,《考古》1983年第1期, 第5页。

船深56厘米、底部厚约6厘米。一端尖锐上翘,另一端呈"U"形开口,两舷凿有大致对称的孔,尖端凿一大圆孔。[1]江苏宜兴珠潭村曾发现5条疑为汉代的独木舟。其中有一条残长达8.50米、中部宽33厘米、尾部宽42厘米、舱深32厘米。舟体平整,厚薄均匀,头圆尾方,两端微微上翘,左右舷之后部各凿有10个椭圆形的孔眼。舟内左右舷上各附有一块长2.2米、厚2.5厘米的木板,用约30枚木榫分两行与舷相接。[2]江浙地区新石器时代遗址中独木舟、船桨及相关遗物的发现为我们描绘了一幅史前人类在本地区沿海和河网地带频繁活动的图景。从时代上看,跨湖桥独木舟制造场地的发现表明早在七八千年前的新石器时代早期,当地的沿海居民已经掌握了比较进步的舟船制造技术,发展出包括捕捞在内的广谱适应经济类型,并进行着和周围地区的文化互动和交流。在与食物资源获取有关的人类的文化活动中,以长江三角洲为中心的东南沿海的史前人类从距今8000年起直至距今5000年前一直保持着以渔猎为主、家畜饲养为辅的经济形态。在从距今5000年前开始的1000年间,这种形态发生了逆转,饲养业成为主导。到距今4000年前后又回到了以渔猎为主的形态。这一变化趋势得到了跨湖桥遗址、河姆渡遗址、罗家角遗址、圩墩遗址、崧泽遗址、福泉山遗址、马桥遗址等遗址出土材料的支持。[3]

包括两广在内的华南地区早在更新世晚期就已经形成了以石灰岩洞穴遗址所发现的石制品为主的砾石石器工业。这种文化传统持续时间长、覆盖范围广,是整个华南和东南亚史前文化的重要成分。正如一些学者所建议的,本地区的文化发展序列中可能还存在一个介于旧石器时代与新石器时代之间的中石器文化时期。在文化面貌上,华南热带和亚热带条件所提供的充足的各类动植物资源为早期的人类生存和人口扩展奠定了基础,同时也为各种采食所需的工具和技术的发展创造了条件。在不少华南早期史前遗址中都可以观察到与砾石石器工业并行发展的细小石器工业和局部磨

---

[1] 席龙飞:《中国造船史》,湖北教育出版社,2000年,第18页。
[2] 肖一亭:《南海北岸史前渔业文化》,中国评论学术出版社,2009年。
[3] 浙江省文物考古研究所、萧山博物馆:《跨湖桥》,文物出版社,2004年,第268—270页。

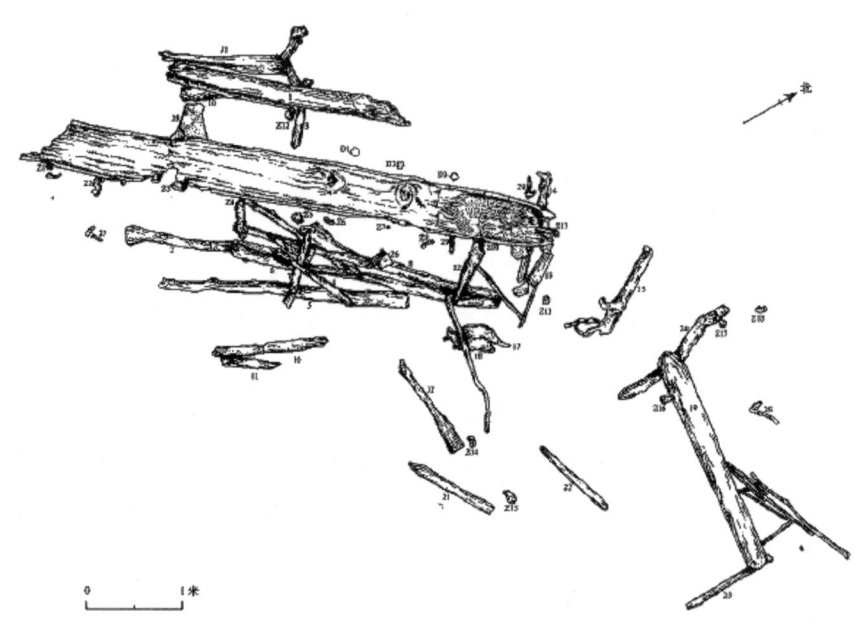

图 7-3：跨湖桥遗址出土的独木舟及相关遗物[1]

光到完全磨光的石器。同质性较强的陶器也出现在不同时期文化堆积层较厚的洞穴遗址中。这一地区也是根茎类植物驯化的最早地区之一，并有可能是东亚谷物驯化最早的中心之一。洞穴遗址中广泛存在的贝壳和螺壳堆积说明在华南地区人类将水产资源纳入自己的食物构成中的长期性。这种被广泛大量采用的食物资源及由之产生的特化采食技能也为人类由山地扩展到平原河网和沿海地区进行采集和捕捞提供了技术上的支持。虽然现在珠江三角洲地区尚缺乏比新石器时代中期更早的史前文化遗存，但西江和北江流域应是早期人类离开洞穴遗址进入平原和沿海地区的孔道。珠江三角洲早期种植业的出现与华南洞穴遗址早期的文化积累和来自长江中游的早期稻作农业文化的南被有关。前边章节所讨论的长江中游的玉蟾岩、仙人洞及环洞庭湖区域的彭头山等遗址发现的有关稻类驯化的考古学证据，为我们研究在定居农业出现后史前人类群体移动的方向以及对不同地

---

[1] 浙江省文物考古研究所、萧山博物馆：《跨湖桥》，文物出版社，2004年，第44页。

区原有文化所产生的影响提供了新的考古证据。不少研究者已经注意到长江中游的新石器时代文化对诸如粤北地区的石峡文化及环珠江口沙丘遗址的影响。这种影响和稻作农业从其起源中心逐步向外扩散的过程是可以相互印证的。这一过程开始的时间当不会晚于全新世的早期阶段，即为距今9000—8000年这段时间。石灰岩洞穴遗址的长期文化积累（包括可能的根茎植物的驯化），及稻作农业的全新文化因素的引入导致华南史前文化发展的文化结构的多重性。

从现有的考古资料来看，环珠江口地区能够构成一个复杂的、含有多种成分的石器工业发展的中心地带。广东南海西樵山遗址所具有的石片打制石器与细石器两种工艺传统与中国南部其他地区及东南亚、大洋洲地区广泛存在的相当长时期的主体性物质文化有着可能的渊源联系。西樵山遗址的打制石器主要有霏细岩打制的双肩石器（斧、锛、凿、铲、切割器），细石器则多为燧石、玛瑙、霏细岩等原料制成的器物，器形有石核、石片石器和石核石器等几大类。西樵山周围所发现的一系列贝丘遗址的年代为新石器时代中晚期（距今6000—3000年），与以西樵山文化为代表的石器工业和采石场、石器制造厂的年代相当。[1] 这一地区文化中心有可能将其以双肩石器为特征的文化经广西、云南传至越南及中南半岛其他地区。粤东地区的南澳岛象山遗址出土了一批被称为细小石器的文化遗存。主要器形有刮削器和尖状器，其中刮削器占石制品总数的80％以上，弧背刮削器、"人"字形刮削器、"山"字形石钻是典型器物。据发掘者分析，这些石器适合滨海地区人类进行近海捞捕、滩涂采集等生产活动。在遗址附近还采集到不少贝类、蚌壳的标本，证明该地点有可能是史前人类的定居点。[2] 新近在香港西贡黄地峒遗址所发现的3000余件打制的以凝灰岩为材料的石片石器，尽管在断代和文化属性上学者们仍有不同意见，但就采集和发掘出土的石器本身来看，它仍属于华南史前考古的崭新材料。这些比较大型的石器中包含了手斧、尖状器、刮削器、砍砸器、楔形器、雕刻器等，打

---

［1］ 曾骐：《珠江文明的灯塔——南海西樵山古遗址》，中山大学出版社，1995年。
［2］ 南澳县海防史博物馆、中山大学韩江流域考古课题组：《广东南澳县象山新石器时代遗址》，《考古与文物》1995年第5期，第1—7页。

制石器器物的普遍特征是宽大于长，多用锤击法打制。发掘者认为该遗址的年代为距今 1.8 万年，其出土物和越南的山苇文化（Sonvian）、菲律宾的塔邦洞穴、印度尼西亚苏拉威西的良布荣洞穴遗址（Leang Burung）、东帝汶的乌波波遗址（Uai bobo）、婆罗洲的尼阿洞穴遗址，以及泰国的郎龙格兰遗址（Long Rongrien）所出土的石器有相似性。[1]这一发现的意义和其与本地区其他史前遗址的关系还有待于将来更深入的研究。包括深圳、珠海、香港、澳门、中山等在内的环珠江口地区沙丘遗址的发现，以及珠江三角洲、粤东地区、广西所发现的沙丘与贝丘遗址及相关遗存丰富了我们对于华南新石器时代居民向沿海地区发展的文化构成及相互关系的认识。这些遗址通常位于沿海的小海湾内的沙堤之上，海湾两端有岬角，湾内有潟湖，遗址后背有小丘，一般有小溪经遗址流入海。这类遗址的地形选择证明史前人类能够以此为据点方便地获取水中和陆上的各种食物资源。从环珠江口等地沙丘遗址的数量、分布范围、遗址规模和年代跨度几方面看，本地区的沙丘遗址有分布相对密集、文化内容丰富、海洋文化特征鲜明的特点。沙丘遗址被人类长期使用，支持了本地区人口规模的不断扩大，同时也为精于航海的人类群体向海洋的拓展奠定了基础。

东南亚海岛区的史前文化包含有两个基本层次：早期的旧石器与中石器文化，及新石器农业文化。更新世晚期的最后一个冰期的高潮阶段，各地的海平面均比现今海平面要低约 100 米。在地质学上被称为"巽他古陆"的陆桥将马来半岛和苏门答腊、爪哇、婆罗洲等现属于东南亚海岛区的群岛连接在一起。当时的人类可以通过这些陆桥散布到东南亚的各主要地区。代表第一个层次的打制砾石和石片石器传统将华南、中南半岛、马来半岛、东南亚海岛区、新几内亚、澳大利亚的各种文化联系在一起。第二个层次是与中国沿海地区的稻作农业文化向外扩展有关的。体质人类学、历史语言学提供了讲南岛语的南方蒙古利亚人种种群进入东南亚海岛区和大洋洲的证据。也有一种意见认为在稻作农业为代表的新石器时代文化出现之前，

---

[1] 张森水、吴伟鸿：《2006年香港考古重大发现——西贡黄地峒旧石器时代晚期遗址》，中国评论学术出版社，2010年，第140页。

南岛语民族已经广泛存在于东南亚大陆区。这些民族中的一些后来接受了由北方讲"孟-高棉语"的民族所带来的稻作农业。[1]在东南亚海岛区和大洋洲，人类最早的跨越海洋的活动开始于更新世末期。在距今45000年时，人类已经可以从帝汶岛经过萨赫尔（Sahul）大陆架到达澳大利亚的西北部。距今35000—28000年间，人类的活动可见于苏拉威西、塔劳群岛、马六甲、新几内亚、俾斯麦群岛和所罗门群岛。上述地区即使在海平面最低的时期也没有陆桥与任何大陆相连。在对从距今20000年到7000年前的遗址所进行的发掘中，黑曜石被发现在华莱士线（Wallace's Line）的另一边。新几内亚、新不列颠、新爱尔兰、马六甲都有属于这一阶段的黑曜石石器的发现。东南亚大陆区最早的洞穴遗址发现在泰国和越南，其年代可以上溯到距今40000年。在距今10000年左右出现的"和平文化"（Hoabinhian Culture）式的石器工业传统在东南亚大陆区有广泛发现，并可以达到苏门答腊的北部地区。与此同时，在东南亚海岛区的苏门答腊、爪哇、婆罗洲北部则出现了一种石片石器传统。距今7000年左右，在苏拉威西群岛的西南部岛屿还出现了新石器，其典型器物是凹底箭镞形的尖状器。[2]如前面章节所述，定居农业在东南亚的展开并不一定伴随着人口的大规模迁徙。相反，各地从狩猎-采集经济到稻作农业的转变过程包含了不同文化因素的融合和渐变的过程。正如一些学者所主张的那样，农业文化在整个东南亚的扩散是和讲原南岛语/南岛语居民的分布范围相关的。从中国的华南地区、台湾地区开始的这一过程逐渐将南岛语的覆盖范围扩大到整个东南亚和大洋洲。从南岛语的词汇中包含"稻"、"粟"、"（驯化）猪"、"狗"、"独木舟"、"文身"、"弓箭"等来看，拥有稻作农业知识的史前居民的物质文化和社会文化中当包含这些文化因素。进入大洋洲岛屿世界后，稻谷种植并没有在这些赤道周围的热带岛屿生态环境中展开，当地的人工驯化的植物资源主要有芋类、薯蓣类及棕榈类。大约在距今5000年时，农业已经在泰国和越南的一些地

---

[1] Glover, I., Bellwood, P. ed. (2004). *Southeast Asia: From Prehistory to History*, London: Routledge Curzon.

[2] Glover, I., Bellwood, P. ed. (2004). *Southeast Asia: From Prehistory to History*, London: Routledge Curzon, pp. 13–17.

区展开。农业文化在距今 4500—4000 年始出现于菲律宾北部的巴丹岛，并逐步波及菲律宾全境及印度尼西亚东部与婆罗洲北部。到距今 3500 年时农业文化出现在马里亚纳群岛和密克罗尼西亚西部，并最终在距今 3000—2800 年到达波利尼西亚的西部岛屿。[1] 通过农业文化的连续性传播、区域性交易网络的建立，人类的足迹在相对较短的时间内踏上了大洋洲岛屿区的全境。

人类进入大洋洲后，首先在巴布亚新几内亚等地开始了热带植物的驯化尝试。直接源于华南及东南亚的植物和动物驯化的知识开始在大洋洲的广泛散布则以拉皮塔文化的出现为标志。根据语言学家的深入分析，从菲律宾南部开始，原南岛语发展变化为两个分支：西部的马来-波利尼西亚语与中部/东部马来-波利尼西亚语，后者的东部分枝又分化出南部哈马黑拉岛语（South Halmahara）、新几内亚西部语言及大洋洲语言。讲原南岛语的大洋洲分枝语言的史前居民就是拉皮塔文化的主人。[2] 大洋洲讲南岛语民族的词汇中有诸如"芋头"、"椰子"、"香蕉"、"面包果"、"猪"、"鸡"、"狗"，他们的住屋有干栏（*SadiRi）式的 *Rumaq，其航海的舟船有带铺板（*papan）、防浪板（*［q］oRa）和船体与边架间平台（*patar）的边架船（*wayka）。[3] 约在距今 3500 年前，这些讲原南岛语的居民首先在接近新几内亚的美拉尼西亚的俾斯麦群岛和所罗门群岛开始和先前进入这一地区的非南岛语族群产生互动，在俾斯麦群岛所发现的拉皮塔文化最早的陶器与哈马黑拉岛、塔劳群岛及苏拉威西所发现的史前陶器之间存在明显的相似性。拥有边架船的原南岛语居民在距今 3200 年时进入圣克鲁斯群岛和珊瑚岛。与此同时，人类也到达波利尼西亚的瓦努阿图和新喀里多尼亚。在距今 3100—2900 年前后，南岛语先民已具有长距离航海的技术，到达斐济、汤加和萨摩亚。

---

[1] Glover, I., Bellwood, P. ed. (2004). *Southeast Asia: From Prehistory to History*, London: Routledge Curzon, pp. 25–30.

[2] Blust, R. (1995). "The Prehistory of the Austronesian-speaking Peoples: A View from Language," *Journal of World Prehistory*, no. 9, pp. 453–510.

[3] Powley, A., M. Pawley, (1994). "Early Austronesian Terms for Canoe Parts and Seafaring," in A. K. Pawley and M. D. Ross, ed., *Austronesian Terminologies: Continuity and Change*, Canberra: Australian National University, pp. 329–361.

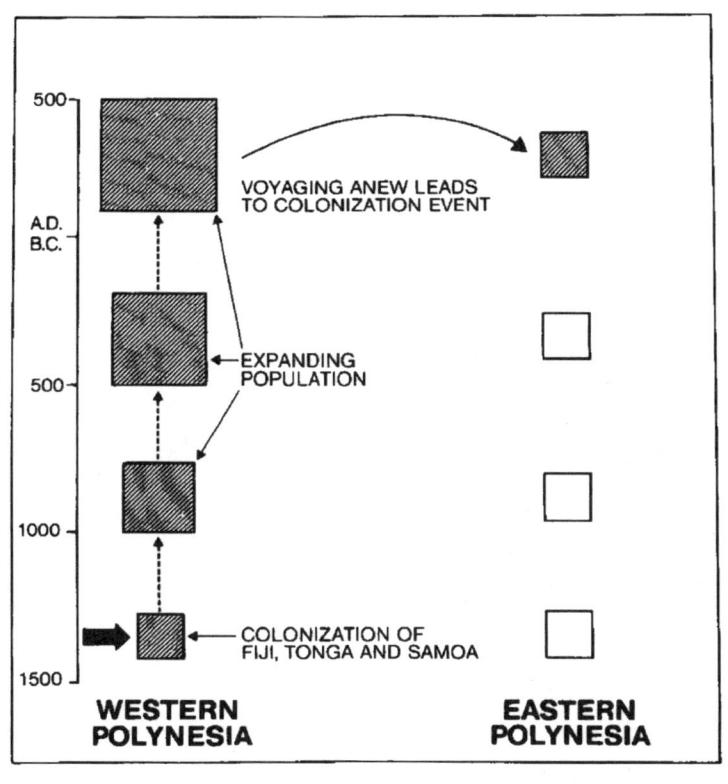

图 7-4：人类进入波利尼西亚东部的假定模式[1]

图 7-4 显示了人类进入波利尼西亚东部的一种解释模式。从现有的考古材料看，人类进入波利尼西亚西部之后并没有如同他们进入大洋洲其他地区那样迅速的向波利尼西亚东部扩展，而是在当地经过了 1000 余年的逐步积累和发展，在公元 300 年时才进入到波利尼西亚东部的马尔萨斯群岛。[2] 随着人类逐步进入波利尼西亚东部，海洋文化的地区性变异的特点也鲜明地表现了出来，如波利尼西亚东部的巨石文化、密克罗尼西亚的蚌器文化传统。

正确解释海洋文化交流现象的关键是要深入分析人类在海洋环境中的

---

[1] Terrell, J. (1986). *Prehistory in the Pacific Islands*, Cambridge University Press.
[2] Terrell, J. (1986). *Prehistory in the Pacific Islands*, Cambridge University Press, p. 83.

适应模式。渔猎、捕捞业的发展使航海工具、航海技术的完善成为可能，而要实现海上交流，上述这些都是必不可少的条件。同时，由于人类在海岛世界生存的需要，各种资源必须在不同的岛屿间流动与交换，使地区间的交易网络得以建立。而社会组织与观念意识对这种网络的强化起着重要的作用。区域性的交易网络又使得各种文化特质得以在大范围内流动，并由此加速了海洋文化地域性中心的出现。海洋文化所涉及的移动主要指三方面的流动过程：一是人口的流动，它往往伴随着复杂的、不同群体间的混血过程；二是文化特质的流动，这种流动有时是以交易等形式出现的，有时又与人口的迁移流动直接相关；三是生计模式的改变和食物结构的改变，它是伴随前两种流动而出现的过程，常常会导致一个区域内人类生存适应策略的调整与变化。欧文（Geoffrey Irwin）就人类如何通过航海到达波利尼西亚广大地区的模式提出过两项理论性的假设：其一是人类会采行最安全的航海路线，依循盛行风的方向，活动于一个大约60°的扇形范围内；其二是人类在航海实践中不断学习，进而能够在改进技术的前提下将自己不间断的航程距离延伸到500海里，并在由东向西的拓展过程中每一次都将从出发点开始的航程向前延伸100海里。当然，使用同样的策略（综合考虑距离、盛行风和洋流的因素），史前先民还是无法在缺乏补给站的情况下在太平洋中到达夏威夷和新西兰。[1]

综合研究的含意一方面在于对反映客观事实的各种证据的广泛收集，并对之进行合乎逻辑的综合整理，另一方面则在于对各种现象及其背后规律的科学解释。科学解释既包含对已知事实的分析和认知，也包含在科学假设架构下对未知或不完全知晓的事物进行合理的解释和推论，这一点不仅适用于自然科学，也适用于社会科学。本研究的基本目的是对史前人类群体的文化在海洋文化这一特定背景下的移动、混合、分化、变异的过程进行分析，并试图在现有资料的基础上对人类在特定地域内的生存适应特点、文化移动的方式进行解释。笔者不期待这些解释是完备的、无懈可击

---

[1] Irwin, G. (1992). *The Prehistoric Exploration and Colonization of the Pacific*, London: Cambridge University Press, pp.98–99.

的。相反，笔者希望能够通过这些分析和假设使研究者对史前时期的文化移动与文化交流的多样性和复杂性有更加深刻的认识。就本研究所涉及的区域而言，海洋文化不太可能是在沿海地区或海岛环境下起源的。相反，海洋文化的产生与沿海地区相邻的内陆区域史前文化的发生和发展密切相关。从食物的采集、水中的捕捞到种植业的产生，这一系列早期人类赖以生存的关键性的文化积累都是在偏内陆的区域开始的。随着人口的增长、人类活动区域的扩大，沿海地区成为人类文化扩展的目标之一。有着经验和技术积累的史前人类在沿海的环境生态系统中逐步扩大其获取食物资源的范围，海洋为人类自身的发展提供了新的可能性。从环珠江口沙丘遗址的出土材料中我们不难看出人类文化在沿海地区的扩展速度、聚落形态的发展规模和特化技术的发展速度。虽然我们还无法从考古材料上完全填补原南岛语民族和南岛语民族在太平洋上迅速扩展的所有细节，但掌握长距离航海技术的史前人类从东南亚扩展到太平洋的美拉尼西亚、密克罗尼西亚和波利尼西亚已经是解释人类出现并逐步扩散在太平洋岛屿的主导性理论。征服太平洋无疑是世界范围内史前人类的壮举之一。千里之行始于足下，也许这一壮举的起点就是华南某地的某个石灰岩洞穴。

外一篇　题外的话

第一节　海尔达尔的美洲土著发现大洋洲的理论和他的航海实验

挪威人托尔·海尔达尔（Thor Heyerdahl，1914—2002）于1947年4月28日乘坐利用当地木材建造的仿古木筏康提基号（Kon-Tiki）从南美洲秘鲁的卡亚俄港（Callao）出发，经过在南太平洋上102天的航行，于1947年8月7日到达到波利尼西亚东部的土阿莫土群岛（Tuamotu）的拉罗亚环礁（Raroia atoll），总航行距离4300海里。在从事此次航海探险活动之前，海尔达尔曾经于1937—1938年在土阿莫土群岛中的法图西瓦岛（Fatu Hiva）从事过一段时间的人类学田野调查工作。在调查工作中，他从当地长者口中得知，土著所崇拜的祖先神灵叫做"提基"（Tiki），而"康提基"则是印加帝国的太阳神"因蒂"（Inti）的别名。由此，海尔达尔发展出一种理论：大洋洲波利尼西亚东部最早的居民是公元5世纪从南美洲的秘鲁漂洋过海而来的。

康提基号木筏是按印加人的木筏的传统样式，完全使用秘鲁当地的原材料，没有采用任何现代材料（如铁丝和铁钉）建造的。筏长14米、宽7.5米，用竖九根横九根巴尔萨轻木制成。桅杆高9米，风帆面积27平方米，平均航行速度 1.5 节。筏上所使用的唯一的现代技术是无线电。为航海准备的食品分为两组，一组是完全古代秘鲁人的食品，主要是薯干及肉干，另一组则是为验证海上航行所必须的食品而由美军开发的支援此次行动的军需品。新鲜的鱼则从海中捕捞，饮用水以竹管贮存，并系于筏边自然冷却，途中补充雨水。这次航海证明了从南美到波利尼西亚的史前移民在技术上并非不可能。但是，南美洲的太平洋一侧有名为洪堡海流的强劲洋流，没有多大自主航行能力的木筏要越过洪堡海流而赶上吹往波利尼西亚的信风是非常困难的。实际上康提基号是由军舰拖曳越过了洪堡海流的海域，到离陆地约 80 公里处才开始其飘流试验的。有一种观点认为，在哥伦布之前，大洋洲一带已经有中南美洲原产的甘薯被栽培了。但在实际的考古证据方面，我们却看不到南美洲对波利尼西亚的文化影响。在海尔达尔乘木筏横穿太平洋的壮举过去 60 年之后，有其孙辈参加的一支六人挪威探险队于 2006 年 4 月至 8 月用名为"海神号"（Tangaroa）的木筏沿 1947 年海尔达尔的航海路线从秘鲁出发，共航行 70 天、4015 海里，最终到达土阿莫土群岛的拉罗亚环礁。海神号筏长 16 米、宽 8 米，用竖 11 根、横 8 根的巴尔萨轻木制成。桅杆高 13 米，风帆面积 90 平方米，此次航行的平均航行速度为 2.4 节。

在 1950 年出版的《康提基》一书中有海尔达尔的航海日志，他写道：

"整个事件可能是去年冬天开始的，在纽约博物馆一间办公室里。或者这事早十年就开始了，在太平洋中马克萨斯群岛的一个小岛上。除非东北风把我们更向南吹向塔希提岛和土阿莫土群岛，说不定我们就在这个小岛上登录。在我心目中，我能很清楚地看见这小岛，岛上锯齿般的、赭色的山峦，顺着山坡一直长到海边的绿色丛林，沿着海岸的修长的椰子树在等待着、摇拽着。这小岛名叫法图黑伐；在它和我们之间没有陆地，它离开有千百海里，我们要漂过去。我看见那狭窄的奥亚山谷，一直延伸到海边；我记得非常清楚，我们怎样一晚又一晚，坐在那静寂的海滩上，一同眺望这一片无边无际的海洋。那时伴同我的是我的妻子，不是现在长大胡子的海盗们。那时我们是在搜集各种各样的生物，和一种已经灭绝了的文化的石像和其他遗物。"

他还认为:

"原来的波利尼西亚人一定在某一时期,不管他们是否出于自愿,曾漂流到或者行驶到了这些遥远的岛上。更仔细地观察了南海的居民,就能发觉,虽然波利尼西亚人散布在海上的居住区域比整个欧洲还大四倍,但是他们并没有在各个岛上发展各自不同的语言。从北边的夏威夷到南边的新西兰,从西边的萨摩亚到东边的复活节岛,想去都是好几千海里,但是所有这些许多彼此隔绝的同族人,却使用同一语言的方言,我们称这种语言为波利尼西亚语。"[1]

海尔达尔假设从南美而来的第一波印加时代的居民靠巴尔萨轻木（balsa）制成的木筏从秘鲁海岸首先到达了复活节岛。接着是拥有双身独木舟,住在加拿大太平洋西北海岸不列颠新哥伦比亚的居民到达了夏威夷。他的这些理论假设发表在其1952年出版的著作《太平洋上的美洲印第安人》（American Indians in the Pacific）内。[2]在过去的几十年间,尽管大多数考古学家和语言学家们倾向于认为史前人类征服大洋洲广大岛屿的过程是由北向南、由西向东的移动过程,但包括海尔达尔在内的一些学者对波利尼西亚最东部岛屿的移民过程仍有不同的看法。他们列举出在欧洲殖民者踏足这些岛屿之前当地存在的巨石文化遗存与南美相关遗存的相似性,甘薯（*Ipomoea batatas*）和葫芦等首先在美洲人工栽培的作物在太平洋群岛东部地区的出现作为证据。新近也有语言学家指出北美印第安人语言词汇中有与大洋洲土著语言存在一定相似性的成分。例如,曾居于美国南加州沿海地带的印第安人除马什（Chumash）部落和加布里尼诺（Gabrielino）部落

---

[1] [挪]海尔达尔:《孤筏重洋》,朱启平译,湖南人民出版社,1981年,第8页。
[2] Heyerdahl, T. (1952). *American Indians in the Pacific: The Theory behind the Kon-Tiki Expedition*, London: George Allen and Unwin.

中用于指称舟船，特别是拼板船（tomolo）和复合式骨鱼钩的词汇和其族群普遍词汇群并不一致，而与波利尼西亚语的相关词汇反而具有相似性。拼板船的制造技术（木板加工、钻孔、绳索拼板、沥青灌缝）在北美太平洋沿岸仅存在于上述两个印第安部落之中（南美智利中部也有类似的拼板船dalca），却广泛存在于波利尼西亚的土著之中。波利尼西亚式的复合式鱼钩也见于加州圣芭芭拉岛和美洲大陆沿海一带的史前遗址之中。在时间上，波利尼西亚最东部岛屿有人类活动的时间也和北美太平洋海岸史前遗存存在的时间具有相似性，两地最早的史前人类活动的时间均大致开始于公元前后，并持续了数百年。[1]

继康提基孤筏渡重洋活动成功之后，海尔达尔又在1952年对距厄瓜多尔1000公里的加拉帕哥斯群岛（Galapagos Islands）进行了科学考察，在岛上发现了属于前印加文化的陶片。1955年到1956年，他又对太平洋上的复活节岛进行了比较全面的考察，发现了岛上原来植被茂盛，后被早期的居民砍伐殆尽。他在岛上所采标本的碳14年代为距今380年，比当时所公认的人类进入这一地区的时间要早许多。他还在岛上发现了南美才有的香蒲（*Typha lolifolia L.*）。[2] 1969—1970年间，海尔达尔又试图试验古埃及的航海术，他用纸莎草制造了15米长的大型的航海工具Ra。他从摩洛哥的萨菲（Safi）港起航，在海上航行了56天、2700海里，在距离目的地巴巴多斯不远的地方遭遇大风暴，不得不弃船结束考察。他的长12米的Ra二号于9个月之后用了57天完成了从萨菲到巴巴多斯长达3270海里的航行。

海尔达尔采用简单航海工具实现长距离航海的成功，证明了史前人类采用类似的简单工具进行长距离海上航行的可能性。他的壮举也是迄今为止实践海洋考古学的最伟大的成就之一。但与此同时，他关于史前人类最早从南美进入波利尼西亚的理论却没有得到不断积累的考古学、语言学、体质人类学资料的支持。从现有的资料来看，新石器时代的人类群体由华

---

[1] Jones, T. L., Klar, K. A. (2005). "Diffusionism Reconsidered: Linguistic and Archaeological Evidence for Prehistoric Polynesian Contact with Southern California," *American Antiquity*, vol. 70, no. 3, pp. 457–484.

[2] Heyerdahl, T. (1958). *Aku-Aku: The Secret of Easter Island*, Rand McNally & Company.

南经东南亚到大洋洲的理论最符合现今已积累的各学科的资料所揭示出的客观事实。而支持包括海尔达尔在内的太平洋史前文化美洲起源论的科学资料仍然比较零散，缺乏足够的说服力。

第二节 是中国人首先发现美洲吗？

2003 年，一本名为《1421 年：中国人发现美洲》(*1421 : the Year China Discovered the America*)的著作登上了《纽约时报》非文学类的畅销书榜。本书的作者加文·孟席斯（Gavin Menzies）是英国皇家海军的一名退役军官。在 1953 年至 1970 年服役期间，他曾沿着欧洲大航海时代的探险家们所航行的路线进行航行，足迹遍及五大洲。他对古地图和海图的研究有着浓厚的兴趣，退役之后，他走访了世界各地 900 多个博物馆和图书馆，依据各种古地图、古海图和文献资料，加上他自己多年丰富的航海经验写成了此书。

孟席斯在书中写道：

"我所发现的大量的证据表明：由郑和、周满、洪保、周闻和杨庆率领的中国的船队在第六次史诗般的航行中到达过世界上的每一块大陆。他们穿行过 62 个列岛，共 17000 个岛屿，并且绘制了几万里的海岸线图。郑和海军元帅宣称访问过 3000 个大大小小的国家看来是真的。中国的船队穿过印度洋来到东非，绕过好望角来到佛得角群岛，通过了加勒比海到南美和北极，接着向下绕过合恩角、南极、澳大利亚、新西兰，跨越太平洋。在整个十万里航程中，也许在南极，宝船才可能遇上狂风或逆流。

……永乐十九年至永乐二十一年（公元 1421—1423 年）宝船队之行扩展了这个已经很辽阔的贸易帝国。他们沿着北美和南美的太平洋海岸，从加利福尼亚到秘鲁建立了永久殖民地。在澳大利亚、整个印度洋地区和东非也有定居者。他们还建立了供应基地，首次直穿太平洋将美洲和中国联系在一起，随后澳大利亚和新西兰和中国之间也建立了供应基地。这些基地覆盖了广大的地区:从复活岛到达皮特凯恩岛(Pitcairn Island),通过马克萨斯群岛(Marquesas)和土阿莫土群岛(Tuamotu),到塔希提岛、西萨摩亚(Samoa)的萨拉伊岛(Sarai)、汤加(Tonga)、所罗门群岛(Solomons)的圣克里斯托瓦尔(San Christobal)、南马多群岛(Nan Madol)、加罗林(Carolines)的雅浦岛(Yap)和托比岛(Tobi)以及马里亚纳群岛(Marianas)的赛班岛(Saipan)。"[1]

接着孟席斯又在2008年出版了他的有关古代中国人航海的另一部著作《1434:中国船队到达意大利并启动文艺复兴之年》(*1434: the Year a Magnificent Chinese Fleet Sailed to Italy and Ignited the Renaissance*)。在这本书里,孟席斯宣称欧洲文艺复兴之火也是中国人点燃的。他发现达·芬奇等人的许多机械发明设计图其实都是从中国舰队带到意大利的古代科技典籍中获取的灵感,许多机器设计图和中国古籍里的插图十分相似。孟席斯的主要依据是佛罗伦萨的著名学者托斯卡内里(Paolo Toscanelli, 1397—1482)于1474年给葡萄牙国王的顾问、教士马丁斯(Canon Fernan Martins)写的一封信。信中认为,从欧洲出发,向西跨越大西洋,可以直接到达亚洲的最东部。托斯卡内里还附上了地图,以说明自己的观点。不过,托斯卡内里写给马丁斯的原信及附图早已失传了。当哥伦布在1480年前后听说托斯卡内里的观点后,就给托斯卡内里写信,请求提供更多的资料。托斯卡内里在给哥伦布的回信中把自己于1474年写给马丁斯的信件以及所附航海图抄寄给哥伦布。托斯卡内里给哥伦布的回信被保存了下来,并于1871年在西班牙的塞维利亚被人发现,但他寄给哥伦布的航海图却遗失了。信中提到,在教皇尤金四世(Pope Eugenius, 1383—1447)任期里,中国有一位使节来觐见教皇,并对教皇说他们对所有的基督教徒都怀有极大的友情。"我跟那位使节交谈了很久,谈到了许多事情:关于他们皇家建筑的宏伟浩

---

[1] Menzies, G. (2002). *1421: the Year China Discovered America*, Perennial, an imprint of Happer Collins Publisher;《1421:中国发现世界》,师研群译,京华出版社,2005年,第257页。

大,关于他们江河的宽广绵长,关于他们城市的数量众多。"[1]据此,孟席斯得出的结论是:1434年,从郑和船队上下来的中国使团抵达佛罗伦萨,并曾与托斯卡内里相会。

与海尔达尔的情况相似,孟席斯沉迷于对人类航海壮举的探索,并试图打破长期以来欧洲中心主义思潮影响下对地理大发现的一系列传统认识。可惜的是,作为一个业余研究者,他所能列举出的种种支持中国人在哥伦布之前发现美洲等理论的"证据"往往并没有经过详尽的考证,也缺乏考古发掘材料和人类学等学科材料的支持。其对中国文献的认识程度也比较肤浅。因此,当其关键性的证据被证明无法成立时,整个理论基础就随之动摇了。从另一方面看,到明代郑和下西洋时,中国的古代航海术已经经历了长时间的积累,其源头正如本书所讨论的,可以上溯到史前时代。郑和的庞大船队在当时先进的造船和航海技术的支持下,从明永乐三年(1405)到宣德八年(1433)共远航7次,到达了爪哇、苏门答腊、苏禄、彭亨、真腊、古里、暹罗、榜葛剌、阿丹、天方、左法尔、忽鲁谟斯、木骨都束等地,并入红海到麦加等东非地区,总航行距离达7万余海里。这是史籍所证明的。

据《明史·郑和传》等文献的记载,郑和船队中制造于南京龙江宝船厂的宝船中的大船长44丈、阔18丈,中者长37丈、阔14丈。明代1尺约合今0.31米,据此推算大宝船的长度达136.4米,宽度约为56米。刊于茅元仪《武备志》中原名为《自宝船厂开船从龙江关出水直邸外国诸番图》的郑和航海图绘制了以南京为起点,最远到东非怯尼亚(今肯尼亚)的慢八撒(今蒙巴萨港,Momasa Port),包括亚非两洲的详尽航海图和海岸线图,图中所收地名达500多个。该图的绘制使用了中国传统的山水画法,配上所记的针路和过洋牵星图,并记录了航向、航程、停泊港口、暗礁、浅滩分布等各项资料。记述郑和下西洋的基本史料如明代马欢的《瀛涯胜览》也是孟席斯所引用的史料之一。可惜由于他的一知半解、穿凿附会,史料所能揭示的真实历史事实并未在他的著作中体现出来。相反,其哗众取宠的文

---

[1] Menzies, G. (2008). *1434: the Year a Magnificent Chinese Fleet Sailed to Italy and Ignited the Renaissance*, Harper;《1434:一支庞大的中国舰队抵达意大利并点燃文艺复兴之火》,宋丽萍、杨立新译,人民文学出版社,2012年,第118页。

风使其可以利用古代海图和其丰富的航海经验揭示中国古代航海知识和实践的努力相形见绌。但也有一些学者指出，孟席斯提出的一些观点具有启发性，值得我们进行更深入地研究。

参考文献

一、中文论著

北京大学考古学系编著《"迎接二十一世纪的中国考古学"国际学术讨论会论文集》，科学出版社，1998年。

［苏］C. A. 托卡列夫等：《澳大利亚和大洋洲各族人民》，李毅夫等译，生活·读书·新知三联书店，1980年。

［美］C. 恩伯、M. 恩伯：《文化的变异——现代文化人类学通论》，杜杉杉译、刘钦审校，辽宁人民出版社，1988年。

陈国强等主编《闽台考古》，厦门大学出版社，1993年。

陈桥驿：《吴越文化论丛》，中华书局，1999年。

大连海运学院海洋气象小组编《航海气象》，人民交通出版社，1975年。

邓聪、吴春明主编《东南考古研究》第2辑，厦门大学出版社，1999年。

童元昭主编《群岛之洋：人类学的大洋洲研究》，台湾商务印书馆，2009年。

杜玉冰编著《驶向海洋：中国水下考古纪实》，文物出版社，2007年。

封开县博物馆等编《纪念黄岩洞遗址发现三十周年论文集》，广东旅游出版社，1991年。

冯利、覃光广编《当代国外文化学研究(译文集)》，中央民族学院出版社，1986年。

福建省博物院编著《闽侯昙石山遗址第八次发掘报告》，科学出版社，2004年。

福建省炎黄文化研究会：《闽都文化研究》，海峡文艺出版社，2006年。

广东省文物考古研究所、珠海市博物馆编著《珠海宝镜湾——海岛型史前文化遗址发掘报告》，科学出版社，2004年。

[美]赫屈：《人与文化的理论》，黄应贵、郑美能编译，桂冠图书公司，1981年。

黄士强、刘益昌：《全省重要史迹勘察与整修建议——考古遗址与旧社部分》，"交通部"观光局委托台湾大学考古学系调查报告，1980年。

黄伟宗、司徒尚纪主编《中国珠江文化史》，广东教育出版社，2010年。

姜彬主编《东海岛屿文化与民俗》，上海文艺出版社，2005年。

江应樑：《傣族史》，四川人民出版社，1983年。

蒋炳利、吴春明主编《林惠祥文集》，厦门大学出版社，2012年。

金秋鹏：《中国古代的造船和航海》，中国青年出版社，1985年。

雷宗友、朱宛中：《中国的内海和邻海》，科学普及出版社，1986年。

李白凤：《东夷杂考》，齐鲁书社，1981年。

李克让主编《中国近海及西北太平洋气候》，海洋出版社，1993年。

李壬癸：《台湾南岛民族的族群与迁徙》，前卫出版社，2011年。

李士豪、屈若搴：《中国渔业史》，商务印书馆，1937年。

李仰松：《民族考古学论文集》，科学出版社，1998年。

[法]列维-布留尔：《原始思维》，丁由译，商务印书馆，1981年。

林惠祥：《文化人类学》，商务印书馆，1934年。

凌纯声：《中国边疆民族与环太平洋文化》，联经出版事业公司，1979年。

刘其伟：《菲岛原始文化与艺术》，六合出版社，1981年。

柳和勇：《舟山群岛海洋文化论》，海洋出版社，2006年。

[日]鹿野忠雄：《台湾考古学民族学概观》，宋文薰译，台湾省文献委员会，1955年。

栾丰实：《东夷考古》，山东大学出版社，1996年。

栾丰实:《海岱地区考古研究》,山东大学出版社,1997年。

罗香林:《中夏系统中之百越》,独立出版社,1943年。

吕思勉:《先秦史》,上海古籍出版社,1982年。

麦兆良:《粤东考古发现——麦兆良(Fr Rafael Maglioni 1891—1953)考古专著》,刘丽君译,汕头大学出版社,1996年。

蒙文通:《越史丛考》,人民出版社,1983年。

[苏]P.Φ.伊茨:《东亚南部民族史》,四川民族出版社,1981年。

彭适凡:《中国南方古代印纹陶》,文物出版社,1987年。

邱斯嘉、臧振华主编《考古学与永续发展研究》,"中央研究院"人文社会科学研究中心考古学研究专题中心,2013年。

商志𩡝:《香港考古论集》,文物出版社,2000年。

深圳博物馆、香港中文大学中国考古艺术研究中心、中山大学人类学系合编《环珠江口史前文物图录》,香港中文大学出版社,1991年。

四川大学博物馆、中国古代铜鼓研究学会编《南方民族考古》第1辑,四川大学出版社,1987年。

宋蜀华、满都尔图主编《中国民族学五十年》,人民出版社,2004年。

宋文熏、连照美编著《卑南考古发掘1980—1982:遗址概况、堆积层次及生活层出土遗物分析》,台湾大学出版中心,2004年。

苏秉琦:《华人·龙的传人·中国人——考古寻根记》,辽宁大学出版社,1994年。

苏秉琦:《苏秉琦考古学论述选集》,文物出版社,1984年。

陶立璠:《民俗学概论》,中央民族学院出版社,1987年。

[越]陶维英:《越南古代史》,商务印书馆,1976年。

[挪]托尔·海尔达尔:《"太阳神号"海上历险记——探险故事》,麻乔志译,地质出版社,1981年。

[美]托马斯·哈定等合著《文化与进化》,韩建军等译,浙江人民出版社,1987年。

汪宁生:《民族考古学探索》,云南人民出版社,2008年。

汪宁生:《中国西南民族的历史与文化》,云南民族出版社,1989年。

汪毅夫、郭志超主编《纪念林惠祥文集》,厦门大学出版社,2001年。

王建唐、司锡明等主编《大洋洲岛国地理》，河南教育出版社，1985年。

王迅：《东夷文化与淮夷文化研究》，北京大学出版社，1994年。

王颖主编《中国海洋地理》，科学出版社，1996年。

王幼平：《更新世环境与中国南方旧石器文化发展》，北京大学出版社，1997年。

魏桥主编《国际百越文化研究》，中国社会科学出版社，1994年。

[英]温斯泰德：《马来亚史》，姚梓良译，商务印书馆，1958年。

文物编辑委员会编《文物集刊》第3辑，文物出版社，1981年。

吴春明：《从百越土著到南岛海洋文化》，文物出版社，2012年。

吴春明：《中国东南土著民族历史与文化的考古学观察》，厦门大学出版社，1999年。

吴春明等编著《海洋考古学》，科学出版社，2007年。

吴春明主编《海洋遗产与考古》，科学出版社，2012年。

吴越史地研究会编《吴越文化论丛》，商务印书馆，1937年。

吴正：《中国沙漠与海岸沙丘研究》，科学出版社，1997年。

席龙飞：《中国造船史》，湖北教育出版社，2000年。

席龙飞等主编《中国科学技术史·交通卷》，科学出版社，2004年。

夏鼐：《中国文明的起源》，文物出版社，1985年。

夏鼐等编《中国大百科全书·考古学》，中国大百科全书出版社，1986年。

香港中文大学中国考古艺术研究中心：《南中国及邻近地区古文化研究——庆祝郑德坤教授从事学术活动六十周年论文集》，香港中文大学出版社，1994年。

向达校注《两种海道针经》，中华书局，1982年。

肖一亭：《南海北岸史前渔业文化》，中国评论学术出版社，2009年。

肖一亭：《先秦时期的南海岛民——海湾沙丘遗址研究》，文物出版社，2004年。

肖一亭：《珠海沙丘遗址研究》，珠海出版社，2006年。

徐旭生：《中国古史的传说时代》，文物出版社，1985年。

许倬云、张忠培主编《新世纪的考古学——文化、区位、生态的多元互动》，紫禁城出版社，2006年。

严文明:《中华文明的始原》,文物出版社,2011年。

杨堃:《民族学概论》,中国社会科学出版社,1984年。

尹焕章:《华东新石器时代遗址》,上海人民出版社,1956年。

尤玉柱主编《漳州史前文化》,福建人民出版社,1991年。

尤中:《中国西南民族史》,云南人民出版社,1985年。

喻世华等:《南海天气与军事气象水文预报》,解放军出版社,1997年。

袁行霈等主编《中国地域文化通览·香港卷》,中华书局,2013年。

云南省博物馆、中国古代铜鼓研究会编印《民族考古译文集》,1985年。

臧振华:《台湾考古》,文化建设委员会,1999。

曾骐:《珠江文明的灯塔——南海西樵山古遗址》,中山大学出版社,1995年。

曾昭璇主编《南海诸岛》,广东人民出版社,1986年。

张光直:《古代中国考古学》,印群译,生活·读书·新知三联书店,2013年。

张光直:《考古学专题六讲》,文物出版社,1986年。

张光直:《中国考古学论文集》,联经出版事业公司,1995年。

张光直:《中国青铜时代》,生活·读书·新知三联书店,1983年。

张森水、吴伟鸿:《2006年香港考古重大发现——西贡黄地峒旧石器时代晚期遗址》,中国评论学术出版社,2010年。

张耀光编著《中国边疆地理(海疆)》,科学出版社,2001年。

张镇洪等:《人类历史转折点——论中国中石器时代》,广西人民出版社,1997年。

赵书文、段绍伯:《大洋洲自然地理》,商务印书馆,1987年。

浙江省文物考古研究所编《浙江省文物考古研究所学刊》第八辑,科学出版社,2006年。

浙江省文物考古研究所、萧山博物馆编《跨湖桥》,文物出版社,2004年。

中国古代铜鼓研究会编《古代铜鼓学术讨论会论文集》,文物出版社,1982年。

中国考古学会编《中国考古学会第三次年会论文集》,文物出版社,1984年。

中国社会科学院考古研究所编著《华南及东南亚地区史前考古——纪念甑皮岩遗址发掘 30 周年国际学术研讨会论文集》，文物出版社，2006 年。

中国社会科学院考古研究所编著《新中国的考古发现和研究》，文物出版社，1984 年。

中国社会科学院考古研究所编著《中国考古学·两周卷》，中国社会科学出版社，2004 年。

中国社会科学院考古研究所编著《中国考古学·新石器时代卷》，中国社会科学出版社，2010 年。

中国太平洋历史学会编《中国太平洋暨海外交通史学术讨论会论文集》，1985 年。

中国铜鼓研究会编《中国铜鼓研究会第二次学术讨论会论文集》，文物出版社，1986 年。

朱亚非：《古代山东与海外交往史》，中国海洋大学出版社，2007 年。

二、西文论著

Bellwood, P. (2005). "Examining the Farming/Language Dispersal Hypothesis in the East Asian Context," in Sagart, L. et al. ed. *The Peopling of East Asia: Putting Together Archaeology, Linguistics and Genetics,* London: Routledge Curzon, pp. 17-30.

Bellwood, P. (1979). *Man's Conquest of the Pacific*, Oxford University Press.

Bellwood, P. (1984). "The Great Pacific Migration," *Yearbook of Science and the Future*, Encyclopedia Britannica.

Bellwood, P. (1978). *The Polynesians: Prehistory of an Island People*, London: Thames and Hudson.

Bellwood, P. (1985). *Prehistory of the Indo-Malaysian Archipelago*, Academic Press.

Biggs, B. (1965). "Comparative Linguistic Research in the Pacific," *Council for Old World Archaeology: Survey and Bibliographies*, Area 21, no. 3.

Buck, P. H. (1933). "Polynesian Migration," *Ancient Hawaiian Civilization*, Rutland.

Bullbeck, D. (1982). "A Re-evaluation of Possible Evolutionary Processes in Southeast Asia since the Late Pleistocene," *Bulletin of the Indo-Pacific Prehistory Association*, no. 3.

Clarke, D. L. ed. (1972). *Models in Archaeology*, London: Methuen & Co ltd.

Coon, C. (1962). *The Origin of Races*, Alfed A. Knopf, Inc.

Cordy, R. (1982). "A Summary of Archaeological Work in Micronesia Since 1977," *Bulletin of the Indo-Pacific Prehistory Association*, no. 3.

Coutls, P. J. F. (1984). "A Hunter-Gatherer/Agriculturelist Interface on Panay Island, Philippines," University of Otago Studies in Prehistoric Anthropology, vol. 16, pp.218-221.

Dunn, F. L. (1970). "Cultural Evolution in the Late Pleistocene and Holocene of Southeast Asia," *American Anthropologist*, New Series, vol. 72, no. 5, pp. 1041-1054.

Dyen, I. (1971). "The Austronesian Language and Proto Austronesian Linguistics in Oceania," *Current Trend in Linguistics*, no. 8.

Edward, C. R. (1965). *Aboriginal Watercraft on the Pacific Coast of South America*, University of California Press.

Firth, R. (1966). *Malay Fishermen: Their Peasant Economy*, New York: W. W. Norton & Co. Inc.

Flenley, J. R. (1985). "Man's Impact on the Vegetation of Southeast Asia: The Pollen Evidence," *Recent Advances in Indo-Pacific Prehistory*, New Delhi: Oxford & IBH Publishing, Co.

Fox, R. B. (1977). "Manuggul Cave," *Filipinos Heritage*, vol. 1.

Fox, R. B. (1970). *The Tabon Caves*, Manila: National Museum.

Friedman, J. (1982). "Catastrophe and Continuity in Social Evolution," *Theory and Explanation in Archaeology*, New York: Academic Press.

Garanger, J. (1972). "Archéologie des Nowvelle-Hébrides," *Société des Océanistes*, no. 30.

Glover, I. C. (1980). "Agricultural Origin in East Asian," *The Cambridge Encyclopedia of Archaeology*, Cambridge University Press.

Glover, I. C. (1985). "Some Problems Relating to the Domestication of Rice in Asia," *Recent Advances in Indo-Pacific Prehistory*, New Delhi: Oxford & IBH Publishing, Co.

Glover, I. C. (1977). "The Late Stone Age in Eastern Indonesia," *World Archaeology*, no. 9.

Glover, I.C., Bellwood, P. ed. (2004). *Southeast Asia: From Prehistory to History*, London: Routledge Curzon.

Golson, J. (1971). "Agricultural Origins in Southeast Asia: A View from the East," *Recent Advances in Indo-Pacific Prehistory*, New Delhi: Oxford & IBH Publishing, Co.

Gorman, C. F. (1977). "A Prior Models and Thai Prehistory: A Reconsideration of the Beginnings of Agriculture in Southeast Asia," in Reed, C. A. ed., *The Origins of Agriculture*, Hague & Paris: Mouton.

Gorman, C. F. (1971). "The Hoabinhian and after: Subsistence Patterns in Southeast Asia during the late Pleistocene and Early Recent Periods," *World Archaeology*, no. 2.

Green, R. C. (1979). *Lapita: The Prehistory of Polynesia*, Harvard University Press.

Green, R. C. (1982). "Models for the Lapita Cultural Complex: An Evaluation of Some Proposals," *New Zealand Journal of Anthropology*, no. 4, pp. 7-20.

Groves, C. P. (1985). "On the Agro types of Domestic Cattle and Pigs in the Indo-Pacific Region," *Recent Advances in Indo-Pacific Prehistory*, New Delhi: Oxford and IBH, pp.429-438.

Harrisson, T. (1975). "Early Dates for 'Seated' Burial and burial matting at Niah Caves, Sarawak (Borneo)," *Asian Perspectives*, vol. 18, pp. 161-165.

Heine-Geldern, (1939). "L'Art Prebounddhique de la Chine et de l'Asia de Snd-est et son inflnence en Oceanie," *Revne des Arts Asiatignes*, vol. 11, no. 4, pp.177-206.

Heyerdahl, T. (1958). *Aku-Aku: The Secret of Easter Island*, Rand McNally.

Heyerdahl, T. (1952). *American Indians in the Pacific: The Theory behind the Kon-Tiki Expedition*, London: George Allen and Unwin.

Heyerdahl, T. (1950). *Kon-Tiki: Across the Pacific by Raft*, Black Dog & Leventhal Publishers, Tess Press 2004 reprint.

Higham, C. (2002). *Early Cultures of Mainland Southeast Asia*, Chicago: Art Media Resources, Ltd.

Higham, C. (2004). "Mainland Southeast Asia from the Neolithic to the Iron Age," in Glover, I., Bellwood, P. ed. *Southeast Asia: From Prehistory to History*, London: Routledge Curzon.

Hinihara, T. (1993). "Population Prehistory of East Asia and the Pacific as Viewed from Craniofacial Morphology: The Basic Populations in East Asia, VII," *American Journal of Physical Anthropology*, vol. 91, pp. 173-187.

Hornell, J. (1946). *Water Transport: Origins and Early Evolution*, Cambridge University Press.

Howard, A. (1967). "Polynesian Origins and Migrations: A Review of Two Centuries of Speculation and Theory," in *Polynesian Cultural History*, Honolulu: Bishop Museum Press.

Howell, W. W. (1944). *Mankind So Far*, New York: Doubleday Doran.

Hutterer, K. L. (1987). "Philippine Archaeology: Status and Prospects," *Journal of Southeast Asian Studies*, vol. XVIII, no. 2, pp. 235-247.

Irwin, G. (1983). "Chieftainship, Kula, and Trade in Massim Prehistory," in Leach, J. W. et al. ed., *The Kula: New Perspectives on Massim Exchange*, Cambridge: Cambridge University Press, pp. 29-72.

Irwin, G. (1992). *The Prehistoric Exploration and Colonization of the Pacific*, London: Cambridge University Press.

Jacob, F. (1982). *The Possible and Actual*, New York: Random House.

Jarman, M.R (1972). "A Territorial Model for Archaeology: A Behavioral and Geographical Approach," *Models in Archaeology*, London: Methuen & Co Ltd.

Jiao, T. ed, (2007). *Lost Maritime Cultures: China and the Pacific*, Honolulu: Bishop Museum Press.

Johnson, M. (1999). *Archaeological Theory: An Introduction*, Oxford: Blackwell.

Jones, T. L., Klar, K. A. (2005). "Diffusionism Reconsidered: Linguistic and Archaeological Evidence for Prehistoric Polynesian Contact with Southern California," *American Antiquity*, vol. 70, no. 3, pp. 457-484.

Kaeppler, A. L. (2008). *The Pacific Arts of Polynesia & Micronesia*, Oxford University Press.

Kaplan, S. A. (1976). "Ethnological and Biogeographical Significance of Pottery Sherts Sherds from Nissan Island, Papua New Guinea," *Fieldiana Anthropology*, vol. 66, no. 3, Chicago: Field Museum of Natural History.

Kirch, P.V. (1982). "Advances in Polynesians Prehistory," *Advances in World Archaeology*, Academic Press, pp.51-97.

Kirch, P. V. (1984). *The Evolution of the Polynesian Chiefdoms*, Cambridge: Cambridge University Press.

Kirch, P. V. (1997). *The Lapita Peoples: Ancestor of the Oceanic World*, Cambridge, MA: Blackwell Publishers.

Kirch, P. V. (2000). *On the Road of the Winds: An Archaeological History of the Pacific Islands Before European Contact*, Berkeley: University of California Press.

Kirk, R. L. (1982). "Linguistic, Ecological and Genetic

Differentiation in New Guinea and the Western Pacific," *Current Developments in Anthropological Genetics*, vol. 2, New York: Planum Press.

Lewis, D. (1978). *The Voyaging Stars*, Sydney: William Collins.

Lewis, D. (1974). "Wind, Wave, Star and Bird," *National Geographic*, vol. 146, no. 6.

Liu, L. (2009). "Academic Freedom, Political Correctness, and Early Civilization in Chinese Archaeology: the Debate on Xia-Erlitou Relation," *Antiquity*, no. 83, pp. 831-843.

Liu, L., Chen, X. (2012). *The Archaeology of China: From the Late Paleolithic to the Early Bronze Age*, Cambridge University Press.

Lu, L. D. (2005). "The Origin and Dispersal of Agriculture and Human Diaspora in East Asia," in Sagart, L. et al. ed. *The Peopling of East Asia: Putting together Archaeology, Linguistics and Genetics*, London: Routledge Curzon, pp. 51-62.

Maloney, B. K. (1980). "Pollen Analysis Evidence for Early Forest Clearance in North Sumatra," *Nature*, no. 287, pp. 324-326.

Martin, P. S. (1971). "The Revolution in Archaeology," *American Antiquity*, no.36, pp.1-3.

Mead, S. M. et al. (1975). *The Lapita Pottery Style of Fiji and its Association*, Memoir no.38, Wellington: Polynesian Society .

Muckelroy, K. (1978). *Maritime Archaeology*, Cambridge University Press.

National Museum and Art Gallery of Papua New Guinea (1970). *Papua New Guinea's Prehistory : An Introduction*.

Noerwidi, S. (2009). "Archaeological Research at Kendeng Lumbu, East Java, Indonesia," *Bulletin of the Indo-Pacific Prehistory Association*, no. 29, pp. 26-32.

Oppenheimer, S. (2003). "Austronesian Spread into Southeast Asia and Oceania: Where from and When," *Pacific Archaeology: Assessments and Prospects*, Proceedings of the International Conference for the 50th

Anniversary of the first Lapita excavation, Koné-Nouméa, 2002. Les Cahiers de l'Archeologie en Nouvelle Caledonie, 2004, pp. 54-70.

Orme, B. (1981). *Archeology: Anthropology for Archaeologists: An Introduction*, Cornell University Press.

Patole-Edoumba, E. (2009). "A Typo-Technological Definition of Tabonian Industries," *Bulletin of the Indo-Pacific Prehistory Association*, no. 29, pp. 21-25.

Pawley, A. K., Green, R. C. (1984). "The Proto-Oceanic Language Community," *Journal of Pacific History*, no. 19, pp.123-146.

Pietrusewsky, M. (2005). "The Physical Anthropology of the Pacific, East Asia and Southeast Asia: A Multivariate Craniometric Analysis," in Sagart, L. et al. ed. *The Peopling of East Asia: Putting together Archaeology, Linguistics and Genetics*, London: Rutledge Curzon, pp. 201-229.

Powley, A., M. Pawley, (1994). "Early Austronesian Terms for Canoe Parts and Seafaring," in A. K. Pawley and M. D. Ross, ed., *Austronesian Terminologies: Continuity and Change*, Canberra: Australian National University, pp. 329-361.

Renfrew, C., Bahn, P. (2000). *Archaeology: Theories, Methods and Practice*, London: Thames and Hudson.

Roberts, R. G. et al. (2005). "Illuminating Southeast Asian Prehistory: New Archaeological and Paleoanthropological Frontiers for Luminescence Dating," *Asian Perspectives*, vol. 44, no. 2, pp. 293-318.

Roces, A. R. (1977). *Land Bridge, Pilipino Heritage: The Making of a Nation*, Manila: Iahing Pilipino Publishing Inc.

Rouse, I. (1986). *Migration in Prehistory: Inferring Population Movement from Cultural Remains*, New Heaven: Yale University Press.

Sabloff, J. A. (1990). *The New Archaeology and the Ancient Maya*, New York: Scientific American Library.

Sahlins, M. (1958). *Social Stratification in Polynesia*, Seattle: University of Washington Press.

Sand, C. (1999). "Lapita and non-Lapita ware during New Caledonia's first millennium of Austronesian Settlement ," in *The Pacific from 5000 to 2000 BP: Colonization and Transformations*, Paris: Editions de IRD, pp. 139-158.

Scott, W. H. (1984). *Prehispanic Source Materials for the study of Philippine History*, New Day Publishers.

Shelach-Lavi, G. (2015). *The Archaeology of Early China: From Prehistory to the Han Dynasty*, Cambridge University Press.

Simmons, R. T., Graydon, J. J., et al. (1955). "A Blood Group Genetical Survey in Cook Islanders, Polynesia, and Comparisons with American Indians," *American Journal of Physical Anthropology*, vol. 13, issue 4, pp. 667-690.

Soekmono, R. (1969). "Archaeological Research in Indonesia: A historical Survey," *Asian Perspectives*, XII, pp. 91-96.

Solheim II, W. G. (1979). "A Look at ' L'Art Prébounddhique de la Chine et de l'Asie du Sud-Est et Son Influence en Océanie' Forty Years After," *Asian Perspectives*, XXII (2).

Solheim II, W. G. (1959). "Further Notes on the Kalanay Pottery Complex in the P. I.," *Asian Perspectives*, no. 3, pp. 157-165.

Solheim II, W. G. (1988). "The Nusantao hyposithese: the Origin and Spread of Austronesian Speakers," *Asain Perspectives*, vol. 26, no. 1, pp. 77-88.

Solheim II, W. G. (1967). "The Sa-huynh-Kalanay Pottery Tradition: Past and Future Research," *Studies in Philippine Anthropology*, Quezon City: Alemar Phoenix.

Spoehr, A. (1982). "Zamboango and Sulu : An Anthropological Approach to Ethnic Diversity," *Ethnology Monograph*, I, University of Pittsburgh.

Springgs, M. (1997). *The Island Melanesians*, Oxford: Blackwell.

Suggs, R. C. (1970). *The Kon-Tiki myth: Culture of the Pacific*, New York: The Free Press.

Szabo, K., Ramirez, H. (2009). "Worked Shell from Leta-Leta Cave, Palawan, Philippines," *Archaeology in Oceania*, no. 44, pp. 150-159.

Terrell, J. (1986). *Prehistory in the Pacific Islands*, Cambridge: Cambridge University Press.

Watson, P. J. (1973). "Explanations and Models: The Prehistorian as Philosopher of Science and the Prehistorian as Excavator of the Past," in *The Explanation of Cultural Changes: Models in Prehistory*, University of Pittsburgh Press, pp. 47-52.

White, P. J. and O'Connell, J. F. (1982). *A Prehistory of Australia New Guinea and Sahul*, Academic Press.

Willey, G., Sabloff, J. A. (1993). *A History of American Archaeology*, New York: W. H. Freeman & Co.

Yen, D. E. (1982). "The Southeast Solomon Islands Cultural History Program," *Bulletin of the Indo-Pacific Prehistory Association*, no. 3, Australian National University.

Yen, D. E. (1985). "Wild Plants and Domestication in Pacific Islands," *Recent Advances in Indo-Pacific Prehistory*, New Delhi: Oxford & IBH Publishing, Co.

Yesner, D. R. (1984). "Population Pressure in Costal Environments: an Archaeological Test," *World Archaeology*, vol. 16, no. 1.

索 引

B

巴拉望岛 99，101，104，106，140，223，241

拔牙习俗（拔牙风俗）93，247-248

白莲洞遗址 57，58

班清遗址 206，208

宝镜湾遗址 74，76，79-80，83-85，87

卑南文化 68-69，91，94-95，97，234，243，245-246

北辛文化 14，251-252

本尼迪克特（Ruth Benedict）190-192，225

波-马来亚陶器传统 230-231，233

C

超渡船 241-243，249

城头山遗址 239

D

大湖文化 68，94，228，231，234

大黄沙遗址 61

大汶口文化 13-14，31，211-212，223，247，251-252，

东兴贝丘遗址 234

蹲踞葬 238，243-245，249

F

反山遗址 233

凤鼻头遗址 67-68，91-92，94，227

傅衣凌 150

G

干栏式建筑 17, 19, 83, 84, 92, 190, 194

更新世 54-55, 57, 66, 96, 99, 102, 129-130, 132, 173-175, 183, 208, 224, 228, 257, 260-261, 277

古利洞穴遗址（Guri Cave）103, 221

刮削器 55, 57, 71, 101, 103, 109, 111, 113, 124-125, 132, 221, 259

查洞遗址 108-109, 206, 235

骨器 35, 58, 65, 70, 124, 201, 213, 243, 254

古越族 9, 15, 17, 20, 23, 25, 150, 152,

过洋牵星 148, 272

H

海滨贝丘遗址 70

海尔达尔（Thor Heyerdahl）42, 145, 154, 157, 196, 266-270, 272, 276

海南岛 8, 23, 54, 70-71, 82, 139, 142, 194

海涅·格尔登（Robert Heine-Geldern）39, 97, 101, 196

海平面 50, 62, 64-67, 82, 87, 99, 121, 129, 140, 174, 241, 260-261

海侵 61, 67

海洋民族学 149

海洋生态学 64

航海技术 6, 14, 50, 129-130, 146-147, 149, 159, 169, 173-175, 179, 212, 264-265, 272

河宕遗址 62, 86-87, 247

河姆渡遗址 3, 73, 158-159, 171, 182, 202, 205, 207-209, 215, 217, 254, 257

和平文化 31, 108-109, 200, 215, 261

《后汉书》12-14, 20, 24-26, 164-165, 194,

华莱士线（Wallace's Line）129, 261

华夏 13, 15-17, 19, 23-24, 190, 251-252, 254

淮夷 12, 14-16, 277

《淮南子》12, 16-17, 22-23, 75-76, 147-148, 164-165

环珠江口地区 8, 62, 64-65, 72, 81-83, 92, 228-229, 259-260, 265, 276

黄地峒遗址 259-260, 278

黄土仑文化 66

黄岩洞遗址 9, 54, 57-58, 69, 71, 274

黑潮 141-142，149

后沙湾遗址 61

J

几何印纹陶 3，30，36-38，94，107，231

尖状器 57，70，94，115，132，221，259，261

旧石器时代 34，57，59，69，96，99，101-102，109，117，118，173，257，260，278

巨石文化 89-91，93-94，108，111，128，137，238，245-246，263，268

K

卡拉奈式陶器 231

卡拉奈陶器群（Kalanay Pottery Complex）104-106

卡普兰（S.A.Kaplan）236

砍砸器 36，55，57，69-71，101，109，113，173，221，259

康提基号（Kon-Tiki）42，266-267，269

壳丘头文化 65，92，227

克娄伯（Alfred L.Kroeber）190，238

孔尼华（G.H.R.von Koenigswald）113

库拉交易圈（Kula ring）130，225-226，234，236

跨湖桥遗址 73，202，255，257-258

L

拉皮塔文化 42，122-125，127-134，137，145，208，221，229，231-232，235，262

莱夷 12，15

《礼记》12-13，21

砾石石器 34，36，54，57-59，62，69，71，87，117，201，257

历史语言学 87，96，100，116，121，260

梁钊韬 8-9，12-13，128，146，162

良渚文化 33，36，107，208，215-216，228，233，251-252

凌纯声 19-21，40，74，77，89，117，146，153，161，164-165，169，190，196，238，241，246-247，275

琉球 21，40，66-67，89，149，152，220

鹿野忠雄 29，88-89，219，275

《论衡》13，22

罗香林 16，18，25，150，276

落笔洞遗址 54，57，71

吕思勉 13，29，276

M

妈祖 150，152

马家浜文化 31，36，158，207-208，213，215，239，251-252，255，

马来-波利尼西亚语系（Malay-Polynesian）40，100，121，177

马林诺夫斯基（Bronislaw Malinowski）130-131，190-191，225，233，236

马农古尔洞穴（Manunggul Cave）103-104，235，241-242，248

蛮夷 22-23，26

美拉尼西亚 10，41-42，97，106，113，119-122，127，129-132，135-137，140，145，167，171，179-183，185-187，189-192，220-221，225，230-231，236，246，262，265

孟-高棉语族 97，172，177，181，203，261

孟席斯（Gavin Menzies）270-273

密克罗尼西亚 10，41，113，119-121，135-137，145-146，167，171-172，180，185-186，190-191，207，212-213，231，236，262-263，265

民族史 12-13，18，20，23-25，31，177，194，276，278

闽越 17-22，40，152

木桨 73-74，158-159，165，255

N

南岛语民族 6，39，43，97，118，130，182，238，261-262，265

南岛语系（Austronesian）100，112，121，128，172，177，179-181

南方蒙古利亚人种 110，182，186，220，260

南海暖流 142

能诺他遗址 171，206-208

尼阿洞穴遗址（Niah Cave）108-109，110-111，171，186，235，243-244，260，

尼格利陀人（Ancient Negroid）40，99，108，173，182-183，187

牛稠子文化 93-94，234，247

牛骂头文化 68，91-93，227

P

澎湖列岛 67，90-91，227

彭头山遗址 182，202，258

Q

麒麟文化 93-94，243，245-246

钱山漾遗址 74，158，205

屈家岭文化 228

屈肢葬 69-70，92，94，104，

110, 118, 124, 244-245, 249

全新世 10, 30, 54, 57, 61, 65-67, 71-72, 82, 87, 96, 99, 132, 139, 174, 183, 202, 208, 228, 259

R

染骨 103, 241, 247-249

茹家庄遗址 14

S

沙砾质海岸 64

沙丘遗址 8, 61-62, 64-65, 71-72, 79-80, 82-84, 86, 91, 228-230, 259-260, 265, 277

沙莹－卡拉奈陶器传统 229

舢板 76, 149

山东龙山文化 14, 251

《尚书》13-15, 21

石板墓 108, 111, 118, 238, 245-246

石棺葬 29, 93

石灰岩洞穴 54, 57, 72, 101, 107-108, 110, 114, 118, 228, 257, 259, 265

石器制造场 58, 60

十三行文化 89, 94, 96, 231

石峡遗址 205, 228, 235, 248

石彰如 89

石钟健 13, 20, 162

《史记》12, 15-20, 22-25, 77,

147-148, 164, 193

双肩石器 29, 35-37, 59-60, 221-222, 224, 259

双身船 75, 160, 162, 164-165, 167-169, 174, 253

水田畈遗址 74, 158, 205

狩猎 58, 81-82, 96, 107, 117, 118, 124, 160, 171, 174-175, 179, 181, 199-200, 205-208, 211, 254, 261

索尔海姆（Wilhelm G. Solheim Ⅱ）42-43, 101, 105-106, 117, 171, 173, 231, 286

T

塔斯马尼亚人 101, 187

昙石山文化 33, 65-66, 92, 208, 223, 227, 247

碳14断代 90, 122

陶舟 73

体质人类学 86, 99-101, 108, 170-171, 176-177, 181-183, 189, 195, 247, 260, 269

天后 150, 152

铜鼓 24-25, 33, 41, 43, 160-163, 176, 179, 190, 194, 241-243, 249, 276, 278-279

W

网坠 14, 36, 66, 69-70, 79-80, 83-84, 91-94, 114, 125,

211, 243, 245, 252

圩墩遗址 158, 205, 207, 247, 257

瓮棺葬 93, 100, 103-104, 106, 113-114, 116, 118, 133, 238-241, 243, 245, 248-249

巫术 163, 190, 192-194, 225, 233, 244, 249

X

西樵山遗址 36, 58-60, 220-222, 259, 278

细石器 30, 58-60, 113-116, 118, 131, 220-221, 223-224, 259

仙人洞（江西）34, 182, 201, 208, 258

仙人洞（泰国）34, 54, 171, 200

咸头岭遗址 61, 63, 83, 228-229, 230

徐松石 150

《荀子》13

巽他大陆架 43, 98, 129, 186

Y

沿岸流 13, 63-64, 141-142, 144-145

奄城 76, 159

洋流 42, 50, 64, 141-147, 149, 157, 173-174, 264, 267

《逸周书》12, 19, 23

有段石器 3, 29-30, 35-37, 59, 117, 136, 215-216, 218-221, 224

鱼钩 14, 115, 125, 128, 132, 136-137, 211-214, 223, 252, 269

渔猎 14, 18-19, 31-32, 34, 54, 57, 62, 66, 70-72, 74, 77, 79-81, 84, 123, 128, 171, 199, 211-213, 251-252, 257, 264

语言学 9-11, 26, 40-42, 87, 96, 100, 116, 121, 170, 176-177, 179, 181-182, 186, 195, 205, 260, 262, 268-269

玉琮 233-234

园圃式农业 204

圆山文化 68, 89, 92-94, 228, 239, 247

《越绝书》12, 16-17, 147, 164-165

Z

臧振华 29, 43, 55, 67, 89、91-92, 97, 227, 276, 278

甑皮岩遗址 7, 34, 54, 57, 69, 81, 201-204, 206, 208-209, 235, 239, 243, 248, 279

曾骐 36, 60, 221-222, 259, 278

张光直 4-5, 30-31, 43, 87, 89-90, 93, 171, 174, 179, 189, 204, 233-234, 247, 278

芝山岩文化 29, 68-69, 227

中石器时代文化 54, 58

《周礼》11, 16-18

珠江三角洲 8, 30, 35-36, 58-62, 76, 81-82, 86, 152-153, 223, 239-240, 258, 260

竹筏 73-74, 76, 153, 165, 253

后　记

完成了书稿的最后校对工作后，总不免有些掩卷长思的感慨。读着那些 20 多年前所写的文字，自己还是会被带回到那些恍如昨日的回忆之中。我选读考古学，多少受家庭因素的影响。母亲在一个省级博物馆工作多年，儿童时代博物馆的展厅就成了我的游乐、探险的主要场所之一。耳濡目染，对文物和历史就这样自然地产生了兴趣。作为高考恢复后第一次招生的 77 级学生中的一员，自己深感进入大学学习的机会是何等的来之不易。虽然身处改革开放的前沿城市广州，但当时大家都一心向学，学风甚是端正。那时陈寅恪先生已经仙逝，但中山大学尚有容庚、商承祚、王力等大名鼎鼎的学者。本人也有幸上过中大历史系端木正教授、蔡鸿生教授、胡守为教授、姜伯勤教授、张荣芳教授等的课。考古专业当时还是历史系内的一个小专业，每届招生人数不多，算是另类。但有受比较广博的历史学训练的机会，对我来讲也是幸事。梁钊韬教授、商志䪨教授、曾骐教授等是将本人领入考古学之门的师长。

自梁先生复办人类学系之后，考古学、民族学两个专业的学生就被要求系统学习文化人类学、考古学、民族学、语言人类学和体质人类学的知识，用综合研究的方法来从事本专业的研究。这一学术传统一直传承至今。就考古学而言，虽然各院校都在尝试用不同的方法进行教学和研究，研究的重点及研究过程中所涉及的学科领域也不尽相同，但将具体的研究课题纳入一定的时空框架之内，进行多学科的比较研究是中山大学诸多师长所推崇的研究方法，也是本人师从梁钊韬教授、容观琼教授、张寿祺教授等受教诲最多的方法论取向。

史前考古学的特点之一是基本上需要借助地下的出土物并结合其它学科的知识来复原没有文字记载的人类历史。与有文字记载的历史相比，史前考古所跨越的时空更为广大，各种理论性的虚拟和假设都可以用现有的发掘材料来加以证实。以本书所研究的课题为例，上至全新世初期的华南洞穴遗址，下至香港离岛的青铜时代遗存，由山东半岛一直到广袤的太平洋上的波利尼西亚都是本书所涉及的时空范围。而驾驭如此广大的时空框架下以考古学为主的多学科的材料，进行言之有据、有的放矢地研究的确具有挑战性。而本人在十余年间曾不间断的在东南沿海地区及华南从事考古田野工作，这是本人从事这一课题的研究所必须具有的掌握第一手材料的基础。在从事此课题研究的过程中，本人也有和相关领域研究颇有建树的学者们进行交流的机会，并拜读过他们的相关著述，从中获益良多。这些学者包括：陈星灿、邓聪、焦天龙、臧振华、吕烈丹、傅宪国、贝尔伍德（Peter Bellwood）、秦威廉（William Meacham）及索尔海姆（Wilhelm Solheim II）等。虽然笔者在20世纪90年代中期以后就没有在相关地区从事更多考古调查和发掘的机会，但本人一直都在关注着与本课题相关的研究动态。在本书的撰写过程中，我也尽可能地补充一些新的材料，以期这一研究不要和当前的研究进展脱节太多。

现有的史前考古学、体质人类学、人类基因遗传研究、语言学和民族学的资料都指向始于华南经由台湾、东南亚海岛区最终到达太平洋区域这样的史前人类沿海路的南向移动的过程。对这一过程的研究也就构成了本地区史前史的重要内容。而研究讲南岛语的民族的形成、文化特征、语言特征及群体的移动与互动是本地区史前史的更为具体的内涵。

适应生存策略的转变，群体在一定时空范围的移动，居住在临近区域史前人类的互动为我们勾画出区域文化发展、交流的复杂图景。虽然相关的研究仍存在不少缺环，各地区文化发展的序列也没有完全建立起来，但使用其他区域史前史的材料来证明此广大海岛区域人类进入和向外扩散的各种假说，都无法得到实际考古材料和其他学科材料的支持。

  非常感谢陈星灿博士和焦天龙博士为本书作序，这使本书增色不少。两位专家也通读过书稿，为本书的修改提出了许多宝贵意见。当然，书中所出现的任何错漏均由本人负责。广西师范大学出版社集团有限公司的董事长何林夏教授和文献图书出版分社的雷回兴社长多年来非常重视海外学者研究成果的发表。本书能在广西师范大学出版社出版，是我的荣幸。本书的责任编辑马艳超、郭洋辰为本书的修改、编辑倾注了大量的心血，提出了许多建设性的修改意见，在此对他们深表感谢。多伦多大学图书馆同意我利用学术假期进行本书的撰写和修改，使我有机会集中几个月的时间来完成书稿主体部分的写作工作。皇家安大略博物馆的图书馆员霍华德（Jack Howard）先生帮我修改润色本书的英文提要，这里也要特别致谢。最后还要感谢我的贤妻，没有她的支持、体谅和分担，我也无法利用大量余暇的时间，全程投入到写作之中。虽然说不上十年磨一剑，但本书的出版也算是对当年十年寒窗苦读的一个交代。笔者亦希望借此对相关领域的学术研究贡献绵薄之力。

乔晓勤 谨识
2015 年初秋于多伦多